U0409907

本书系浙江省习近平新时代中国特色社会主义思想研究中心2022年常规课题“习近平总书记关于生物安全的重要论述研究”（项目编号：22CCG29）的最终成果。

新时代
生物安全治理观研究

崔华前　著

图书在版编目(CIP)数据

新时代生物安全治理观研究 / 崔华前著. -- 武汉 : 武汉大学出版社,2025.4. -- ISBN 978-7-307-24779-6

Ⅰ. Q81

中国国家版本馆 CIP 数据核字第 2024AQ7502 号

责任编辑:聂勇军　　　责任校对:汪欣怡　　　版式设计:马　佳

出版发行: **武汉大学出版社**　(430072　武昌　珞珈山)

(电子邮箱: cbs22@ whu.edu.cn　网址: www.wdp. com.cn)

印刷:武汉中科兴业印务有限公司

开本:720×1000　1/16　印张:16.25　字数:263 千字　插页:2

版次:2025 年 4 月第 1 版　2025 年 4 月第 1 次印刷

ISBN 978-7-307-24779-6　定价:88. 00 元

目　录

第一章　绪　　论

一、研究背景与意义

《中华人民共和国生物安全法》(以下简称《生物安全法》)将“生物安全”定义为国家有效防范和应对危险生物因子及相关因素威胁，生物技术能够稳定健康发展，人民生命健康和生态系统相对处于没有危险和不受威胁的状态，生物领域具备维护国家安全和持续发展的能力。新时代，传统生物安全问题和新型生物安全风险相互叠加，境外生物威胁和内部生物风险交织并存，生物安全风险呈现出许多新特点。针对我国面临的生物安全风险和挑战、存在的生物安全治理的短板和弱项，习近平总书记围绕生物安全作了一系列重要讲话和重要指示，把生物安全放在百年未有之大变局与世纪大疫情跌宕交织的时空场域中，纳入国家安全战略，视为影响乃至重塑世界格局的重要力量，丰富和发展了生物安全的内涵和外延，形成了具有鲜明中国特色的“生物安全治理观”，为加强新时代生物安全治理提供了根本遵循。

(一)研究背景

生物安全是20世纪70年代后期被提出的一个安全新概念，经过短短几十年的时间，现已成为世界各国特别是主要大国高度重视的问题，成为生态安全的前提和基础、国家安全的重要组成部分，在国家安全体系中的地位不断提升。在生物安全发展态势日益复杂严峻的时代背景下，强化新时代生物安全治理观研究不仅具有学术前瞻性，更具有现实针对性。

1. 我国面临的生物安全风险挑战较为严峻

伴随现代生物技术滥用而引发的生物安全威胁，特别是新冠疫情暴露出的人类生物安全治理的严重不足，重视生物安全越来越成为世界各国的普遍共识。总体来看，生物安全主要有三大风险来源：

一是外来物种的侵害。专家将生物入侵形象地比喻为生物界的“非法移民”，生态环境部发布的《2019中国生态环境状况公报》显示，全国已发现660多种外来入侵物种。目前在我国，除了青藏高原等少数人迹罕至的偏远保护区之外，几乎所有的生态领域——森林、草地、水域、湿地、农田、城区等，都因为生物入侵而受到了不同程度的影响。在世界自然保护联盟公布的全球100种最具威胁的外来物种中，我国就有50余种。外来物种的侵入可能对生态、农业等领域带来巨大威胁，其风险难以估量！在我国，仅11种主要外来入侵生物如烟粉虱、紫茎泽兰和松材线虫等，每年给农、林、牧、渔业生产造成超过574亿元的经济损失。一旦外来入侵物种形成优势种群，将不断挤压当地物种并导致其最终灭绝，破坏生物多样性，使物种趋于单一化。防范外来物种入侵、保护生物多样性已成为我国面临的一项重要而紧迫的任务。

二是新发突发传染病。数年前，人们对冠状病毒的了解非常有限。然而，2003年SARS的爆发在极短时间内迅速传播到30多个国家，夺取近10%感染者的生命，引起了对冠状病毒的广泛关注。2012年，中东呼吸综合征(MERS)肆虐中东地区，仅两年时间就传播到欧洲、美洲、北非和东南亚等地，致死率高达30%。而在2016年，该病毒还发生了具有人际传播能力的恶性变异。根据中国疾病预防控制中心的监测数据，2014年我国多地相继爆发了“冬季呕吐病”(诺如病毒)疫情，且持续了近两年，近年来集中爆发的次数明显增加。自2013年以来，西非埃博拉病毒疫情的感染病例在两年内呈指数级增长，造成近7000人死亡。上述事件都迅速引起了全球范围内的恐慌。就我国而言，陆续遭遇了“非典”、甲型H1N1流感、H5N1禽流感、H7N9禽流感以及新冠等新发或突发疫情，给人民的生命健康安全、经济运行和社会秩序带来了严重冲击。疫情的蔓延导致各国失业率激增，引发全球股市和原油价格的暴跌，同时也加剧了全球地缘冲突。如何有效防治重大传染性疾病已成为全球生物安全治理的最为严峻的挑战。

三是生物技术迅速发展带来的负面影响。生物技术的迅猛发展，尽管为人类带来了许多福祉，但同时也增加了误用、谬用和滥用生物技术等风险，导致安全隐患不断上升。例如，未受监管的基因实验可能存在风险，无意或有意将自主研发的生物体释放到环境中。据媒体报道，新加坡某实验室曾发生实验室病毒泄漏事故，法国巴斯德研究所曾遗失大量 SARS 样本。美国政府实验室也频繁出现漏洞，例如炭疽杆菌、天花病毒和 H5N1 禽流感病毒泄漏等。美国国防部在犹他州的陆军实验室曾多次不当处理炭疽病原体，美国国立卫生研究院实验室多年来未妥善存放蓖麻毒素，美国食品药品监督管理局的实验室违规存储沙门氏菌肠毒素等。这些事件表明，即使是全球最优秀的实验室也有可能出现失误。回顾 2001 年美国炭疽事件，虽然只有 22 例患者和 5 例死亡，但超过 3 万人接受了预防性治疗，对经济造成的损失难以估计。从国际角度看，生物战争成为一种新的威胁模式。美国学者于 2003 年提出，可以发展一种新型生物战剂，将其作为战略武器，对特定平民人口进行隐蔽施用，以达到长期“绝育、致癌或体质衰退”的效果。如果这种武器被投入使用，受害国家将承受无法弥补的巨大损失，其危害程度不亚于艾滋病给亚洲、非洲和拉丁美洲国家造成的损失。

2. 我国生物安全治理存在短板弱项

这些短板弱项主要有：一是我国公共卫生体系与维护生物安全的现实需求仍存在较大差距。我国尚未构建起系统完善的重大公共卫生事件的应急响应机制，许多地方不同程度地存在着生物安全风险监测预警网络不牢不密、末端发现和快速感知识别能力不强、医疗资源供给不足等，对于重大公共卫生事件未能做到早发现、早预警、早应对。同时，我国医疗机构的职能定位模糊不清，公共卫生机构与医疗机构未能形成有效的协作和资源共享，各级医疗卫生机构之间的协同性也较低，医疗资源无法满足各级医疗救治的需求，基层医疗卫生机构的服务能力有限，难以有效开展应急救治活动。我国政府部门、科研机构、高校、企业等已经开始关注和推动生物安全资源的有机整合，然而由于理念、安全、规模、规则等多种原因，针对重大生物安全事件的支持能力表现不佳，短期内难以形成集成优势，从而难以有效防范和应对生物安全危机。

二是生物安全信息情报工作有待加强。高等级生物安全实验室涉及医疗卫生、农业、海关、疫控、生态环境等多个领域，不仅是保障生物安全的必然要求，而且是科技创新的关键支撑平台，重大动物疫病、人兽共患病的病理学研究与疫苗研发都需要在高等级生物安全实验室中进行。据统计，目前我国设有 P4

级生物安全实验室3个，P3级生物安全实验室40余个，而美国公开的P4级生物安全实验室有15个，P3级生物安全实验室有1300个。① 我国高等级生物安全实验室在数量、布局、人才建设、管理水平等方面，与美国等西方发达国家相比存在较大差距，已成为生物安全信息情报工作亟待加强的薄弱环节。为此，我们不仅要增加高等级生物安全实验室的数量，大力培养生物科技人才，进行合理布局，而且要健全完善管理体制机制，实施严格的风险评估、风险管理，明确管理部门职能，确保风险可控。

三是生物安全法律法规体系不够完善。现行的《生物安全法》对于具体规范相对复杂和特定高风险场所的适用条款较少。此外，《生物安全法》的颁布标志着我国初步建立了生物安全防控体系，但与建立全面、多层次、立体化的严密风险防控网络的目标相比，仍需要对各层次、各环节和各主体进行制度建设和制度保障。此问题还表现在，《生物安全法》及其相关法规的出台，在一定程度上可能导致相关法规在规制主体、对象、内容和手段等方面的重复和交叉。此外，由于法律颁布的时间顺序，《国家安全法》尚未将生物安全纳入专章维护国家安全的任务中。因此，我们需要采取三个方面的措施来解决这个问题。首先，要确保《生物安全法》与我国缔结的国际公约相衔接；其次，要确保《生物安全法》与相关法律法规和制度相衔接；最后，要加强各级政府和部门之间的执法衔接和协同联动，真正将“联防联控”和“共建共治共享”的理念贯穿于整个实施过程，以解决我国行政管理实践中的“既条块分割又条块交叉”带来的执行困境，使《生物安全法》得到有效执行。

四是生物安全科技自主创新能力较弱。与发达国家相比，我国在生物安全威胁察觉、危害处置和危害防护等方面的整体技术能力薄弱，生物安全核心技术和关键设备面临西方发达国家“卡脖子”窘境。例如，《生物安全法》要求建立国家生物安全名录和清单制度，以动态调整相关生物资源数据。然而，我国关键生物安全核心技术平台存在缺失，生物防控基础设施建设水平较低，生物资源信息数据的存储和应用手段滞后，长期形成的“数据孤岛”问题导致生物安全数据库的

① 贺刚、吴文成：《不确定性边界：全球生物安全治理的内生困境》，《俄罗斯学刊》2023年第1期，第120~136页。

整合程度不高，生物安全信息情报工作受科技水平制约，难以发挥治理效果，无法满足国家生物安全治理对信息情报的重要需求，生物科技对生物安全风险防控和监管的支撑能力严重不足。

3. 党中央对生物安全的重视日益提升

习近平总书记多次强调，要加强国家生物安全风险防控和治理体系建设，提高国家生物安全治理能力。他指出，生物安全关乎人民生命健康，关乎国家长治久安，关乎中华民族永续发展，是国家总体安全的重要组成部分，也是影响乃至重塑世界格局的重要力量。要深刻认识新形势下加强生物安全建设的重要性和紧迫性，贯彻总体国家安全观，贯彻落实《生物安全法》，统筹发展和安全，按照以人为本、风险预防、分类管理、协同配合的原则，加强国家生物安全风险防控和治理体系建设，提高国家生物安全治理能力，切实筑牢国家生物安全屏障。

不同于以往生物安全的“寂寂无闻”，近年来，因生物因素引发的安全问题日益走入人们的视野。2015 年《国家安全法》出台之时，还没有将生物安全这一新兴安全类型涵盖在所列举的 11 种国家安全类型之中。这主要是因为，完整意义上的生物安全问题被划分在不同的安全领域，如危害生物多样性的行为可能涉及生态安全、滥用转基因技术的行为可能涉及资源安全等。到了 2021 年，我国已出台《生物安全法》，作为规范中国生物安全领域的基础法，其是《国家安全法》的重要一环。《生物安全法》明确指出，生物安全是国家安全的重要组成部分，必须站在国家安全的高度进行整合监管。生物安全正式跨入国家安全领域，生物安全在总体国家安全观中占有重要地位。

（二）研究意义

新时代生物安全治理观研究尚处于起步阶段，已有研究存在着很大需深化和突破的空间。一是系统性不强，对新时代生物安全治理观的核心内容及其逻辑关系，缺乏全面性学理分析。二是深刻性不足，对新时代生物安全治理观的理论基础和主要内涵，缺乏深刻性学理分析。三是厚重性不够，对中国共产党关于生物安全方面的治理研究，缺乏史料收集和义理阐释。

习近平总书记站在维护国家总体安全、社会大局稳定和人民生命健康的战略高度，依据国家生物安全新要求、新挑战，坚持问题导向，运用系统观念，提出了一系列维护国家生物安全的新思想、新理念、新论断等，形成了系统完善的生物安全治理观。本书基于习近平新时代中国特色社会主义思想的理论成果、马克思主义生物安全观的理论脉络，对新时代生物安全治理观进行理论与实践的整体性研究，有着重要的理论意义和现实价值。

1. 有助于完整把握马克思主义生态文明和生物安全观的发展历程

“马克思主义是一个不断发展的学说，在实践中不断完善自身是马克思主义的本质要求，为人们提供认识和改造世界的科学世界观与方法论是马克思主义的内在功能。”①本书认为，生物安全是生态文明建设的基础与保障，没有安全，文明无从谈起。生物安全观作为习近平生态文明思想的重要组成部分，是对马克思主义生态文明思想和生物安全观的新时代创新发展和应用。

本书将系统梳理《1844年经济学哲学手稿》《英国工人阶级状况》《自然辩证法》《资本论》等马克思主义经典著作中的生态文明、人民卫生健康等方面思想；系统梳理中国共产党在赣南、闽西和延安时期的公共卫生治理的历史经验，新中国成立后的血吸虫和白血病等传染病防治、爱国卫生运动的历史经验，尤其注重系统梳理新中国生物学基础学科建设、卫生和动植物防疫、生物工程研发、生物安全管理、生物科技创新、人民健康守护等方面的历史经验；系统梳理习近平生态文明思想、生态安全观、总体国家安全观，习近平生物安全治理观的形成、发展、完善过程。

本书对马克思主义生态文明思想和生物安全治理观的纵向系统梳理，有助于人们完整把握马克思主义生态文明思想和生物安全治理观既一脉相承又与时俱进的发展历程。

2. 有利于完整把握习近平新时代中国特色社会主义思想的理论本质

“马克思主义的立场解决的是为什么人讲话、为什么人服务的价值观问题……马克思主义观点解决的是关于自然、社会和思维的发展规律的根本认识的真理观问题……马克思主义的方法解决的是如何认识世界和改造世界的方法论问题……马克思主义的世界观与方法论、真理性与价值性的高度统一，决定了马克

① 崔华前：《马克思主义方法论的发展历程与当代创新》，武汉大学出版社2022年版，第11页。

思主义立场、观点与方法不容分割。”①新时代生物安全治理观运用马克思主义立场观点方法来解决新时代中国具体问题，体现与贯彻了马克思主义的世界观和方法论，彰显了马克思主义的理论本质和鲜明特征。

“阶级分析法、历史分析法、具体分析法，就是分析、鉴别和批判‘普世价值观’的马克思主义科学方法”②，也是分析新时代生物安全治理观的马克思主义科学方法。本书将运用阶级分析法，剖析新时代生物安全治理观的“生命至上，人民至上”理念及“生物安全关乎人民生命健康”③“保护人民生命安全和身体健康可以不惜一切代价”④的人民性价值追求；运用历史分析法，剖析新时代生物安全治理观形成的历史背景、历史脉络、历史需求、历史意义；运用具体分析法，对新时代生物安全治理观面临的具体问题、构成要素，进行典型性、深入性具体分析，有利于完整把握习近平新时代中国特色社会主义思想的立场观点方法。

马克思主义“是从人类知识的总和中产生出来的……典范”⑤，“不断吸收人类历史上一切优秀思想文化成果丰富自己”⑥，致力于实现每个人的自由而全面发展、“为人类求解放”⑦，确立了“为绝大多数人谋利益”⑧的价值追求，不谋求任何私利，不抱有任何偏见，始终保持“毫无顾忌和大公无私”⑨的理论品质。本书将注重系统梳理习近平总书记对维护人类生物安全、加强全球生物安全治理合作的重要论述，论证新时代生物安全治理观的价值及意义，彰显出人类命运共同

① 崔华前：《论马克思主义立场观点方法在政治学领域的实际应用》，《政治学研究》2012年第6期，第12页。

② 崔华前：《剖析“普世价值观”的马克思主义科学方法》，《马克思主义研究》2011年第2期，第97页。

③ 《习近平谈治国理政》第四卷，外文出版社2022年版，第399页。

④ 《习近平谈治国理政》第四卷，外文出版社2022年版，第54页。

⑤ 《列宁专题文集·论无产阶级政党》，人民出版社2009年版，第280页。

⑥ 《习近平在纪念马克思诞辰200周年大会上的讲话》，《人民日报》2018年5月5日，第2版。

⑦ 《习近平在纪念马克思诞辰200周年大会上的讲话》，《人民日报》2018年5月5日，第2版。

⑧ 《马克思恩格斯文集》第2卷，人民出版社2009年版，第42页。

⑨ 《马克思恩格斯文集》第4卷，人民出版社2009年版，第313页。

体的大爱情怀、胸怀天下的高远格局和鲜明品格，有利于完整把握习近平新时代中国特色社会主义思想的世界观和方法论。

3. 有利于深入推进新时代马克思主义理论学科发展

“在阶级社会里，政治性、阶级性、意识形态性是政治学的本质属性。我国的政治学学科，在指导思想、理论基础、利益诉求、学科使命等方面都具有鲜明的意识形态性。”①马克思主义理论学科更具有政治性、阶级性、意识形态性，其存在和发展服从和服务于马克思主义主流意识形态的建设需要，我们必须始终坚持以马克思主义为统领，把马克思主义理论及其教育研究放在学科建设的首位，用马克思主义理论创新成果来不断丰富、完善学科内容。

新时代生物安全治理观把生物安全作为生态安全的基础，主张人与自然是生命共同体，应该和睦相处、和谐共生，重视保护生物多样性、维护生态平衡，是对马克思主义生态文明思想和生物安全观的创新发展；主张积极参与全球生物安全治理，搭建生物安全国际交流合作平台，完善全球生物安全治理体系，同国际社会携手应对日益严峻的生物安全挑战，加强生物安全政策制定、风险评估、应急响应、信息共享、能力建设等方面的双多边合作交流，推动构建人类卫生健康共同体，是对马克思主义世界历史理论的创新发展；把生物安全纳入国家安全战略体系，视为总体国家安全观的重要组成部分，深化了对国家安全的认识，拓宽了国家安全的理论视阈，是对马克思主义国家安全学说的创新发展；重视提高国家生物安全治理能力，加强生物安全治理的战略性、前瞻性谋划和体系建设，是对马克思主义国家治理学说的创新发展。

本书对“新时代生物安全治理观”展开专题研究，有助于总结凝练中国化时代化的马克思主义理论创新成果，拓展马克思主义理论学科的研究视域，丰富马克思主义理论学科的研究内容，深化马克思主义理论学科的研究层次，提升马克思主义理论学科的研究水平，推动新时代马克思主义理论学科发展。

4. 有利于为筑牢我国生物安全屏障提供借鉴参考

新时代生物安全治理观对于美丽中国建设、高质量发展具有战略指引价值，

---

① 崔华前：《论我国政治学学科发展的马克思主义路径》，《政治学研究》2010年第5期，第30页。

为筑牢我国生物安全屏障提供了根本遵循。

本书立足于生物安全治理的现实需求，兼顾可能存在的潜在威胁，从组织协同上，探索健全党委领导、政府负责、社会协同、公众参与、法治保障的生物安全治理机制，强化各级生物安全工作协调机制的有效路径；从推进法治建设上，探索立法、执法、司法、普法、守法各环节全面发力，健全生物安全法律法规和制度保障体系的有效路径；从完善防控体系上，探索织牢织密生物安全风险监测预警网络，提升末端发现和快速感知识别能力，完善快速应急响应机制，强化生物资源安全监管，加强病原微生物实验室和抗微生物药物管理的有效路径；从推进科技创新上，探索加强生物科技研发应用及监管，增强生物科技自主创新能力，打造国家战略科技力量，健全生物安全科研攻关机制，促进生物技术健康发展有效路径的形成；从加强国际合作上，探索搭建国际交流合作平台，完善全球治理体系，提升我国生物安全领域国际话语权的有效路径。

二、国内外研究现状

(一)国内研究现状

随着生物安全重要性的日益凸显，国内学界对生物安全问题日益关注，相关研究日渐升温，研究成果主要分为生物安全基本问题研究和新时代生物安全治理观研究两类。

1. 生物安全基本问题研究

(1)生物安全的基本内涵研究。什么是生物安全？生物安全的内涵如何定义？这是介绍和研究生物安全的首要问题。学界对此见仁见智，有学者基于现代生物技术视角，认为生物安全是指“由现代生物技术开发和应用所能造成的对生态环境和人体健康产生的潜在威胁，以及对其所采取的一系列有效预防和控制措施”①，“对生物技术及其产生的转基因生物体的潜在危害的社会防范”②；有学

① 徐友刚：《考察美国生物安全立法情况的报告》，《科技与法律》2003年第1期，第78页。

② 柯坚：《我国生物安全立法问题探讨》，《中国环境管理》2000年第1期，第12~14页。

者把生物安全的主体视为人类不当活动，客体视为包括动植物、人在内的所有生物的安全，认为生物安全是指“生物种群的生存发展处于不受人类不当活动干扰、侵害、损害、威胁的正常状态”①；有学者认为，生物安全有狭义与广义两种理解，狭义的生物安全是指“人类的生命和健康、生物的正常生存以及生态系统的正常结构和功能不受现代生物技术研发应用活动侵害和损害的状态”，广义的生物安全是指“生态系统的正常状态、生物的正常生存以及人类的生命和健康不受致病有害生物、外来入侵生物和现代生物技术及其应用侵害的状态”②。

2020年10月17日，第十三届全国人大常委会第二十二次会议通过的《中华人民共和国生物安全法》采取“概括式＋列举式”方式，首次全方位明确界定了生物安全的概念，认为“生物安全”是指国家有效防范和应对危险生物因子及相关因素威胁，生物技术能够稳定健康发展，人民生命健康和生态系统相对处于没有危险和不受威胁的状态，生物领域具备维护国家安全和持续发展的能力，③ 包括八个方面的具体活动，④ 强调生物安全的客体是危险生物因子及相关因素的威胁，主体是维护人民生命健康、生态系统和国家安全，从而明确了生物安全概念的内涵和外延。

(2)维护生物安全的必要性研究。为什么要加强生物安全保护？提高生物安全防范意识有什么意义？综合来看，学界目前的主流观点可分为四个维度：

一是从国家利益的视角，强调生物安全是维护国家利益的重要防线。如有学者认为，随着人类面临的生物安全的风险和挑战的日益严峻，世界各国开始普遍

---

① 蔡守秋：《论生物安全法》，《河南省政法管理干部学院学报》2002年第17期，第1~10页。

② 朱康有：《21世纪以来我国学界生物安全战略研究综述》，《学术前沿》2020年第10期，第60页。

③ 《中华人民共和国生物安全法》，http://www.gov.cn/xinwen/2020-10/18/content_5552108.html.

④ 即：防控重大新发突发传染病、动植物疫情，生物技术研究、开发与应用，病原微生物实验室生物安全管理，人类遗传资源与生物资源安全管理，防范外来物种入侵与保护生物多样性，应对微生物耐药，防范生物恐怖袭击与防御生物武器威胁，其他与生物安全相关的活动。

关注生物安全问题，将之视为国家安全体系的关键要素之一。① 有学者指出，生物安全已成为国防战略中的制高点。频繁发生的严重"生物事件"使得生物防御已被提升至国家安全前沿，出现"生物国防"的概念。美国每年投入巨额资金，用于增强生物安全防护能力，先后实施了"生物盾牌""生物监测""生物感知"等计划，形成了优良的生物威胁监测预警和防护应对体系。2018 年 9 月 18 日，美国发布了《国家生物防御战略》，提出从国防和军事角度评估和抵御生物威胁，全力打造生物安全防御体系。② 徐晓林、刘帅、毛子骏认为，国家安全是国家的基本利益，总体国家安全观具有整体性特征，需要统筹传统安全与非传统安全，维护生物安全是国家整体安全的必要条件，是贯彻落实总体国家安全观的现实需要。③

二是从国家治理能力的视角，把生物安全治理能力视为国家治理现代化能力的重要组成部分。有学者认为，生物安全治理体系建设必须践行总体国家安全观，为以高质量发展推进国家治理现代化筑牢安全屏障。生物安全治理能力本质上是国家治理体系和治理能力现代化的重要组成部分，生物安全治理能力的现代化取决于生物安全治理主体的结构和能力，依赖于整个生物安全治理体系设计的科学性和规范性，直接决定了国家生物安全治理体系的运行效果。因此，加快和完善国家生物安全治理体系建设是实现国家治理体系和治理能力现代化的题中应有之义。④

三是从生态系统的视角，强调没有生物安全就没有生态文明建设，把生物安全视为生态安全的前提和基础。有学者认为，由于外来物种繁殖速度快、数量呈指数级增长，再加上缺乏天敌，对当地的生物多样性和生态安全造成了严重破坏。报道称，据权威机构统计，中国已经遭受 500 多种外来物种入侵，其中 100

---

① 陈东恒、董俊林：《生物安全防御能力建设的全球视角》，《光明日报》2020 年 6 月 28 日，第 7 版.

② 朱康有：《21 世纪以来我国学界生物安全战略研究综述》，《人民论坛 · 学术前沿》2020 年第 20 期，第 62~63 页。

③ 徐晓林、刘帅、毛子骏：《国家生物安全治理研究——以新冠肺炎疫情防控治理为例》，《风险灾害危机研究》2021 年第 1 期，第 3~18 页。

④ 司林波：《国家生物安全治理体系建设：从理论到实践》，《人民论坛 · 学术前沿》，2020 年第 20 期，第 75~89 页。

多种具有严重危害性。在全球最有害的100种入侵物种中，有50多种已经侵入中国，每年给经济造成超过1200亿元的损失。①

四是从人类健康的视角，把人的生命健康安全视为生物安全的核心要素。在传统国家安全领域，生物安全并未被统筹纳入，人们对生物安全的潜在风险认识相对不足。进入新时代，生物技术的快速发展与全球化的互联互通相互叠加，生物安全对人的生命健康的风险与危害日益为人们所关注。一是重大传染性疾病对人的生命健康的危害。有学者指出，近年来人类面临着重大传染性疾病的严重威胁。禽流感、埃博拉、非典型肺炎、中东呼吸综合征等疫情相继而至，对全球的稳定和经济发展带来了重大影响。2003年，中国爆发了非典型肺炎(SARS)疫情，引发了社会的恐慌，导致许多患者丧生。自2009年以来，全球范围内爆发了甲型H1N1流感病毒，给国际社会造成了巨大的混乱。当前，我国面临严峻的生物安全形势，传统的生物威胁，包括生物战以及非典、埃博拉病毒、非洲猪瘟等重大新发突发传染病和动植物疫情仍然频繁发生。②二是生物技术的滥用、误用对人的生命健康的危害。有学者认为，现代生物技术的迅猛发展和广泛应用，使得生物技术的门槛越来越低，生物技术的研发和应用管理相对滞后，实验室生物安全事故频繁发生，生物武器正成为现代社会恐怖主义组织发动恐怖活动的重要工具。“9·11事件”一周后，美国遭受了生物恐怖袭击。2001年9月18日，来自新泽西州特伦顿的五封邮件携带着炭疽芽孢杆菌被寄往几家媒体公司，这起炭疽邮件事件导致5人丧命，22人感染。此外，一些国家甚至在秘密研发“生物武器”，国际生物安全形势仍然严峻，我们必须加强防范。③

(3)我国生物安全防范的缺陷研究。我国系统性生物安全保护工作开始较晚，发展相对较慢，仍然存在一些不足和局限，主要集中在以下四个方面：

---

① Shihhui Qiu, Ming Hu. Legislative Moves on Biosecurity in China [J]. *Biotechnology LaReport*, 2021(1): 27-34。

② 李大光：《警惕生物安全威胁，全面维护生物安全》，《中国军转民》2021年第17期，第65~69页。

③ 罗亚文：《总体国家安全观视域下生物安全概念及思考》，《重庆社会科学》2020年第7期，第64页。

一是整体性和协调性不强。有学者认为，我国生物安全领域存在管理职能交叉、整合和分工不够明晰，跨学科、跨部门、跨国界的管理模式尚未建立等问题；① 有学者认为，我国生物安全防控体系存在着“认识和落实不到位”“功能体系还不够完善”“结构体系还不够健全明确”“法律制度体系建设存在短板”“运行体系的协调性和互动性不足”②等现实困境；有学者认为，我国生物安全伦理审查存在着“‘碎片化’的明显缺陷。各法规规章缺乏统一的理念，在内容上存在不尽一致甚至冲突之处，影响了伦理审查在实践中的规范性和统一性”③。

二是生物安全科技支撑能力相对薄弱。有学者认为，当前我国生物安全情报治理中还存在“数据孤岛”“标准分立”等数据标准不统一及生物安全治理数据“私有化”问题；④ 有学者认为，高级别生物安全实验室在人兽共患病毒的致病和免疫机制、研制防控疫苗及诊断方法等方面，起着重要的技术支撑平台作用，而我国高级别生物安全实验室数量与美欧等发达国家相比，有着较大差距；⑤ 有学者认为，我国生物安全相关核心技术和关键装备长期依赖进口，基础性生物技术的关键核心技术自主研发能力不足，新一代信息技术在生物安全治理中的应用融合不足，生物安全风险预警与生物安全事件监测、检测技术还无法适应新形势下生物安全风险防控和治理的需要。⑥

三是生物安全意识亟须提高。有学者认为，我国目前对生物安全问题的宣传关注不够，知识普及不足。少数单位没有从战略高度认识生物技术产品的安全性

① 朱康有：《21世纪以来我国学界生物安全战略研究综述》，《人民论坛·学术前沿》2020年第20期，第60页。

② 司林波：《国家生物安全治理体系建设：从理论到实践》，《人民论坛·学术前沿》2020年第20期，第81~84页。

③ 刘长秋：《论生物安全法中的伦理审查制度及其完善》，《科学学研究》2023年第9期，第1564页。

④ 汤辉、马海群：《生物安全情报治理碎片化困境及破解路径：整体性治理理论视角》，《情报理论与实践》2024年第2期，第81页。

⑤ 陈自明、查苏益：《高等级生物安全实验室设计》，《世界建筑》2023年第2期，第1~2页。

⑥ 司林波：《国家生物安全治理体系建设：从理论到实践》，《人民论坛·学术前沿》2020年第20期，第84页。

问题，有的人只看到生物技术产品开发带来的可观的经济利益，忽视其可能对生物多样性、生态环境和人体健康构成的风险、危害及经济损失；① 有学者认为，我国在实现生物安全刑法保护的体系性和周延性上仍然有很长的路要走，主要表现为刑法横向应对生物安全风险范围不足、纵向介入生物安全风险的强度不够、刑法与生物安全法衔接不畅等；② 有学者认为，粮食系统内部诸多要素相互关联的特性，使粮食安全面临的风险更加复杂，每一种风险都可能严重破坏系统，而这些风险的组合则可能威胁到全球粮食安全，随着发展中国家的人口不断增加，其人均粮食持续下降，面临粮食危机的人群比例越来越高，未来世界发生粮食危机的风险会逐渐增大。③

(4)我国生物安全防范的方法研究。学界从不同视角，提出了多种方法：一要完善国家生物安全的顶层设计。有学者强调，必须优化生物安全的顶层统筹和战略设计，进一步完善生物科技发展的总体部署和长远规划；④ 有学者认为，生物安全是国家总体安全的重要组成部分，生物安全防范人人有责，也必人人负责、人人尽责，必须构建国家生物安全战略、法律、政策“三位一体”的生物安全风险防控和治理体系；⑤ 有学者认为，为了应对全球生物安全的整体性风险挑战，我国需要进行战略规划和前瞻布局，明确国家生物安全治理的战略目标，提升整体对抗能力和水平。在生物安全的顶层设计中，应考虑平时和战时的结合、预防和应急的结合，以及科研和救治防控的结合，进一步系统应对生物安全风险，完善重大突发生物安全事件的应急管理体系和生物安全风险防控体系。在国家战略体系中，我们应有针对性地布局生物安全技术，选择生命科学、生物技术、医药卫生等关键领域和核心技术进行突破，打造国家级的生物安全技术支撑

---

① 张永强：《我国生物安全刑法保护的模式选择和规范优化》，《南京社会科学》2022年第9期，第80~82页。

② 徐前：《生物安全犯罪的刑法规制——兼论附属刑法立法模式选择》，《政法学刊》2022年第5期，第83~84页。

③ 李云舒：《全球粮食安全敲响警钟》，《中国纪检监察报》2022年4月12日，第4版。

④ 朱康有：《21世纪以来我国学界生物安全战略研究综述》，《人民论坛·学术前沿》2020年第20期，第60页。

⑤ 亓玉昆、侯琳良：《根据举报化解生物安全隐患，国家安全机关呼吁——共同维护国家生物安全》，《人民日报》2021年11月1日，第14版。

平台，进一步完善我国的生物安全技术储备。①

二要完善全主体参与和全流程管理的国家生物安全防控体制机制。有学者认为，为了贯彻总体国家安全观，我们应确保国家安全以人民为中心，依靠人民，真正巩固国家安全的群众基础。在设计生物安全治理体制时，要充分考虑政府部门、社会组织和个人在预防和应对生物安全风险方面的责任和义务，促进多元主体协同治理体制的形成。通过国家生物安全综合治理，推动各部门职能整合和流程优化，完善生物安全领导和组织协调机制、生物安全风险防控机制、生物安全应急管理机制、生物安全公共服务机制，避免风险评估和预警发布等环节的滞后状态，进一步建立统筹兼顾、协调联动的体系机制，充分发挥整体能力高于局部的体系化能力；② 夏梦雅认为，为了进一步加强生物安全法治体制建设，我们需要重新整合现有的生物安全相关法律法规，解决立法空白、立法冲突和法律实施效能不高等问题，这需要尽快制定一部综合性、基础性的高级法律，以完善生物安全的法律体系，为国家生物安全治理体系提供法治保障。③

三要强化城市应对生物安全风险的韧性能力。有学者认为，在新冠疫情防控中，城市特别是大型城市成为疫情传播最集中、经济活动受冲击最严重的地区，这表明城市作为生产要素高度聚集的物理空间，是生物安全风险治理的主要战场。因此，我们应将提升城市应对生物安全风险的韧性能力作为国家生物安全治理的主要着力点，从城市规划、风险预警、基层治理和应急管理等方面提升治理能力。在城市规划中，应综合考虑生物安全高风险设施的布局，增加城市的大型体育馆、会展建筑和学生公寓等大型公共空间的储备，并配备相应的应急转型资源储备。④ 有学者认为，必须全面提升城市对生物安全的预警感知能力，加强对潜在的高风险生物技术的持续追踪，增强生物安全风险识别和态势感知能力，加

① 杨卫兵：《生物安全治理体系建构探索——评〈生物安全治理体系与治理能力现代化研究〉》，《安全与环境学报》2023 年第 9 期，第 385～386 页。

② 秦天宝、段帷帷：《整体性治理视域下生物安全风险防控的法治进路》，《理论月刊》2023 年第 2 期，第 128 页。

③ 夏梦雅：《〈生物安全法〉制订意义及立法建议——以传染病的防控为切入点》，《昆明学院学报》2020 年第 4 期，第 42 页。

④ 余潇枫：《论生物安全与国家治理现代化》，《社会科学文摘》2021 年第 1 期，第 19～22 页。

强社会免疫系统建设，提高街道和社区等基层单位的生物安全风险应对能力，并弥补基层在卫生防疫、社区服务、医疗物资管理等方面的不足，充分发挥其在控制传染源和切断传播途径中的作用，强化危机应对能力，提高科学决策能力，加强协同治理能力建设，防止生物安全扩散和演化对政治安全、经济安全、社会安全等多个领域的影响。①

四要加强生物安全教育。有学者通过实证调查发现，我国学生在生物安全领域存在着知识视野较窄、安全意识与行为不一致、践行度不高、素养不平衡问题，建议从师资建设、教材编写、教学方法、家校联动、第二课堂、校园氛围等方面，加强学生生物安全教育；② 有学者认为，生物安全教育水平是生物安全治理能力水平的反映，加强生物安全教育是应对生物安全严峻形势、提升生物安全防范意识能力的必然要求，建议把生物安全教育纳入思想政治教育体系之中，融入文化教育中，利用微信、抖音等短视频平台和校报、新闻网、微博等宣传媒介载体加强生物安全教育，引导人们加强自我生物安全教育，加强生物安全法律知识教育。③

五要促进生物安全国际合作。有学者认为，全球防控链条上的“短板”决定了生物威胁的破坏力，因此必须加强全球生物安全合作，发挥好国家、以世界卫生组织为首的国际组织、生物科技企业在生物安全国际合作中的主体作用，以人类命运共同体理念构建生物安全国际合作规则，着力推进情报、技术、法律、生物安全分类管理等方面的国际合作；④ 有学者认为，生物安全威胁没有边界，为了维护生物安全，我国应当严密关注并持续追踪生物安全国际合作动态，全面收集整理、分析研判生物安全信息，并对可能发生的潜在风险和威胁提前应对，强化边境口岸地区人员的防范生物安全威胁意识，加强生物技术、传染病防治等领

① 张云飞：《全面提高国家生物安全治理能力的创新抉择》，《人民论坛》2021 年第 22 期，第 36~39 页。

② 舒丽娴：《中学生物学教学生物安全教育的现状及渗透策略探究》，华中师范大学 2021 年硕士论文，第 1 页。

③ 吴承倩、叶利军：《中医药院校生物安全教育——依据、目标和路径》，《浙江中医药大学学报》2023 年第 7 期，第 825~828 页。

④ 崔建树：《全球生物安全治理的主体责任与理念引领》，《人民论坛》2022 年第 15 期，第 17~20 页。

域的国际交流与合作;① 有学者认为，国际社会应该凝聚全球共识，加强生物安全领域的法治管控、信息共享、联防联控、技术研发、治疗治理、资源调配等方面的国际合作;② 有学者强调，科技界要加强生物安全领域的基础研究，前瞻性研判生物安全领域重大科学问题和工程技术难题，创造更多从零到一的原创成果。③

2. 新时代生物安全治理观研究

新时代生物安全治理观研究尚处于起步阶段，已有研究内容主要包括以下几个方面：

(1)基本内涵。有学者提出，新时代生物安全治理观坚持“生物安全——国家安全——人民健康”的有机统一；中心任务是落实“系统治理——重点把控——基层面向”战略部署；基本遵循是统筹“科技为本——法治为要——教育为先”一体推进。④ 有学者从战略地位、中心任务、基本遵循三个方面分析其内涵，强调要从保护人民健康、保障国家安全、维护国家长治久安的高度，把生物安全纳入国家安全体系，突出生物安全的战略地位；把推动科技创新，提升生物风险预警和防御能力作为中心任务；加强生物安全治理必须重视其内在结构的系统性建构、外部关联的整体性布局、生物安全在国家总体安全中的逻辑定位。⑤ 有学者认为，新时代生物安全治理观内涵丰富、博大精深，提升了生物安全认识的新高度和新境界，为新时代生物安全治理现代化指明了方向，提供了根本遵循，深化了人民立场、社会主义生态文明、总体国家安全观、国家治理体系和治理能力现代化等方面的认识。⑥

---

① 廖成梅、韩彦雄、丁攀:《中亚国家生物安全领域的国际合作及影响研究》,《新疆大学学报·哲学社会科学版》2022 年第 4 期，第 45 页。

② 肖军等:《总体国家安全观视野下的生物安全国际合作机制构建研究》,《卫生职业教育》2022 年第 6 期，第 153 页。

③ 贺春禄:《加强中国生物安全领域基础研究与国际合作》,《高科技与产业化》2020 年第 10 期，第 48 页。

④ 江先锋:《习近平关于生物安全重要论述的生成理路、基本内涵及践行要求》,《岭南学刊》2022 年第 3 期，第 72~73 页。

⑤ 黄翔宇、孟宪生:《习近平关于生物安全重要论述的生成逻辑、基本内涵及实践要求》,《湖南社会科学》2021 年第 3 期，第 49~54 页。

⑥ 李学勇:《准确理解习近平关于生物安全重要论述的四个维度》,《思想理论教育导刊》2020 年第 7 期，第 4 页。

(2)生成理路。有学者分析了新时代生物安全治理观产生的时代背景，认为它是习近平总书记基于世界百年未有之大变局和世纪大疫情跌宕交织的时空场域，在深刻分析和把握国内外生物安全发展态势的基础上提出来的。① 有学者则从文化底蕴、精神谱系、现实观照三个维度探讨了新时代生物安全治理观的生成逻辑，认为它汲取了中华优秀传统文化中万物和谐的智慧因子，接续发展了马克思主义生物安全理论的科学内涵，系统回应了新时代如何科学应对生物安全的挑战等问题。②

(3)践行要求。有学者认为，加强生物安全治理必须发挥党的领导核心作用，履行大党大国责任；统筹经济发展和生物安全；以科技创新保障国家生物安全；提高生物安全治理能力；强化军民融合战略，共同维护生物安全；以国际合作应对生物安全。③

(二)国外研究现状

国外学界关于我国生物安全治理观的专门性研究成果并不多见，主要集中于生物安全及其治理的基本问题研究方面。

1. 生物安全的定义

美国首次提出“生物安全”概念，将之定义为：病原微生物的实验室安全控制措施。有学者从整合不同利益相关者和部门作用视角，认为生物安全是指防止病原体引入和减少病原体传播的所有措施；④ 有学者认为，生物安全由农业生物安全、防止故意使用危险病原体即生物武器、保护环境免受某些入侵物种的侵害即自然生态安全、实验室生物安全四个方面所构成；⑤ 有学者认为，生物安全的

① 杨琳琳：《习近平关于生物安全重要论述探析》，《江南社会学院学报》2021 年第 3 期，第 29 页。

② 张宇：《习近平关于国家生物安全的重要论述研究》，兰州大学 2022 年硕士学位论文。

③ 张宇：《习近平关于国家生物安全的重要论述研究》，兰州大学 2022 年硕士学位论文。

④ Véronique Renault, et al. Biosecurity Concept: Origins, Evolution and Perspectives[J]. *Animals*, 2022(1): 63.

⑤ Gregory Koblentz. Biosecurity Reconsidered: Calibrating Biological Threats and Responses[J]. *International Security*, 2010(4): 96-132.

内涵和外延不断扩展，只有结合“人类安全”，才能完整理解生物安全。①

2. 生物安全治理的重要性研究

伴随现代生物技术滥用而引发的生物安全威胁，英、美等国政府对生物安全治理日渐重视，将之提升到国家战略高度，设有专门的生物安全调查机构，统筹管理并进行专业调研，每年出具国家《生物安全报告》，为国家建言献策。如有学者认为，新冠疫情暴露出医疗保健和公共卫生系统在保护国民健康方面存在严重不足，呼吁将生物安全纳入国家安全理念中，整合生物安全管理机构，以应对因全球卫生危机带来的日益严峻的国家安全威胁。

三、研究方法

本书将采取文献梳理、逻辑与历史相统一、系统分析等方法，全面把握新时代生物安全治理观的深厚文化底蕴及创新理论品格、鲜明实践特征。

（一）文献梳理

文献梳理方法是指收集、整理、学习相关著作、论文、文件，以把握代表性人物、代表性成果、代表性观点，了解已有研究的现实状况、具体动态、实际进展，发现已有研究的薄弱环节、需要完善和改进之处，分析研究的热点、难点、重点和前沿问题，为将要进行的研究提供借鉴参考，寻找研究突破点和关节点的研究方法。

本书将收集、整理马克思主义经典文献，挖掘、提炼其中蕴涵的生态文明思想、劳动异化思想、人民健康思想，奠定本书的理论基础；收集、整理《习近平关于社会主义生态文明建设论述摘编》、《习近平谈治国理政》（第一、二、三、四卷）、《习近平关于总体国家安全观论述摘编》、《习近平关于统筹疫情防控和经济社会发展重要论述选编》、《习近平著作选读》、《习近平关于科技创新论述摘编》、《习近平关于全面依法治国论述摘编》、《习近平关于全面深化改革论述摘编》，以及党的十八大以来历次重要会议公报、重要文件等，挖掘、凝练其中

① Henrieta Anisoara. Biosecurity as a Theme, a Domain and a Reality in International Relations[J]. *Romanian Review of Political Sciences & International Relations*, 2021(1): 159-171.

蕴涵的生物安全观，提供本研究的直接文本依据；搜集、整理中国古代相关典籍和西方近现代名著，为挖掘、总结新时代生物安全治理观的理论渊源和理论借鉴，提供文献资料；搜集、整理学界相关论著，提供本研究的借鉴参考。

（二）逻辑与历史相统一

逻辑学既是一门研究思维方式、思维进程、思维规律的科学，也是一门研究历史发展、历史趋势、历史规律的科学，是“关于人的思维的历史发展的科学”①。逻辑与历史相伴相生，逻辑是历史的逻辑，历史是逻辑的历史，思想进程应当与历史进程保持一致，人的思维的逻辑进程也应当与事物发展的历史进程保持一致。

新时代生物安全治理观既是对人类生物安全治理的历史经验的总结，具有社会历史性，又是对生物安全治理的本质和规律的把握与遵循，具有逻辑抽象性。中国共产党的历史就是一部不断推进理论创新的历史，中国共产党人在不同的历史时期，面对不同的历史任务，始终坚持“两个结合”，不断推进马克思主义中国化时代化。新时代生物安全治理观是以习近平同志为主要代表的中国共产党人学史明理、学史力行，在深刻总结历史经验，深刻揭示历史规律的基础上，对人类历史上的生态文明和生物安全治理优秀成果进行规律性揭示和逻辑抽象而形成的。

本书既运用历史的方法以“还原”新时代生物安全治理观形成发展的历史进程、历史脉络，又运用逻辑的方法以“抽象”生物安全治理观形成发展的历史经验、历史规律；既运用历史的方法，系统梳理马克思主义生态文明思想和生物安全观的发展历程，又运用逻辑的方法，深刻揭示马克思主义发展各历史阶段的生态文明思想和生物安全治理观之间的内在逻辑关联；既运用历史的方法，对新时代生物安全治理观进行循迹溯源，又运用逻辑的分析，系统总结新时代生物安全治理观的理论创新；既运用历史的方法，分析新时代生物安全治理观形成发展的历史背景、历史条件，又运用逻辑的方法，剖析新时代生物安全治理观的逻辑结构体系。

---

① 《马克思恩格斯文集》第9卷，人民出版社2009年版，第436页。

（三）系统分析

系统分析方法是运用马克思主义普遍联系原理与系统观念，把研究对象看成是一个有机体系，在深入剖析各构成要素的基础上，全面把握各构成要素的作用功能、相互关联，系统的层次结构、逻辑体系、整体优化的研究方法。

本书坚持系统分析，是由新时代生物安全治理观的整体性决定的。新时代生物安全治理观是诸要素及诸环节内在关联、相互依存、相互支撑、合理有序、自洽严密的有机整体，能够实现整体性的协调协同、功能优化、动态提升。本书既从理论上全面分析“人与自然和谐共生”的根本理念、“人民至上、生命至上”的价值追求、“系统治理和全链条防控”的科学方法、“贯彻落实生物安全法”的强大保障等构成要素之间的有机联系，又从实践上整体构建加强组织协调、推进法治建设、完善防控体系、推进科技创新、加强国际合作的长效机制。

第二章　新时代生物安全治理观的生成逻辑

1973 年人类 DNA 实验的首次成功标志着现代生物技术的诞生，生物技术的推广应用在造福人类的同时，也给生态系统和人类生命健康安全带来严重威胁，生物安全问题的关注度日渐上升。1976 年美国首次提出“生物安全”概念，1992 年联合国环境与发展大会首次提出国际法意义上的“生物安全”概念。2000 年《生物多样性公约》正式问世。2001 年发生的“炭疽邮件”事件使得国际社会更加重视防控生物安全风险，各国纷纷把管控生物安全风险上升为事关国家利益的战略高度，设立生物安全管理机构，出台生物安全评估报告，制定生物安全法律法规，完善生物安全治理机制，加强生物安全国际合作。

虽然我国自 20 世纪 80 年代就开展了转基因生物测试和开发，但 2003 年 SARS 事件前，我国尚未成立生物安全治理专门机构。2004 年，我国初步构建起生物安全监测信息报告系统和风险管控制度，不断加强重大传染病和外来生物入侵防控、生物安全实验室和特种资源库建设、基因技术研究、生物安全法治建设、生物安全学科建设等方面工作。党的十八大以来，面对生物安全领域的新风险、新挑战，习近平总书记就加强生物安全治理、防控生物安全风险发表了一系列重要论述，构建了新时代生物安全治理观，提供了新时代生物安全治理的根本遵循。

第一节　中国共产党生物安全思想发展演进的历史

重大传染性疾病、外来物种入侵、生化武器、生物恐怖主义等生物安全风险给维护生态平衡、人民生命健康安全、国家安全带来了严峻挑战。历代中国共产党人高度重视生物安全治理，不断加强生物安全基础学科建设、动植物防疫、生物技术研发应用及管理、生物武器禁用等方面工作，着力维护人民生命健康安全和国家安全，不断发展完善党的生物安全思想。

毛泽东虽然没有提出“生物安全”概念，但奠定了我国生物安全工作布局的理论雏形。他强调人与自然是一个对立统一的整体，认为随着生产力的发展与认识水平的提高，“人才能逐渐使自己区别于自然界，并建立自己同自然界对立而又统一的宇宙观”①，把人看做自然界的一部分，要求遵循自然规律，并指出：“人类者，自然物之一也，受自然法则之支配”②，从反面警醒人们：“自然界有抵抗力，这是一条科学。你不承认，它就要把你整死”③，要求珍惜自然资源，强调：“天上的空气，地上的森林，地下的宝藏，都是建设社会主义所需要的重要因素”④，坚决反对挥霍浪费自然资源，要求“尽一切努力最大限度地保存一切可用的生产资料和生活资料”⑤，要求改善生态环境，“绿化荒山和村庄”⑥。他高度重视保护人民生命健康安全，把“减少疾病以至消灭疾病”视为“每个乡苏维埃的责任”⑦，要求大力发展卫生、防疫和一般医疗工作，确立“有疫者治疫，无疫者防疫”⑧的疫情防控原则，并针对医疗资源不平衡的现状，要求“把医疗卫生的重点放到农村去”⑨，引导人民养成健康文明卫生的生活方式，号召群众同“不卫生的习惯作斗争”⑩，强调：“环境卫生，极为重要，一定要使居民养成卫生习惯”⑪。他充分认识到生物学学科建设的重要性，强调：“生物学是农、林、医疗等科学技术的理论基础”⑫，要求学习国外生物化学、病理学等学科好的东西，

① 《毛泽东文集》第3卷，人民出版社1996年版，第82页。

② 《毛泽东早期文稿》，湖南出版社1995年版，第194页。

③ 《毛泽东文集》第7卷，人民出版社1999年版，第448页。

④ 《毛泽东文集》第7卷，人民出版社1999年版，第34页。

⑤ 《毛泽东选集》第4卷，人民出版社1991年版，第1316页。

⑥ 《毛泽东文集》第6卷，人民出版社1999年版，第475页。

⑦ 《毛泽东文集》第1卷，人民出版社1993年版，第310页。

⑧ 《毛泽东年谱（1949—1976）》第1卷，中央文献出版社2013年版，第521页。

⑨ 《毛泽东年谱（1949—1976）》第5卷，中央文献出版社2013年版，第506页。

⑩ 《毛泽东选集》第3卷，人民出版社1991年版，第1011页。

⑪ 《毛泽东文集》第8卷，人民出版社1999年版，第150页。

⑫ 中共中央文献研究室：《建国以来重要文献选编》第9册，中央文献出版社1994年版，第515页。

积累生物学学科建设的基本经验和资料，建成农业微生物研究所，要求农业部门“把牲畜检疫站抓起来。办好生物药品制造厂”①。他积极探索传染病防治办法，1956—1967年的《科学技术发展远景规划纲要(修正草案)》明确要求，掌握我国流行的主要寄生虫病和传染病的分布情况和流行因素等方面的准确资料，进一步研究“简便的诊断方法与有效的防治措施”，采用综合措施，“运用生物、化学、物理等各种方法，并组成相互连(联)系的防治网”②，争取获得最大的效果。

邓小平创新性推进了党的生物安全理论与实践发展。他倡导遵循自然规律，指出：“主观愿望违背客观规律，肯定要受损失”③，重视保护生态环境，强调：“油气田开发、铁路公路建设、自然环境保护等，都很重要”④，要求“现代化的城市……要解决好污染问题”⑤，“加强农业资源的保护工作，制止某些地区生态环境继续恶化”⑥，重视维护生态平衡，强调：“水土保持，黄土高原种树，要搞一百年才行”⑦，主张通过“先种草后种树”方式“把黄土高原变成草原和牧区”⑧，认为“围湖造田，湖面缩小，影响了平衡”⑨。他主张“加强对生物工程……的研究开发”⑩，“力求在电子信息技术、生物技术……方面取得新的进展”⑪，认为中

① 中共中央文献研究室：《建国以来重要文献选编》第15册，中央文献出版社1997年版，第753页。

② 中共中央文献研究室：《建国以来重要文献选编》第9册，中央文献出版社1994年版，第496页。

③ 《邓小平文选》第2卷，人民出版社1994年版，第346页。

④ 《邓小平文选》第3卷，人民出版社1993年版，第363页。

⑤ 中共中央文献研究室：《邓小平年谱：1975—1997》上，中央文献出版社2004年版，第386页。

⑥ 中共中央文献研究室：《三中全会以来重要文献选编》下，人民出版社1982年版，第1072页。

⑦ 中共中央文献研究室：《邓小平年谱：1904—1974》下，中央文献出版社2009年版，第1899页。

⑧ 中共中央文献研究室：《邓小平年谱：1975—1997》下，中央文献出版社2004年版，第868页。

⑨ 中共中央文献研究室：《邓小平年谱：1975—1997》下，中央文献出版社2004年版，第887页。

⑩ 中共中央文献研究室：《十二大以来重要文献选编》中，人民出版社1986年版，第812页。

⑪ 中共中央文献研究室：《十二大以来重要文献选编》中，人民出版社1986年版，第939页。

国农业问题的未来出路“最终要由生物工程来解决”①，肯定“生物工程……等领域的高技术研究发展纲要”对我国“科技与社会经济发展将发挥重大作用”②，要求加快农业发展必须“积极推广生物防治”③，在“动植物的防疫和检疫、生物资源的综合利用”等方面“要有新的突破和系统的科学技术积累”④，“把生物措施同工程措施结合起来”⑤，保护森林和牧场。他高度肯定法律在环境保护中的保障作用，要求“集中力量制定……环境保护法”⑥，充分认识生物武器对生态环境和人类的严重威胁，呼吁国际社会“全面禁止与彻底销毁核武器、化学和生物武器、太空武器”⑦。

江泽民正式提出“生物安全”概念，强调：“生物物种资源的开发应在保护物种多样性和确保生物安全的前提下进行”⑧，推进党的生物安全思想与时俱进。他主张尊重自然、爱护自然，要求“学会按自然规律办事”，“科学地利用、改造和保护自然”⑨，倡导“人和自然的协调与和谐”⑩，“经济建设与资源、环境相协调”，反对“浪费资源和先污染后治理……吃祖宗饭、断子孙路”⑪等做法。他高度重视生物安全技术发展，把“加强生物技术和其他高新技术的研究”视为事关农业发展的“一个长远的战略问题”⑫，要求高技术研究发展计划必须“突出农业

① 《邓小平文选》第3卷，人民出版社1993年版，第275页。

② 中共中央文献研究室：《十二大以来重要文献选编》下，人民出版社1988年版，第1313页。

③ 中共中央文献研究室：《三中全会以来重要文献选编》上，人民出版社1982年版，第188页。

④ 中共中央文献研究室：《十二大以来重要文献选编》上，人民出版社1986年版，第263页。

⑤ 中共中央文献研究室：《十二大以来重要文献选编》下，人民出版社1988年版，第1116页。

⑥ 《邓小平文选》第2卷，人民出版社1994年版，第146页。

⑦ 中共中央文献研究室：《十二大以来重要文献选编》上，中央文献出版社1986年版，第496页。

⑧ 《全国生态环境保护纲要》，《人民日报》2000年12月22日，第1版。

⑨ 《江泽民文选》第2卷，人民出版社2006年版，第233、238页。

⑩ 《江泽民文选》第3卷，人民出版社2006年版，第462页。

⑪ 《江泽民文选》第1卷，人民出版社2006年版，第532页。

⑫ 中共中央文献研究室：《十四大以来重要文献选编》上，人民出版社1996年版，第429页。

生物技术等重点领域”①，必须按照“常规农业技术与现代生物技术结合发展的要求”②，通过统筹规划、联合攻关，推出一批突破性成果，瞄准世界新技术发展前沿，“努力在生物工程、电子信息技术……高技术领域取得新的科技成果”③，集中人才财力抓好疫病防治，“加强生物工程……的基础科学研究”④。他高度重视生物安全治理，要求“组织推动各部门协同完成……生物资源和气候资源为主的农业自然资源普查”⑤，清醒认识到“生物多样性受到严重破坏”⑥的现状，要求加强生物多样性保护，“加强野生生物资源开发管理……建立转基因生物活体及其产品的进出口管理制度和风险评估制度……防止国外有害物种进入国内”⑦。

胡锦涛结合科学发展的现实需求，丰富完善了党的生物安全思想。他提出了“天更蓝、地更绿、水更清……促进人与自然、人与社会和谐”⑧的科学发展目标，确立了公共医疗卫生事业发展的“预防为主的方针”和“保障人民身体健康”的价值准则，要求必须“坚持公共医疗卫生的公益性质……完善国民健康政策”⑨，保障“人人享有基本卫生保健服务”⑩，不断提高人民群众健康水平。他清醒认识到各国在“以信息技术、生物技术为代表的高新技术及其产业……的综

---

① 中共中央文献研究室：《十三大以来重要文献选编》中，人民出版社 1991 年版，第 763 页。

② 中共中央文献研究室：《十三大以来重要文献选编》下，中央文献出版社 1993 年版，第 1771 页。

③ 中共中央文献研究室：《十三大以来重要文献选编》中，人民出版社 1991 年版，第 1396 页。

④ 中共中央文献研究室：《十四大以来重要文献选编》上，人民出版社 1996 年版，第 474 页。

⑤ 中共中央文献研究室：《新时期农业和农村工作重要文献选编》，中央文献出版社 1992 年版，第 663 页。

⑥ 中共中央文献研究室：《十五大以来重要文献选编》上，人民出版社 2000 年版，第 605 页。

⑦ 中共中央文献研究室：《十五大以来重要文献选编》中，人民出版社 2001 年版，第 1455 页。

⑧ 《胡锦涛文选》第 3 卷，人民出版社 2016 年版，第 107 页。

⑨ 中共中央文献研究室：《十七大以来重要文献选编》中，中央文献出版社 2011 年版，第 3 页。

⑩ 《十七大报告辅导读本》，人民出版社 2007 年版，第 331 页。

合国力竞争日趋激烈”①，把生物工程和新材料的发展视为“工业发展新的增长点”②，要求大力发展生物、新材料等产业。他高度重视生物科技创新，要求继续实施“生物医药等一批重大高技术产业化专项”③，着力加强生物科技的协同创新和交叉研究。他坚持完善生物安全治理体系，要求“防范外来动植物疫病和有害物种入侵。多渠道筹集……生态效益补偿资金，逐步提高补偿标准”④，“充实动物防疫体系建设内容，加快推进动物标识及疫病可追溯体系建设”⑤，“构建先进国家安全和公共安全体系”⑥，“完善重大疾病防控体系，提高突发公共卫生事件应急处置能力”⑦，“提高对传统和非传统国家安全和公共安全的监测、预警、应对、管理能力”⑧，推进生物安全治理的制度化、精细化发展。

新时代，习近平总书记科学处理了人与自然、自然的生态价值与经济价值、生物安全和其他方面安全、国内安全和国际安全等方面的辩证关系，强调“生物安全关乎人民生命健康，关乎国家长治久安，关乎中华民族永续发展”⑨，把生物安全上升至人民幸福、国家治理、民族复兴的战略高度，从国家总体安全的战略高度对生物安全进行顶层设计、统筹规划，明确了新时代生物安全治理的重大意义、价值准则，推进了新时代生物安全治理的科学化、规范化发展，开创了党

---

① 中共中央文献研究室：《十五大以来重要文献选编》中，人民出版社2001年版，第1208页。

② 中共中央文献研究室：《十五大以来重要文献选编》中，人民出版社2001年版，第1375页。

③ 中共中央文献研究室：《十七大以来重要文献选编》上，中央文献出版社2009年版，第313页。

④ 中共中央文献研究室：《十七大以来重要文献选编》上，中央文献出版社2009年版，第683页。

⑤ 中共中央文献研究室：《十七大以来重要文献选编》上，中央文献出版社2009年版，第827页。

⑥ 中共中央文献研究室：《十七大以来重要文献选编》中，中央文献出版社2011年版，第751页。

⑦ 胡锦涛：《高举中国特色社会主义伟大旗帜　为夺取全面建设小康社会新胜利而奋斗——在中国共产党第十七次全国代表大会上的讲话》，人民出版社2007年版，第40页。

⑧ 中共中央文献研究室：《十七大以来重要文献选编》中，中央文献出版社2011年版，第751页。

⑨ 《习近平谈治国理政》第四卷，外文出版社2022年版，第399页。

的生物安全思想发展的新境界。

第二节　坚持“两个结合”形成的创新理论体系

习近平总书记在庆祝中国共产党成立100周年大会上正式提出“两个结合”，即“把马克思主义基本原理同中国具体实际相结合、同中华优秀传统文化相结合”①的重大命题，在对马克思主义中国化的界定中首次明确指出了“第二个结合”。在党的二十大报告中把“两个结合”视为马克思主义中国化、时代化的规律性认识，阐释了“两个结合”的内在逻辑和基本要求。他在文化传承发展座谈会上明确提出“‘结合’打开了创新空间”，“‘第二个结合’是又一次的思想解放”②。“第一个结合”是马克思主义中国化、时代化的一条最宝贵的历史经验，内蕴着“第二个结合”的思想因子；“第二个结合”实现了对“第一个结合”的内容拓展延伸、框架突破创新、内涵发展跃升，体现了中国共产党人强烈的文化自觉，开启了党的理论创新的新叙事。

习近平总书记强调：“‘结合’的前提是彼此契合。‘结合’不是硬凑在一起的。马克思主义和中华优秀传统文化来源不同，但彼此存在高度的契合性……相互契合才能有机结合”，“‘结合’的结果是互相成就。‘结合’不是‘拼盘’，不是简单的‘物理反应’，而是深刻的‘化学反应’，造就了一个有机统一的新的文化生命体……让马克思主义成为中国的，中华优秀传统文化成为现代的，让经由‘结合’而形成的新文化成为中国式现代化的文化形态”③。新时代，国内的和国外的、传统的和新型的生物安全风险相互叠加，为了防控生物安全风险，习近平总书记坚持“两个结合”，立足于中国的现实需求，把马克思主义与中华优秀传统文化相结合，构建了一个以“人与自然和谐共生”为根本理念、以“人民至上、

① 习近平：《在庆祝中国共产党成立100周年大会上的讲话》，《人民日报》2021年7月2日，第2版。

② 《习近平在文化传承发展座谈会上强调：担负起新的文化使命　努力建设中华民族现代文明》，《人民日报》2023年6月3日，第1版。

③ 习近平：《在文化传承发展座谈会上的讲话》，《求是》2023年第17期，第7、7~8页。

生命至上”为价值准则、以“系统治理和全链条防控”为科学方法、以“贯彻落实生物安全法”为有效保障的内涵丰富、层次分明、逻辑严整的新时代生物安全治理观。

一、坚持“两个结合”，提出“人与自然和谐共生”根本理念

马克思主义经典作家在认识、分析、处理人与自然的关系过程中，形成了马克思主义生态文明观。马克思认为，人类与自然界是一个相互联系、相互依存的有机整体。一方面，人类的生存发展离不开自然界，需要自然界提供劳动材料和劳动对象，离开自然界，人类将无法获取自身生存发展所需要的生活资料，强调：“人靠自然界生活……人是自然界的一部分”①；另一方面，人类在自然界面前不是完全被动的，“人……是能动的自然存在物”②，可以通过实践改变和丰富自然界，赋予自然界以新的意义，“只有在社会中，自然界对人来说才是人与人联系的纽带”③。人与自然界密不可分、高度统一。恩格斯认为，“人本身是自然界的产物”④，“今天存在于我们周围的有机自然物，包括人在内，都是少数原始单细胞胚胎的长期发育过程的产物”⑤，强调人“生活在自然界中”⑥，要求人们尊重自然，“能够认识和正确运用自然规律”⑦。他警醒人们：“不要过分陶醉于我们人类对自然界的胜利。对于每一次这样的胜利，自然界都对我们进行报复”⑧，并以“美索不达米亚、希腊、小亚细亚以及其他各地的居民”“阿尔卑斯山的意大利人”由于滥砍滥伐森林而受到自然界的惩罚为例，要求人们“每走一步都要记住：我们决不像征服者统治异族人那样支配自然界”⑨。

中华优秀传统文化中蕴涵着富有启迪价值的生态智慧。一是“天人合一”。

---

① 《马克思恩格斯文集》第1卷，人民出版社2009年版，第161页。
② 《马克思恩格斯文集》第1卷，人民出版社2009年版，第209页。
③ 《马克思恩格斯文集》第1卷，人民出版社2009年版，第187页。
④ 《马克思恩格斯文集》第9卷，人民出版社2009年版，第38页。
⑤ 《马克思恩格斯文集》第4卷，人民出版社2009年版，第300页。
⑥ 《马克思恩格斯文集》第4卷，人民出版社2009年版，第284页。
⑦ 《马克思恩格斯文集》第9卷，人民出版社2009年版，第560页。
⑧ 《马克思恩格斯文集》第9卷，人民出版社2009年版，第559~560页。
⑨ 《马克思恩格斯文集》第9卷，人民出版社2009年版，第560页。

中国古代贤哲认为，人与自然同根同源、相互平等，提出："天地不仁，以万物为刍狗"(《老子・第五章》)、"以道观之，物无贵贱"(《庄子・秋水》)；人与自然相互影响、相感相通，提出："天人相类"(《春秋繁露・为人者天》)、"天人感应"(《春秋繁露・循天之道》)；人与自然密不可分、融为一体，提出："天地与我并生，而万物与我为一"(《庄子・齐物论》)、"天人之际，合而为一"(《春秋繁露・深察名号》)、"天人一也"(《春秋繁露・阴阳义》)、"天人合一"(《正蒙・乾称篇》)。二是"道法自然"。中国古代贤哲主张，人类对自然环境的改造必须"法天道""顺天命""循天理"，合乎"自然之道"。道家倡导"道法自然"(《老子・第二十五章》)，认为"道"虽然化生万物，但从不强制万物，表现出"自然无为"的自信与大度。儒家提出"顺天休命"(《周易・大有・象传》)，杂家提出"因性任物"(《吕氏春秋・执一》)，倡导遵从、效法自然。三是"尚中贵和"。中国古代贤哲把"和"视为万物生长的必要条件，强调："和实生物，同则不继"(《国语・郑语》)、"万物各得其和以生"(《荀子・天论》)，高度肯定"和"的重大价值，指出："和，故百物皆化""和，故万物不失"(《礼记・乐记》)，追求"天和"(《庄子・庚桑楚》)、"人和"(《孟子・公孙丑下》)、"心和"(《庄子・人间世》)，奉行"和而不同"(《论语・子路》)、"和为贵"(《论语・学而》)的价值准则。为了实现"和"的理想，中国古代贤哲提出"尚中"方法论。道家从"反者道之动"(《老子・第四十章》)出发，倡导"多言数穷，不如守中"(《老子・五章》)。儒家认为"过犹不及"(《论语・先进》)，提出"执两用中"(《礼记・中庸》)等"尚中"方法。"尚中"就是要适度，懂得适可而止。中国古代贤哲要求"钓而不纲，弋不射宿"(《论语・述而》)、"数罟不入洿池……斧斤以时入山林"(《孟子・梁惠王上》)、"禁伐必有时"(《管子・八观》)，反对"竭泽而渔"(《吕氏春秋・览・孝行览》)，主张让大自然休养生息，倡导"取之有度，用之有节"(《资治通鉴》)，提供了新时代生物安全治理的根本理念的丰厚文化资源。

马克思主义生态文明观与中华传统生态智慧，在人与自然有机统一、尊重保护自然、人与自然和谐共处等方面是高度契合的。习近平总书记紧紧抓住这些契合点，创造性提出"人与自然是生命共同体"①的新时代生物安全治理的根本理

① 习近平：《高举中国特色社会主义伟大旗帜　为全面建设社会主义现代化国家而团结奋斗——在中国共产党第二十次全国代表大会上的报告》，人民出版社 2022 年版，第 23 页。

念，分析了工业文明时代工业化的迅猛发展"加速了对自然资源的攫取，打破了地球生态系统原有的循环和平衡，造成人与自然关系紧张"①的现状，坚决反对把保护生态与发展生产力对立起来的冲突思维，认为人与自然是"一种共生关系"②，应该"共生共存"③。他强调，"只有更好平衡人与自然的关系，维护生态系统平衡，才能守护人类健康"④，倡导走绿色低碳的高质量发展之路，要求科学处理"绿水青山"与"金山银山"的辩证关系，注重保护生物多样性；引用"天不言而四时行，地不语而百物生"一语，创造性提出"尊重自然、顺应自然、保护自然"⑤理念，倡导认识和遵循自然规律、"合理利用、友好保护自然"⑥，警醒人们"只有尊重自然规律，才能有效防止在开发利用自然上走弯路"⑦，人类如果违背自然规律、伤害大自然"最终会伤及人类自身"⑧；引用"万物各得其和以生，各得其养以成"一语，创造性提出"人与自然和谐共生"⑨理念，生动阐明"保护生物多样性……促进人类可持续发展"⑩的重要性；引用"竭泽而渔，岂不获得，而明年无鱼；焚薮而田，岂不获得，而明年无兽"(《吕氏春秋·览·孝行览》)一语，倡导适度利用自然，警醒人们"过度开发也导致生物多样性减少，迫使野生动物迁徙，增加野生动物体内病原的扩散传播"⑪，要求谋划经济社会发展必须"站在人与自然和谐共生的高度""为自然守住安全边界和底线，形成人与自然和谐共生的格局"⑫，推进高质量发展必须认识到良好的生态环境是"人类生存与健

① 《习近平谈治国理政》第三卷，外文出版社2020年版，第360页。

② 《习近平谈治国理政》第二卷，外文出版社2017年版，第209页。

③ 《习近平谈治国理政》第二卷，外文出版社2017年版，第544页。

④ 《习近平谈治国理政》第四卷，外文出版社2022年版，第355页。

⑤ 习近平：《高举中国特色社会主义伟大旗帜 为全面建设社会主义现代化国家而团结奋斗——在中国共产党第二十次全国代表大会上的报告》，人民出版社2022年版，第49页。

⑥ 《习近平谈治国理政》第三卷，外文出版社2020年版，第360页。

⑦ 《习近平谈治国理政》第二卷，外文出版社2017年版，第394页。

⑧ 《习近平谈治国理政》第三卷，外文出版社2020年版，第360页。

⑨ 习近平：《高举中国特色社会主义伟大旗帜 为全面建设社会主义现代化国家而团结奋斗——在中国共产党第二十次全国代表大会上的报告》，人民出版社2022年版，第49页。

⑩ 《习近平谈治国理政》第四卷，外文出版社2022年版，第435页。

⑪ 《习近平谈治国理政》第四卷，外文出版社2022年版，第355页。

⑫ 《习近平谈治国理政》第四卷，外文出版社2022年版，第355、356页。

康的基础”①，“最公平的公共产品”②，统筹经济发展和环境保护，“做到人与自然和谐”③，坚决反对“吃祖宗饭、断子孙路，用破坏性方式搞发展”④。

二、坚持“两个结合”，提出“人民至上、生命至上”价值准则

马克思主义群众史观认为人民群众是历史的创造者，决定历史发展的是“行动着的群众”⑤，而不是少数杰出人物，提出了“历史活动是群众的活动”⑥“生气勃勃的创造性的社会主义是由人民群众自己创立的”⑦等光辉论断，强调无产阶级革命必须相信人民，“彻底唤醒群众”⑧，“把工人阶级群众组织起来”⑨，认为共产党“没有任何同整个无产阶级的利益不同的利益”，要求共产党人必须致力于“为绝大多数人谋利益”⑩，自觉“向工人学习”⑪。马克思主义生命观运用唯物辩证法，揭示了生命的起源与本质，认为生命是自然界长期演化的结果，是蛋白质的存在方式，以新陈代谢为存在条件，指出：“生命是整个自然界的一个结果……蛋白质，作为生命的唯一的独立的载体，是在自然界的全部联系所提供的特定的条件下产生的，然而恰好是作为某种化学过程的产物而产生的”⑫，提出了“辩证的生命观”，要求人们正确看待“生”与“死”，树立科学的生死观，指出：“生命总是和它的必然结局，即总是以萌芽状态存在于生命之中的死亡联系起来

① 中共中央文献研究室：《习近平关于社会主义生态文明建设论述摘编》，中央文献出版社 2017 年版，第 90 页。

② 中共中央文献研究室：《习近平关于社会主义生态文明建设论述摘编》，中央文献出版社 2017 年版，第 4 页。

③ 中共中央文献研究室：《习近平关于社会主义生态文明建设论述摘编》，中央文献出版社 2017 年版，第 24 页。

④ 中共中央文献研究室：《习近平关于社会主义生态文明建设论述摘编》，中央文献出版社 2017 年版，第 144 页。

⑤ 《马克思恩格斯文集》第 1 卷，人民出版社 2009 年版，第 287 页。

⑥ 《马克思恩格斯文集》第 1 卷，人民出版社 2009 年版，第 287 页。

⑦ 《列宁专题文集 · 论社会主义》，人民出版社 2009 年版，第 399 页。

⑧ 《列宁专题文集 · 论无产阶级政党》，人民出版社 2009 年版，第 263 页。

⑨ 《列宁全集》第 19 卷，人民出版社 2017 年版，第 307 页。

⑩ 《马克思恩格斯文集》第 2 卷，人民出版社 2009 年版，第 44、42 页。

⑪ 《马克思恩格斯文集》第 4 卷，人民出版社 2009 年版，第 397 页。

⑫ 《马克思恩格斯文集》第 9 卷，人民出版社 2009 年版，第 459 页。

加以考虑的。辩证的生命观无非就是如此”①，“死似乎是类对特定的个体的冷酷的胜利，并且似乎是同类的统一相矛盾的；但是，特定的个体不过是一个特定的类存在物，而作为这样的存在物迟早要死的”②，“死亡并不是突然的、一瞬间的事情，而是一个很长的过程”③，提出了“劳动创造了人本身”④的光辉论断，高度珍爱生命，痛斥了资本主义社会“劳动对工人来说是外在的东西，也就是说，不属于他的本质”⑤的“劳动异化”及由此导致的生命的本质成为“异化的生命”⑥现象，强调人的本质“是一切社会关系的总和”⑦，倡导尊重生命的存在、提升生命的质量、在奉献社会的过程中实现对个体生命的超越。

中华传统“民本”思想高度重视民众在社会历史发展过程中的重要地位和作用，主张“民贵天轻”如“民之所欲，天必从之”(《左传·襄公二十四年》)，“民贵君轻”如“民为贵，社稷次之，君为轻”(《孟子·尽心下》)，“民惟邦本”如“民惟邦本，本固邦宁”(《尚书·七子之歌》)；强调民心向背决定着国家的治乱兴衰，认为“国将兴，听于民”(《左传·庄公三十二年》)、“政之所兴，在顺民心；政之所废，在逆民心”“得民则威立，失民则威废”(《管子·牧民》)，提出“得民心者得天下”(《孟子·离娄上》)的著名论断，要求统治者“以百姓心为心”(《老子·第十九章》)、“凡举事必先审民心”(《吕氏春秋·顺民》)；倡导“爱民”，要求统治者“泛爱众而亲仁”(《论语·学而》)、“亲亲而仁民”(《孟子·尽心上》)、“平政爱民”(《荀子·王制》)、“慈爱百姓”(《荀子·天论》)，倡导“乐民”，要求统治者“乐民之乐”“忧民之忧”“乐以天下，忧以天下”(《孟子·梁惠王下》)，倡导“利民”，要求统治者“为民兴利除害”(《管子·君臣下》)、“善利万物而不争”(《老子·第八章》)、“因民之所利而利之”(《论语·尧曰》)，倡导“富民”，提出“节用而爱人”(《论语·学而》)、“节用裕民”(《荀子·富国》)、“强本而节

① 《马克思恩格斯文集》第9卷，人民出版社2009年版，第546页。
② 《马克思恩格斯文集》第1卷，人民出版社2009年版，第189页。
③ 《马克思恩格斯文集》第9卷，人民出版社2009年版，第25页。
④ 《马克思恩格斯文集》第9卷，人民出版社2009年版，第550页。
⑤ 《马克思恩格斯文集》第1卷，人民出版社2009年版，第159页。
⑥ 《马克思恩格斯文集》第1卷，人民出版社2009年版，第166页。
⑦ 《马克思恩格斯文集》第1卷，人民出版社2009年版，第505页。

用”(《荀子·天论》)、“去无用之费”(《墨子·节用中》)、“制民之产”“薄税敛”“不违农时”(《孟子·梁惠王上》)等举措。中华传统“爱生”思想倡导珍爱人的生命，把仁爱生命视为“大德”的基本内涵，强调：“天地之大德曰生”(《周易·系辞下》)，把珍爱生命视为孝道的基本要求，强调：“身体发肤，受之父母，不敢毁伤”(《孝经·开宗明义》)，认为人可以通过“善养吾浩然之气”(《孟子·公孙丑上》)，实现如本原之“气”般的“生生不绝”(《周易注疏》)，倡导以道义为准绳、以爱生为主旨、以精神超越为目标的崇高选择，通过“杀身以成仁”(《论语·卫灵公》)、“舍生而取义”(《孟子·告子上》)实现“三不朽”(《左传·襄公二十四年》)，通过“致虚极，守静笃”(《老子·第十六章》)、“心斋”(《庄子·人间世》)、“坐忘”(庄子·大宗师》)实现“死而不亡”(《老子·三十三章》)。

马克思主义群众史观、生命观与中华传统“民本”“爱生”思想，在“重民”“爱民”“利民”及关爱生命、追求生命超越等方面，是内在契合的。习近平总书记紧紧抓住这些契合点，创造性提出“人民至上、生命至上”的新时代生物安全治理的价值准则。2020 年 5 月 22 日，他在参加第十三届全国人大三次会议内蒙古代表团审议时强调：“坚持人民至上。古人讲：‘与天下同利者，天下持之；擅天下之利者，天下谋之。’……在重大疫情面前，我们一开始就鲜明提出把人民生命安全和身体健康放在第一位”，“人民至上、生命至上，保护人民生命安全和身体健康可以不惜一切代价”①。2020 年 9 月 8 日，他在全国抗击新冠疫情表彰大会上强调：“生命至上，集中体现了中国人民深厚的仁爱传统和中国共产党人以人民为中心的价值追求。‘爱人利物之谓仁。’疫情无情人有情。人的生命是最宝贵的，生命只有一次，失去不会再来。在保护人民生命安全面前，我们必须不惜一切代价，我们也能够做到不惜一切代价”，“为了保护人民生命安全，我们什么都可以豁得出来……每一个生命都得到全力护佑，人的生命、人的价值、人的尊严得到悉心呵护。这是中国共产党执政为民理念的最好诠释！这是中华文明人命关天的道德观念的最好体现！这也是中国人民敬仰生命的人文精神的最好印证”②！2020 年 12 月 16 日，他在中央经济工作会议上再次强调：“人民至上是作

① 《习近平谈治国理政》第四卷，外文出版社 2022 年版，第 53、54 页。
② 《习近平谈治国理政》第四卷，外文出版社 2022 年版，第 98、99 页。

出正确抉择的根本前提……大疫面前我们坚持人民至上、生命至上。”①2021 年 9 月 29 日，他在主持中共中央政治局第三十三次集体学习时强调：“生物安全关乎人民生命健康”②，必须“按照以人为本”③原则来加强国家生物安全治理体系建设。在多个国际场合，他强调加强国际生物安全合作必须“践行人民至上、生命至上理念”④，“坚持人民至上、生命至上的基本要求”⑤。“人民至上、生命至上”是贯穿新时代生物安全治理全过程和各环节的根本准则。

三、坚持“两个结合”，提出“系统治理和全链条防控”科学方法

马克思主义者认为，自然界是一个普遍联系的整体，指出：“我们所接触到的整个自然界构成一个体系，即各种物体相联系的总体”⑥，人类社会也是一个普遍联系的整体，指出：“每一个社会中的生产关系都形成一个统一的整体”⑦，整个世界都是一个普遍联系的整体，指出：“世界不是既成事物的集合体，而是过程的集合体”⑧，世界上的一切事物及其运动都是普遍联系的，“每个事物(现象等等)的关系不仅是多种多样的，并且是一般的、普遍的。每个事物(现象、过程等等)是和其他的每个事物联系着的”⑨，主张全面地、联系地看问题，指出：“要真正地认识事物，就必须把握住、研究清楚它的一切方面、一切联系和‘中介’。我们永远也不会完全做到这一点，但是，全面性这一要求可以使我们防止犯错误和防止僵化。”⑩马克思主义者强调：“必须善于在每个特定时机找出

① 《习近平谈治国理政》第四卷，外文出版社 2022 年版，第 392~393 页。

② 《习近平谈治国理政》第四卷，外文出版社 2022 年版，第 399 页。

③ 《习近平谈治国理政》第四卷，外文出版社 2022 年版，第 399 页。

④ 《习近平在联合国成立 75 周年系列高级别会议上的讲话》，人民出版社 2020 年版，第 7 页。

⑤ 习近平：《让多边主义的火炬照亮人类前行之路——在世界经济论坛“达沃斯议程”对话会上的特别致辞》，人民出版社 2021 年版，第 9 页。

⑥ 《马克思恩格斯文集》第 9 卷，人民出版社 2009 年版，第 514 页。

⑦ 《马克思恩格斯文集》第 1 卷，人民出版社 2009 年版，第 603 页。

⑧ 《马克思恩格斯文集》第 4 卷，人民出版社 2009 年版，第 298 页。

⑨ 《列宁专题文集·论辩证唯物主义和历史唯物主义》，人民出版社 2009 年版，第 140 页。

⑩ 《列宁专题文集·论辩证唯物主义和历史唯物主义》，人民出版社 2009 年版，第 314 页。

链条上的特殊环节，必须全力抓住这个环节，以便抓住整个链条并切实地准备过渡到下一个环节；而在这里，在历史事变的链条里，各个环节的次序，它们的形式，它们的联接，它们之间的区别，都不像铁匠所制成的普通链条那样简单和粗陋”①，反对孤立地片面地看问题的形而上学思维方式，认为这种思维方式“被培根和洛克从自然科学中移植到哲学中以后，就造成了最近几个世纪所特有的局限性”②，是“片面的、狭隘的、抽象的……看到一个一个的事物，忘记它们互相间的联系……只见树木，不见森林”③，“把社会体系的各个环节割裂开来”就无法“说明一切关系在其中同时存在而又互相依存的社会机体”④。

中华传统思维方式主张系统地、全面地看问题，反对孤立地、片面地看问题，具有鲜明的整体性特征。这种整体性思维方式被广泛运用于本体论、宇宙观、天下观、社会观、道德观等领域。中国古代贤哲虽然对世界的本原有不同的看法，有人认为是“道”如“道生一，一生二，二生三，三生万物”(《老子・第四十二章》)，有人认为是“天地”如“天地者，万物之本”(《春秋繁露》)，有人认为是“阴阳”如“夫四时阴阳者，万物之根本也”(《黄帝内经・素问》)，有人认为是“五行”如“五行，天所以命万物者也”(《范洪传》)，但因为种种本原要么最终归结为“气”，要么与“气”有着千丝万缕的联系，故而各家各派在“气生万物”上最终殊途而同归、百虑而一致。庄子最早提出“天下一气”(《庄子・知北游》)范畴，黄老道家认为“阴阳陶冶万物，皆乘一气而生”，儒家强调“天地之间，只有一气充周，生人生物”。中国古代贤哲从“天下一气”的整体性本体论出发，不仅把“天”“人”都视为一个整体，要求“视天下犹一家，中国犹一人”(《大学问》)，而且把整个世界看成是一个由“天”和“人”有机联系的统一整体，认为“天人同德”，追求“天人合德”，主张“以德配天”，倡导“泛爱万众，天地一体”(《庄子・天下》)、“亲亲而仁民，仁民而爱物”(《孟子・尽心上》)，要求全面听取各方面意见、善于谋划全局，提出：“自古不谋万世者，不足谋一时；不谋全局者，不足谋一域”(陈澹然：《迁都建藩议》)、“合而听之则圣”(《管子・君臣上》)、“兼听

① 《列宁选集》第3卷，人民出版社2012年版，第506页。

② 《马克思恩格斯文集》第9卷，人民出版社2009年版，第24页。

③ 《马克思恩格斯文集》第9卷，人民出版社2009年版，第24页。

④ 《马克思恩格斯文集》第1卷，人民出版社2009年版，第603、604页。

则明，偏信则暗"《资治通鉴·唐太宗贞观二年》，要求全面分析对立的双方及其相互转化过程，提出："祸福相依"(《老子·第五十八章》)、"反者道之动"(老子·第四十章)、"执两用中"(礼记·中庸)，确立了"华夷一体"的文化理念，培育了"大一统"的身份认同，形成了"天下一家"的价值追求，结成了团结统一的精神纽带，筑牢了中华民族共同体的思想根基。

马克思主义系统观与中华传统整体性思维方式，在系统地、全面地看问题上是高度契合的，习近平总书记紧紧抓住这一契合点，提出了"系统治理和全链条防控"的新时代生物安全治理的科学方法。他认为事物是相互联系、相互依存的，坚决反对"零敲碎打""碎片化""头痛医头，脚痛医脚"的工作方法，大力倡导用系统观念来观察事物、把握规律，强调："系统观念是具有基础性的思想和工作方法"①，"加快完善各方面体制机制"②，健全完善公共卫生体系、疾病防控体系、重大疫情防控体系、城乡基层治理体系，"同国际社会携手应对日益严峻的全球性挑战"③；要求新时代生物安全治理必须"强化系统治理和全链条防控，坚持系统思维"④，健全完善监测预警体系、快速应急响应机制、基层动植物疫病防控体制机制，把生物安全"纳入国家安全战略"⑤，"统筹发展和安全"⑥，科学处理疫情防控与经济发展、生物安全与其他安全的辩证关系，坚持"协同配合"⑦原则，"完善国家生物安全治理体系"⑧，健全生物安全治理机制，强化各级生物安全工作协调机制。

四、坚持"两个结合"，提出"贯彻落实生物安全法"保障措施

马克思、恩格斯从经济基础决定上层建筑的历史唯物主义基本原理出发，认为包括法律在内的"全部上层建筑"都是由经济基础决定的，"归根到底都是应由

① 《习近平谈治国理政》第四卷，外文出版社2022年版，第117页。
② 《习近平谈治国理政》第四卷，外文出版社2022年版，第105页。
③ 《习近平谈治国理政》第四卷，外文出版社2022年版，第106页。
④ 《习近平谈治国理政》第四卷，外文出版社2022年版，第400页。
⑤ 《习近平谈治国理政》第四卷，外文出版社2022年版，第399页。
⑥ 《习近平谈治国理政》第四卷，外文出版社2022年版，第399页。
⑦ 《习近平谈治国理政》第四卷，外文出版社2022年版，第399页。
⑧ 《习近平谈治国理政》第四卷，外文出版社2022年版，第400页。

这个基础来说明的”①，指出：“法的关系正像国家的形式一样……它们根源于物质的生活关系”②，分析了法律的起源，指出：“这个规则首先表现为习惯，后来便成了法律”③，揭示了法律的阶级性本质，倡导保持法律的公平正义，强调：“法本身的最抽象的表现，即公平”④，把法治视为阶级社会治理的必要手段，强调：“所有通过革命取得政权的政党或阶级……都要求由革命创造的新的法制基础得到绝对承认，并被奉为神圣的东西。”⑤列宁认为“迄今为止的所有宪法都是维护统治阶级利益的”⑥，强调苏维埃宪法是“一张写着人民权利的纸”⑦，倡导法治平等、法治统一原则，把“保证了妇女在法律上的完全平等的地位”⑧视为社会主义法律优越性的重要表现，要求任何人都“不得有一丝一毫违背我们的法律”⑨，“使整个共和国对法制的理解绝对一致”⑩，明确了无产阶级政党与法律的关系，要求共产党人带头严格守法，强调：“法庭对共产党员的惩处必须严于非党员”⑪，高度重视法治的价值功能，要求苏维埃政权必须根据“选举权的原则立即召开立宪会议以制定俄国宪法”⑫，主张“把俄国法律和一切外国法律中好的东西都吸收过来”⑬，完善社会主义法治。

中国古代贤哲高度重视法治在国家治理中的重要作用，强调：“法者，国之权衡也”(《商君书・修权》)、“法者，王之本也”(《韩非子・心度》)、“法者，治之端也”(《荀子・君道》)、“天下从事者，不可以无法仪”(《墨子・法仪》)，要求统治者“不可以须臾忘于法”(《商君书・慎法》)、“缘法而治”(《商君书・君

① 《马克思恩格斯全集》第20卷，人民出版社1971年版，第29页。
② 《马克思恩格斯选集》第2卷，人民出版社2012年版，第2页。
③ 《马克思恩格斯全集》第18卷，人民出版社1964年版，第309页。
④ 《马克思恩格斯选集》第3卷，人民出版社2012年版，第216页。
⑤ 《马克思恩格斯全集》第36卷，人民出版社1975年版，第238页。
⑥ 《列宁全集》第34卷，人民出版社2017年版，第504页。
⑦ 《列宁全集》第12卷，人民出版社2017年版，第50页。
⑧ 《列宁全集》第38卷，人民出版社2017年版，第210页。
⑨ 《列宁全集》第42卷，人民出版社1987年版，第428页。
⑩ 《列宁全集》第43卷，人民出版社2017年版，第200页。
⑪ 《列宁全集》第43卷，人民出版社2017年版，第52页。
⑫ 《列宁全集》第10卷，人民出版社2017年版，第250页。
⑬ 《列宁全集》第41卷，人民出版社2017年版，第161页。

臣》)、“尚法不尚贤”(《韩非子·忠孝》)、“不能舍法而治国”(《管子·法法》);大力倡导严格执法、遵纪守法,主张“以刑去刑”,强调:“奉法者强则国强,奉法者弱则国弱”(《韩非子·有度》)、“抱法处势则治,背法去势则乱”(《韩非子·难势》)、“圣君亦明其法而固守之”(《管子·任法》);极力主张保持法律的稳定性、公开性、客观性、公正性,认为“法莫如一而固,使民知之”(《韩非子·五蠹》)、“法莫如显……境内卑贱莫不闻之也”(《韩非子·难三》),强调“法制礼籍,所以立公义也”(《慎子·威德》),提出“刑无等级”(《商君书·赏刑》)、“法不阿贵”(《韩非子·有度》)、“刑过不避大臣,赏善不遗匹夫”(《韩非子·有度》)等法治原则,要求:“官不得枉法,吏不得为私”(《管子·明法解》)。

马克思主义法治观与中华传统法治思想,在重规则、讲平等、求公正等方面是高度契合的,习近平总书记紧紧抓住这些契合点,强调要“贯彻落实生物安全法”①。他把法治理念贯穿于生态文明建设全过程,要求“用最严格的制度、最严密的法治保护生态环境”②,加强生态立法,“加快建立绿色生产和消费的法律制度和政策导向”③,严格生态执法,“建立责任追究制度”④,“落实领导干部任期生态文明建设责任制……明确各级领导干部责任追究情形”⑤,优化生态法治环境。他亲自部署《中华人民共和国生物安全法》的制定,要求“从立法、执法、司法、普法、守法各环节全面发力,健全国家生物安全法律法规体系和制度保障体系,加强生物安全法律法规和生物安全知识宣传教育,提高全社会生物安全风险防范意识”⑥,强化“违规违法行为处罚,坚决守牢国门关口”⑦,把“依法依规”视为“促进生物技术健康发展……有序推进生物育种、生物制药等领域产业化应

① 《习近平谈治国理政》第四卷,外文出版社2022年版,第399页。

② 《习近平谈治国理政》第二卷,外文出版社2017版,第396页。

③ 习近平:《决胜全面建成小康社会　夺取新时代中国特色社会主义伟大胜利——在中国共产党第十九次全国代表大会上的报告》,人民出版社2017年版,第50~51页。

④ 中共中央文献研究室:《习近平关于社会主义生态文明建设论述摘编》,中央文献出版社2017年版,第100页。

⑤ 《习近平谈治国理政》第二卷,外文出版社2017版,第396页。

⑥ 《习近平谈治国理政》第四卷,外文出版社2022年版,第400页。

⑦ 《习近平谈治国理政》第四卷,外文出版社2022年版,第401页。

用”①的必要前提。

新时代生物安全治理观在根本理念、价值准则、科学方法、保障措施等方面，坚持以马克思主义生态文明思想、生物安全观、群众史观、生命观、法治观为指导，根植于中华传统生态智慧，运用中华传统“民本”“爱生”思想、整体性思维、法治观，对新时代生物安全治理问题进行了创造性解答，实现了马克思主义“魂脉”与中华优秀传统文化“根脉”在生物安全领域的有机结合、高度统一，推进了马克思主义生物安全治理观的中国化时代化和中华传统生物安全智慧的现代转换。

第三节　对新时代生物安全问题的现实观照

问题意识和问题导向是马克思主义的理论品格和根本要求。马克思曾经指出：“主要的困难不是答案，而是问题。因此，真正的批判要分析的不是答案，而是问题”，“问题就是时代的口号”②。

习近平总书记强调：“坚持问题导向是马克思主义的鲜明特点。”③发现问题、解决问题是推动一个国家、一个民族、一个时代前进的必然要求，人类社会正是在不断发现问题、解决问题的过程中发展进步的；发现问题、解决问题是理论创新的前提、动力、根本目的，是衡量理论创新水平与创新能力的根本标准，“理论创新只能从问题开始”④，“问题是创新的起点，也是创新的动力源”⑤，理论创新的过程实质上就是一个发现、筛选、研究、解决问题的过程，只有认真研究、切实解决问题，才能真正推动理论创新；发现问题、解决问题是中国共产党治国理政的根本目的和必然要求，中国共产党人的主要任务就是“为了解决中国

---

① 《习近平谈治国理政》第四卷，外文出版社 2022 年版，第 401 页。

② 《马克思恩格斯全集》第 40 卷，人民出版社 1982 年版，第 289 页。

③ 《习近平在哲学社会科学工作座谈会上的讲话》，《人民日报》2016 年 5 月 19 日，第 2 版。

④ 《习近平在哲学社会科学工作座谈会上的讲话》，《人民日报》2016 年 5 月 19 日，第 2 版。

⑤ 《习近平在哲学社会科学工作座谈会上的讲话》，《人民日报》2016 年 5 月 19 日，第 2 版。

的现实问题”①，党的各项路线、方针、政策都是“为推动解决我们面临的突出矛盾和问题提出来的”②。他要求各项工作都必须强化问题意识，全面深化改革“要有强烈的问题意识”③，瞄准重大问题，抓住关键问题，解决具体问题，“着眼于解决发展中存在的突出矛盾和问题”④，把实际问题解决的“量”与“质”作为“评价改革成效的标准”⑤；法治建设要“直面问题、聚焦问题”⑥，及时回应广大干部群众反映强烈、普遍关注的法治问题；全面从严治党要“坚持问题导向”⑦，“以自我革命的政治勇气，着力解决党自身存在的突出问题”⑧。他强调：“时代是思想之母”⑨，要求全党同志“善于聆听时代声音”⑩。新时代生物安全治理观是对时代问题的现实观照。

新时代生物安全治理观是对我国生物安全风险挑战的现实观照。新时代我国面临着诸多生物安全威胁。生态环境恶化，人均森林覆盖率较低，土地沙漠化和水土流失较为严重，严重影响了社会稳定和人民生活质量的提升；H7N9 禽流感等重大传染性疾病在短时间内快速大范围传播，引发了普遍性心理恐慌，带来了巨大的经济损失，严重威胁着人民生命健康安全乃至国家安全；外来生物入侵破坏生物多样性，造成生物遗传资源流失和生态系统失衡，影响经济发展和人民健康；西方发达国家在生物技术关键设备和核心技术等方面对我国进行“卡脖子”，我国设立的 P4 级、P3 级生物安全实验室数量与西方发达国家相比有着较大差距，生物安全全链条式技术能力和信息获取分析能力相对薄弱，生物安全防控的

---

① 《习近平谈治国理政》，外文出版社 2014 年版，第 74 页。

② 《十八大以来重要文献选编》中，中央文献出版社 2016 年版，第 249 页。

③ 《十八大以来重要文献选编》上，中央文献出版社 2014 年版，第 497 页。

④ 习近平：《改革要聚焦聚神聚力抓好落实，着力提高改革针对性和实效性》，《人民日报》2014 年 6 月 7 日，第 1 版。

⑤ 《习近平谈治国理政》第二卷，外文出版社 2017 年版，第 124 页。

⑥ 《习近平谈治国理政》第二卷，外文出版社 2017 年版，第 123 页。

⑦ 习近平：《决胜全面建成小康社会　夺取新时代中国特色社会主义伟大胜利——在中国共产党第十九次全国代表大会上的报告》，《人民日报》2017 年 10 月 28 日，第 1 版。

⑧ 习近平：《在庆祝中国共产党成立 95 周年大会上的讲话》，《人民日报》2016 年 7 月 2 日，第 2 版。

⑨ 《习近平谈治国理政》第三卷，外文出版社 2020 年，第 21 页。

⑩ 《习近平谈治国理政》第三卷，外文出版社 2020 年，第 21 页。

技术支持较为薄弱；生物武器制造技术"门槛"的降低，大大增加了防范生物恐怖主义的难度；转基因技术的应用引发了一系列安全隐患和伦理问题，等等。新时代生物安全治理观从我国现状出发，坚持生物安全、国家安全、人民安全的有机统一，坚持系统治理和重点防控相结合，把生物安全纳入国家安全战略，"出台国家生物安全政策和国家生物安全战略"①，注重补短板、强弱项，"盯牢抓紧生物安全重点风险领域"②，强调："战胜疫病离不开科技支撑"③，要求"加快推进生物科技创新和产业化应用，推进生物安全领域科技自立自强"④，不断健全我国生物安全治理体系，不断提升我国生物安全治理的现代化能力和水平。

新时代生物安全治理观是对大国间生物安全博弈的现实观照。生物安全事关国家利益，当今世界各国纷纷把生物安全治理作为国家治理的重要组成部分，美国、英国、日本、俄罗斯、澳大利亚等先后制定了国家生物安全战略，重视生物产业开发和生物经济发展，加紧抢占生物安全治理的战略制高点，大国间生物安全博弈日趋激烈。美国拜登政府先后颁发《新冠应对和大流行防范的国家战略》《国家生物技术和生物制造倡议》《国家生物防御战略和实施计划》，借新冠疫情对中国进行"污名化""泼脏水"，极力削弱中国在世卫组织的影响力，极力遏制中国的生物技术开发应用和生物产业发展，不断在生物安全领域向中国政府发难。有鉴于此，我国注重国家生物安全战略的顶层设计和系统谋划，建立国家生物安全风险监测系统，强化对外部生物安全风险的监测和预测，不断增强对外生物安全风险的管控能力，构建全天候、全方位的国家生物安全防控体系，有效应对国家间生物安全博弈。

新时代生物安全治理观是对国际生物安全治理秩序的现实观照。生物安全事关人类福祉，生物安全治理需要世界各国团结合作、协调应对。但是西方发达国家在国际生物安全治理中奉行资本逻辑和本国利益优先原则，打着"全球治理"的旗号搞伪多边主义；打着"国际合作"的旗号搞小团体主义，在生物安全领域

① 《习近平在中共中央政治局第三十三次集体学习时强调：加强国家生物安全风险防控和治理体系建设　提高国家生物安全治理能力》，《人民日报》2021年9月30日，第1版。

② 《习近平谈治国理政》第四卷，外文出版社2022年版，第401页。

③ 《习近平谈治国理政》第四卷，外文出版社2017年版，第89页。

④ 《习近平谈治国理政》第四卷，外文出版社2017年版，第401页。

以意识形态划线，把生物安全问题作为地缘政治问题对待。西方发达国家的这些做法，导致了国际生物安全治理的秩序不公正、体系不完善、能力不强大、成效不理想。针对这种状况，为了加强全球生物安全治理、铸牢人类生物安全屏障，习近平总书记提出打造“人类卫生健康共同体”，强调唯有携手合作，人类才能有效应对“生物保护等全球性环境问题”①，“团结合作是战胜疫情最有力的武器。这是国际社会抗击……重大疫情取得的重要经验，是各国人民合作抗疫的人间正道”②，呼吁国际社会“要加强信息分享，交流有益经验和做法，开展检测方法、临床救治、疫苗药物研发国际合作，并继续支持各国科学家们开展病毒源头和传播途径的全球科学研究”③，郑重承诺中国“对全球公共卫生事业尽责”④，致力于把“一带一路”打造成“团结应对挑战的合作之路、维护人民健康安全的健康之路、促进经济社会恢复的复苏之路、释放发展潜力的增长之路”⑤，积极推动与“一带一路”共建国家“建设更紧密的卫生合作伙伴关系……开展疫苗联合生产……在传染病防控、公共卫生、传统医药等领域同各方拓展合作，共同护佑各国人民生命安全和身体健康”⑥，倡议打造“人类卫生健康共同体”⑦，积极推动中非在抗击疫情、疫苗开发、公共卫生、绿色发展、生物技术应用、生物产业发展等领域合作，秉持协商一致、共建共享原则，推动制定科学合理的国际生物安全治理规则，构建公平正义的国际生物安全秩序，建立系统完善的国际生物安全治理体系。

① 《习近平谈治国理政》第三卷，外文出版社 2020 年版，第 375 页。

② 《习近平谈治国理政》第四卷，外文出版社 2022 年版，第 417 页。

③ 《习近平谈治国理政》第四卷，外文出版社 2022 年版，第 415~416 页。

④ 《习近平谈治国理政》第四卷，外文出版社 2022 年版，第 417 页。

⑤ 《习近平谈治国理政》第四卷，外文出版社 2022 年版，第 491~492 页。

⑥ 《习近平谈治国理政》第四卷，外文出版社 2022 年版，第 493 页。

⑦ 中共中央党史和文献研究院：《习近平外交演讲集》第 2 卷，中央文献出版社 2022 年版，第 326 页。

第三章　新时代生物安全治理观的发展脉络

党的十八大以来，习近平总书记高度重视生物安全治理。2020 年 2 月 14 日，他在中央全面深化改革委员会第十二次会议上强调："要从保护人民健康、保障国家安全、维护国家长治久安的高度，把生物安全纳入国家安全体系，系统规划国家生物安全风险防控和治理体系建设，全面提高国家生物安全治理能力。要尽快推动出台生物安全法，加快构建国家生物安全法律法规体系、制度保障体系。"①新时代生物安全治理被正式纳入国家安全战略体系，成为总体国家安全观的重要组成部分。

第一节　新时代生物安全治理观的萌芽时期

生物安全是生态安全的前提和基础，生物安全观是生态文明观的重要组成部分。党的十八大前，以习近平在陕西省延川县文安驿公社梁家河大队带领群众修建沼气池、建设沼气村为肇始，到习近平主政地方工作时期的生态文明思想和实践，尤其是"生态兴则文明兴""绿水青山就是金山银山"等科学论断的提出，为新时代生物安全治理观的形成奠定了坚实的理论与实践基础。

一、知青岁月：生态文明实践初探

习近平在难忘的知青岁月中，与当地村民一起开展了一系列生态文明实践活动，逐渐萌发了生态文明思想。

① 《习近平主持召开中央全面深化改革委员会第十二次会议强调：完善重大疫情防控体制机制 健全国家公共卫生应急管理体系》，《人民日报》2020 年 2 月 15 日，第 1 版。

（一）修建沼气池

沼气，是在特定条件下，由有机物质经微生物发酵产生的可燃气体。它与天然气有许多相似之处，都是清洁能源的代表，成为全球各个国家追求生态文明发展的清洁能源之一。沼气也是我国通往生态文明发展之路的必然选择。2016 年 12 月，习近平在中央财经领导小组第十四次会议上提及北方冬季供暖与雾霾问题时，强调了沼气和生物天然气等清洁能源的重要性。

值得注意的是，习近平对沼气这一清洁能源的关注与重视并非在十八大之后，而是早在基层工作时期他就在实际中予以运用推广。1969—1973 年，习近平在陕西延川县梁家河大队度过了他的插队时光。在这期间，他对梁家河的生态环境持续关注并高度重视。梁家河地处黄土高原，加上当地居民因煤炭资源不足常年以树木为燃料照明、做饭，严重破坏了当地植被，使本就脆弱的生态环境更加恶化。为了转变这一状况，习近平看中了沼气这一清洁能源。他深入研究四川省的沼气应用经验，并带领团队学习沼气技术。经过持续努力，习近平在延川县推广了沼气应用，成功解决了当地燃料短缺的问题。据 1975 年 9 月《延安通讯》报道，当年延川县已有 80%的农户使用沼气。习近平的这一行动，不仅助力延川县生态环境的改善，还提升了当地居民的生活水平，充分体现了他对生态环境的高度重视与超前意识。

（二）改造农村厕所

“小厕所，大民生”凸显了卫生设施与民众生活的关联。厕所干净卫生，有利于居民健康，反之则可能引发疾病。厕所环境卫生是习近平关注的一个重点问题。2016 年 8 月，习近平在全国卫生与健康大会上倡导农村开展“厕所革命”。2021 年 7 月，习近平进一步提出，“十四五”时期要继续把农村“厕所革命”作为乡村振兴的一项重要工作。

在赵家河工作期间，习近平了解到村民对于当地的厕所环境意见较大。当地的厕所设施简陋，常被形容为“一个土坑两块板，三尺土墙围四边”，既不私密，又不卫生，到了夏季不仅气味难闻而且苍蝇蚊虫满天飞，不仅影响了当地居民的生活质量，也给群众的健康带来极大的隐患。为了改善群众生活环境，习近平亲自参与了厕所的升级改造活动，采用新的原材料对厕所进行升级，建造了赵家河的首个男女分隔厕所。实践证明，厕所改革提高了群众生活质量，促进了社会文明进步。

（三）修筑淤地坝

插队期间，习近平发现黄土高原地区因土质疏松、植被稀少，夏季一旦降雨则是泥沙俱下，加之土壤无法涵养水源，致使当地耕地干旱严重，村民耕种环境十分恶劣，严重影响粮食产量。为了切实解决农民的种田问题，同时治理当地的水旱灾害，习近平进行了大量的走访调查，认为淤地坝修建成功后既可以在雨季减缓泥石流的冲击，也能在干旱季节为梯田提供必要的水源，是流域综合治理的一种有效形式，并结合当地实际情况最终确定了修筑淤地坝的方案。为了调动当地群众建设淤地坝的积极性，习近平还曾提出“决战 1974 年……打坝一座迎新年”的战斗口号。最终在习近平的带领下，当地成功修建了五座大坝，显著改善了当地生态环境，为黄土高原的生态治理积累了宝贵经验。

二、地方实践：生态文明实践发展

从 1982 年至 2012 年，习近平主政地方工作期间，对生态文明建设进行了深入理论思考和实践探索。

（一）正定工作时期：大力发展生态经济

1982 年 3 月至 1985 年 5 月，习近平在河北正定县任职期间，以超前的生态文明发展战略眼光，科学处理了农村经济发展与资源环境保护的平衡关系，倡导转变传统的农业发展方式，大力发展生态经济。

1. 习近平关于发展生态经济的重要论述

农村经济发展要合理保护和利用资源环境。正定县虽然粮食产量高，但粮食征购任务也重，所以成为了有名的“高产穷县”。为了探索正定县未来的发展方向，习近平坚持实事求是，通过多地调研考察，结合专家意见以及县委领导班子的讨论意见，最终提出符合正定县实际发展情况的“半城半郊”路线。“半城半郊”的经济发展路线蕴含着生态文明理念，反映了习近平对农村经济发展与资源环境保护的统筹考虑。

“半城半郊”经济发展路线包括三大主张：树立大农业思维，摒弃小农思想；强调商品生产和合作交流，并注重农业和农村经济的长远发展，明确资源的合理利用和生态环境的保护。[①] 这一策略不仅体现了习近平对经济发展与环境保护辩证统一关系的深刻理解与正确认识，还促使正定县实现了生态与经济的良性循环，成功地摆脱了“高产穷县”的困境，实现了经济的可持续增长。

面对正定县水土流失、土壤沙化、环境污染和气候变化等生态问题，习近平主张农业发展必须遵循相应的生态平衡规律，调整优化产业结构，工业发展方面必须改变高投入、高消耗、高污染发展模式为低成本、低污染、低消耗发展模式，实现经济发展和环境保护的良性循环。

2. 习近平关于发展生态经济的实践探索

习近平不仅对正定县生态经济发展进行了创新性理论思考，而且对正定县生态经济发展进行了创新性实践探索。

(1)利用历史文化资源，开创“中国正定旅游模式”。正定作为古老的文化城市，拥有众多的历史遗迹。习近平主张应充分挖掘正定的历史文化资源，开展旅游兴县发展战略。在此期间，习近平敏感地捕捉到《红楼梦》团队寻求合作搭建“荣国府”场景的机会，建议正定县拨款 350 万元建设一个“真实版”的荣国府。此景点建成后，吸引了大量游客，成为知名的旅游地标，奠定了“中国正定旅游模式”的基础，促进了正定向旅游重点县城的转型。此外，习近平还领导当地民众修复古迹，增设更多旅游经典，使正定县跻身文化名县之列。正定县巧妙地结合其历史文化资源，既守护了自然环境，又促进了经济增长，实现了生态文明建设与经济发展的互进双赢。

(2)注重河滩生态保护，推进生态经济。习近平深入了解塔元庄的生态条件和发展需求后，结合当地实际条件寻找到了既能带动人民增收又能维护生态的发展路径。他鼓励当地居民重视河滩的生态，推动生态经济的发展。为拓宽经济作物的种植面积，习近平引导塔元庄的居民积极开发了 100 亩的河滩土地。居民在

① 徐涓、彭钧：《发展“半城郊型”经济的特色实践——习近平在正定县发展“半城郊型”经济的实践成就及意义》，《中共石家庄市委党校学报》2017 年第 2 期，第 34~40 页。

新开发的土地上种植了棉花、蔬菜和水果等高效益农作物，实现了多种经营一体化，大幅提升了农产品产量，增强了经济效益。此外，习近平还引导居民治理了几千亩的沙地，显著改善了河滩的生态状况。村民在治理后的土地上种下了大量的果树和速生林，既减少了沙尘暴，又促进了当地的经济增长。

（二）福建工作时期：推进“生态强省”建设

福建是习近平生态文明思想的重要孕育地。习近平同志在福建工作17年半期间，提出了一系列原创性、战略性、前瞻性的生态文明建设思想，亲自推动实施“生态强省”战略，为福建生态文明建设奠定了坚实的理论与实践基础。

1. 习近平关于生态强省的重要论述

习近平在带领福建人民推进“生态强省”建设的过程中，围绕生态文明建设发表了一系列重要论述，提供了福建高质量发展的方向指引。

（1）“森林是水库、钱库、粮库。”在1988年6月至1990年4月担任宁德地委书记期间，习近平发现闽东地区尽管经济基础薄弱，但山林资源丰富，要求闽东大力发展林业，挖掘林业的多重价值，促进地区经济的可持续增长，强调：“森林是水库、钱库、粮库。”①这一比喻凸显了森林的三重价值：首先，作为“水库”，森林有着涵养水源、稳固土质、减少水土流失、减轻洪水灾害的重要功能；其次，作为“财库”，林业既能带来直接经济效益，也能间接减少生态损害导致的经济损失；最后，作为“食库”，森林可以为农业提供生态保障，推动特色农业和生态产业的发展。基于对森林战略定位的科学认识，习近平在闽东积极推动林业发展，充分利用其丰富的森林资源，根据地理特点发展农林特色产业，重点建设“五大基地”（用材林基地、毛竹基地、茶叶基地、名特优商品林基地、油料林基地）和“两条线”（沿海防护林体系和以福温公路线为主的公路沿线的造林绿化），利用独特的森林资源优势，大力发展生态经济，提高人民生活水平。他大力促进福州的绿化工作，实施了“三五七”工程，即在三至五年时间内完成宜林荒山造林，七年实现八闽绿化的任务，目的是在短时间内提高森林覆盖率，解决因森林覆盖不足导致的生态问题，构建优质高效的林业体系和生态经济。

---

① 习近平：《摆脱贫困》，福建人民出版社1992年版，第83页。

（2）“注重生态效益、经济效益和社会效益的统一。”早在20世纪80年代，当生态保护还不被普遍重视时，习近平以其对生态文明的前瞻性认识在《走一条发展大农业的路子》中提出在发展中应“注重生态效益、经济效益和社会效益的统一”①。之后，在福州市第三次环境保护会议和《福建生态省建设总体规划纲要》论证会等会议中，他又多次强调在经济建设中要平衡三种效益，共同增长。在社会进步中，经济效益的提升是通过加强生产、增强生产力和创造更多的经济价值来实现的；社会效益的核心在于提升民众的生活水平和确保他们的生活更为富裕；而生态效益则强调在推动经济增长的过程中，必须确保生态环境得到有效保护，维持其健康状态。这三大效益是相互补充，有机统一的。在福建工作期间，习近平始终强调生态文明发展的重要性，并致力于提高综合效益。他在厦门工作时，把环境保护纳入城市的整体规划，把生态建设视为城市发展的重要组成部分。他在宁德任职时，提倡综合规划和系统思维，推动发展具有综合效益的大农业。他主张将畲族的资源潜力转化为现实的经济价值，而不仅仅是追求单一的经济效益。

（3）“城市生态建设。”1990年至1996年，习近平在福州任职期间，创新性地在《福州市20年经济社会发展战略设想》中引入了“城市生态建设”理念，将生态建设上升到了城市发展的战略高度，认为一个健康的生态环境是城市稳定增长的基石，失去了这一基石，城市的各项建设都将面临挑战，强调“把生态环境的治理和保护纳入经济和社会发展总体规划”②，采用整体的策略，确保环境保护在城市进步的每一个步骤中都得到体现。在“城市生态建设”理念的指导下，他推动福州绿化工作，强化河流污染治理，集中处理城市废弃物，有效改善了福州的城市环境。1997年4月10日，习近平在福建三明市常口村进行实地考察时，叮嘱村委班子：“青山绿水是无价之宝，山区要画好山水画，做好山水田文章。”③常口村在习近平的指导下，认识到青山绿水的宝贵财富，开始转变经济发展模式，加速产业结构调整，大力发展生态旅游、特色农业，使得生态资源转化为经

① 习近平：《摆脱贫困》，福建人民出版社1992年版，第132页。

② 习近平：《扎扎实实转变经济增长方式》，《求是》1996年第10期，第26~30页。

③ 颜珂：《三明市将乐县常口村：“青山绿水是无价之宝”》，《人民日报》2020年12月18日，第1版。

济增长点，实现了生态产业化和产业生态化的有机统一。

2. 习近平关于生态强省的实践探索

福建是习近平生态文明发展理念的孕育地和主要实践地。在 1985 年 6 月到 2002 年 10 月的 17 年间，习近平不仅提出了一系列前瞻性的生态文明理念，还大胆地进行了实践探索，积累了宝贵的经验，为他的生态文明思想打下了坚实的基础。实践工作主要归纳为以下四个方面。

(1)率先建设生态文明省。在 20 世纪末至 21 世纪初期，福建省面临着严峻的经济发展与生态保护的双重挑战。一方面，由于亚洲金融危机的爆发，福建的经济增长速度受到了严重的制约。另一方面，由于长时间的以牺牲环境为代价的粗放式发展策略，使福建的生态环境遭受了巨大的破坏。面对双重压力，习近平于 2000 年提出了一个前瞻性的战略构想——生态省建设,① 这一战略旨在找到一个经济增长与生态保护双赢的平衡点。2002 年 7 月 3 日，习近平在全省环保大会上制订了生态省建设的全面工作计划，明确了建设的目标、任务和具体措施，福建也于同年入选全国首批生态省建设的试点省份。2004 年底，福建省政府发布了《福建生态省建设总体规划纲要》，擘画了福建省未来生态文明建设的清晰蓝图。

(2)发展生态效益型经济。福建省位于中国的东南沿海，拥有丰富的山脉、森林和海洋资源，但也面临着如何在保护生态的同时实现经济持续增长的难题。为了解决这一难题，习近平提出发展生态效益型经济策略。这一策略的核心思想是转化生态优势为生态经济价值，实现经济发展与环境保护的良性互动，把生态文明理念融入福建经济社会发展中。农业方面，闽东地区利用其得天独厚的山林资源，推广了多功能、开放式的大农业模式，同时闽北山区也引入了“稻萍鱼鳖蛙”的立体养殖模式，这不仅提高了产值，还实现了生态的可持续发展；工业方面，福建省通过引入先进的生态技术，对传统产业进行了深度改造优化，实现了清洁生产，这一举动大大减少了工业污染；旅游业方面，福建省注重生态旅游资源的合理开发，确保旅游业发展与生态保护相得益彰。

---

① 段金柱、赵锦飞、林宇熙：《滴水穿石，功成不必在我——习近平总书记在福建的探索与实践·发展篇》，《福建党史月刊》2017 年第 12 期，第 22~34 页。

(3)深化林业体制改革。习近平研究考察了福建的林业管理和发展，发现由于不当管理和滥砍滥伐、造林育林的资金不足、林业技术难以推广等，福建的丰富生态资源并没有转化为经济效益。为了改变这一现状，习近平提议加强林业责任制度，要求领导干部亲自参与林业管理，提倡采用集约化经营模式，鼓励多种林业产业的综合开发。2001 年福建省武平县成为全国首个进行集体林权制度改革的地区，并于 2002 年受到了习近平的充分肯定。福建省以武平县为起点，大力推行集体林权制度改革，实现了“山定权、树定根、人定心”①。

(4)推进生态环境治理。习近平认为，生态环境与人民福祉紧密相连。在厦门工作期间，他高度重视水污染问题。筼筜湖由于城市污水的不当排放，污染严重，水质恶化，影响了居民的日常生活。他亲自进行了多次实地考察，听取了专家意见，提出了一系列综合治理措施。经过一段时间的努力，筼筜湖不仅恢复了其原有的生态功能，更成为厦门的“会客厅”，吸引了众多游客前来参观。在福州工作期间，他为了满足市民对于城市绿化和河流治理的强烈需求，提出了一系列生态文明建设措施，重视增加城市的绿化面积、综合整治内河，从而提高了市民的生活质量，为福州的城市形象增添了亮点。在长汀，由于长期的不合理开发，导致出现严重的水土流失问题，不仅破坏了生态环境、阻碍了经济发展，还对人民生活造成了很大的安全隐患。面对这一问题，他提出了一系列具有针对性的治理措施，主张将水土流失治理与生态农业发展相结合，在改善环境的同时切实提升人民的生活质量。经过 20 多年的努力，长汀的生态环境得到了很大改善，曾经的浊水荒山变成了绿水青山，为当地居民创造了一个更加宜居的环境。

(三)浙江工作时期：打造“生态文明浙江”

2002 年 10 月习近平同志从福建省调任中共浙江省委副书记、代省长；2002 年 11 月至 2007 年 3 月任中共浙江省委书记。习近平在浙江工作时期，以打造“生态文明浙江”为目标，开展了一系列关于生态文明发展的实践探索活动，提出了“生态兴则文明兴，生态衰则文明衰”“绿水青山就是金山银山”等科学论断，

① 王立彬、董建国：《山定权树定根人定心——福建林改奏响绿色发展咏叹调》，《绿色中国》2017 年第 16 期，第 32~35 页。

初步探索了“美丽乡村”建设的实践路径。

1. 习近平关于浙江生态文明发展的重要论述

2003年，时任浙江省委书记、省人大常委会主任的习近平同志亲自擘画了包括“进一步发挥浙江的生态优势，创建生态省，打造‘绿色浙江’”①等内容的进一步发挥浙江“八个方面的优势”的“八八战略”，做出创建生态省、打造“绿色浙江”的重大决策部署。他带领浙江人民，坚持“干在实处，走在前列”，全力将浙江塑造为一个生态经济相对发达、生态环境宜人、生态家园和谐、生态文化兴盛，以及人与大自然之间关系融洽的持续发展地区。他在推动浙江建立生态型省份和塑造“绿色浙江”的过程中，提出了一系列关于生态文明发展的科学论断，这为浙江迈向更高质量的发展奠定了理论基础。

(1)“人与自然和谐共生。”改革开放以来，浙江在追求经济增长的过程中，曾忽略了生态环境保护，出现了自然资源的过度开发和生态环境的逐渐恶化等问题，这种情况被称为“发展中的困境”。这种“困境”主要体现在资源的紧张和生态环境的退化上，源于当时人们对人与自然的关系缺乏科学认识。为解决浙江在经济增长与环境保护之间的冲突，习近平深入探讨了人与自然的关系，强调要“追求人与自然的和谐，经济与社会的和谐”②，要在发展中保护自然，让自然更好地为人类服务，“否则终将遭到自然界的报复”③，凸显了人与自然和谐共生的重要性。

(2)“绿水青山就是金山银山。”为了更好地解决浙江在经济增长与环境保护之间的问题，习近平多次走访基层，了解实际情况。2005年8月，他在浙江安吉余村的考察中，首次明确提出“绿水青山即是金山银山”理念。之后，他在浙江日报上撰文《绿水青山也是金山银山》，认为浙江有着丰富的生态资源，如果能够合理利用这些资源，发展生态旅游和其他绿色产业，那么浙江的生态环境就能

---

① 习近平：《兴起学习贯彻“三个代表”重要思想新高潮 努力开创浙江各项事业新局面——在省委十一届四次全体(扩大)会议上的报告》，《今日浙江》2003年第14期，第10页。

② 习近平：《干在实处走在前列——推进浙江新发展的思考与实践》，中共中央党校出版社2016年版，第197页。

③ 习近平：《干在实处走在前列——推进浙江新发展的思考与实践》，中共中央党校出版社2016年版，第190页。

为其带来实实在在的经济效益。在“绿水青山就是金山银山”理念的指导下，安吉县从一个省级贫困县和环境负面典型，发展成为全国首个生态县以及全国绿色发展百强县和全国首个联合国人居奖获得县，提供了践行“绿水青山就是金山银山”的“安吉模式”。

2006年3月，习近平在中国人民大学的演讲中全面阐释了人们对“绿水青山”与“金山银山”关系的认识发展的三个阶段：首先，人们曾认为经济发展需要牺牲生态环境，这是一种短视的观念；其次，人们开始意识到经济和生态可以并存，前期竭泽而渔的发展方式造成了生态恶化的一系列的环境问题，严重的环境污染问题威胁到人类的生存发展，这从外部迫使人们思考人与自然的关系；最后，人们认识到生态本身就是一种宝贵的资源，生态环境的好坏直接关系到经济的长远发展，即“绿水青山就是金山银山”。这三个阶段的转变，反映了人们对人与自然关系的认识不断深化。

“绿水青山就是金山银山”理念科学把握了生态保护和经济发展的内在联系，倡导生态优先、挖掘生态价值、推动生态保护和经济发展的良性循环的发展模式，为浙江乃至全国的生态文明建设指明了方向。

(3)“生态兴则文明兴。”为进一步推进浙江生态文明发展，2003年习近平在《求是》杂志上撰文，首次提出了“生态兴则文明兴，生态衰则文明衰”①的科学论断，这一论断将生态健康与文明进步紧密相连，认为健康、稳定的生态环境是文明发展繁荣的必要条件，生态环境的退化和破坏则可能导致文明的中断甚至消亡，生态与文明相互依赖、相互影响，只有保持二者的平衡，才能实现文明的持续和长远发展。习近平提出“生态兴则文明兴”论断，不仅是基于对历史的深入研究，更是基于对浙江乃至全国当前发展状况的深入思考。从历史的维度看，人类文明的兴衰与生态环境的变迁是紧密相连的。例如，古代的河流为人类提供了充足的水资源，使得农业得以繁荣，从而孕育出了四大文明。但随着时间的推移，由于人类对生态环境的过度开发和破坏，一些古代文明如古巴比伦、玛雅、楼兰古国等都因为生态环境的恶化而逐渐衰落。从现实维度看，尤其是改革开放

① 习近平：《生态兴则文明兴——推进生态建设打造“绿色浙江”》，《求是》2003年第13期，第42~44页。

后，我国在追求经济快速增长的过程中，对生态环境造成了一定的压力和损害。浙江作为我国的经济大省，也面临着生态保护与经济发展的矛盾。如果继续忽视生态保护，长此以往，不仅会影响浙江的经济发展，更可能对中华文明的传承和发展构成威胁。基于历史经验的总结和现实问题的考量，习近平提出了“生态兴则文明兴”的科学论断，科学认识和处理了生态与文明之间的辩证关系，为我国经济社会的未来发展和中华文明的持续繁荣打下了坚实基础。

(4)“推进经济结构的战略性调整和增长方式的根本性转变。”在过去的发展过程中，浙江经济取得了显著成果，但这种经济增长方式也带来了一系列的环境问题。尤其是由于浙江的传统工业结构偏低，主要依赖投资驱动的粗放型经济增长模式，这导致浙江在迅速发展的同时，也伴随着严重的环境污染。浙江的资源如水和土地是有限的，高投资、高污染的发展模式不可持续。为了解决这一问题，习近平明确提出“推进经济结构的战略性调整和增长方式的根本性转变”①，主张浙江从传统的、依赖资源消耗的发展模式转变为更加可持续、环境友好的发展模式。为了实现这一转变，习近平着力推进自主科技创新、“腾笼换鸟”，以期实现“凤凰涅槃”、高质量发展。

2. 习近平推进浙江生态文明发展的实践探索

为了应对浙江面临的资源短缺、环境污染和经济增长的挑战，习近平大力推进浙江生态文明建设，健全完善生态保护的制度框架体系，实施生态恢复项目，重视农村生态建设，显著改善了浙江的生态环境。

(1)创建生态省，打造“绿色浙江。”自改革开放以来，浙江经济发展迅速，但伴随而来的是环境退化、生态系统的恶化和资源的紧张。如何在经济增长中确保生态平衡和环境良好，成为浙江历届省委省政府关注的核心议题。2003 年，习近平将创建生态型省份和实现“绿色浙江”纳入“八八战略”②，为浙江的生态文明建设指明了方向，《浙江生态省建设规划纲要》随之正式公布，《纲要》提出了浙江生态文明建设的总体目标、实施策略、评估标准，为浙江生态文明建设提

① 习近平：《干在实处走在前列——推进浙江新发展的思考与实践》，中共中央党校出版社 2016 年版，第 128 页。

② 习近平：《干在实处走在前列——推进浙江新发展的思考与实践》，中共中央党校出版社 2016 年版，第 71 页。

供了战略指引。

建设生态省必须提高人们的生态环保意识。习近平把学校和社区作为宣传重点，希望提高广大师生、社区居民的生态文明观念和生态环保意识，进而使生态文明观念覆盖浙江的每一个角落，在浙江大地上深入人心，为浙江的生态文明建设提供强大的内在支撑。

建设生态省必须有充足的资金保障。浙江省通过政府预算和市场机制，多措并举筹措生态建设资金，既要求各级政府在财政规划时预留出充足的生态建设资金，保证关键生态项目顺利进行，又采取市场化运作，支持、鼓励社会资本投入生态文明建设。

建设生态省必须增强责任意识。习近平重视落实领导责任制，确保各级领导都能够充分认识到生态保护的重要性，并根据实际情况采取有效措施。同时，他还提出要建立完善的环境保护监督机制，确保环境保护的各项措施都能够得到有效执行。

建设生态省对于浙江迈向更高质量发展具有重大意义，不仅对浙江的经济发展有着重要的意义，对于改善人民的生活环境、提高人们的生活质量更有着不可估量的价值，是习近平为了实现经济和环境的双重发展而采取的一项重要策略。

(2)构建生态文明发展的制度保障体系。浙江在追求经济快速增长的过程中，环境遭受了巨大压力，导致生态环境的退化和资源的日益紧张。这些生态问题部分原因是由于浙江在生态保护制度上的缺失。为了促进生态文明的建设，浙江开始深入推进制度和机制的改革，完善了利于环境保护和资源节约的制度框架，从而为浙江的生态文明建设提供了坚实的制度支撑。为节约资源，使资源得到高效利用，浙江完善了资源性产品价格形成机制。为了更加集约和高效地使用资源和能源，浙江引入了合理的资源定价机制。此外，浙江还推出了生态补偿制度。在浙江的生态保护区，由于严格的环境保护标准，资源开发和企业活动受到了一定的限制，这对当地的经济发展产生了影响。因此，浙江为这些生态保护区提供了特定的生态补偿政策。

为了进一步加强生态保护，浙江健全完善了领导干部绩效考核体系，把环境治理作为一项重要的考核指标，注重从经济发展、环境保护等方面对干部进行综合评估。此外，浙江还探索建立各种生态保护机制，如水环境管理、排污权交易、林权交易、循环补贴和低碳补助等，为绿色发展提供了有力的支撑。一系列的生态环境保护制度改革，为浙江的生态建设提供了强大的推动力，显著改善了当地的生态环境，使浙江在生态环境保护制度建设方面走在了全国前列。

(3)统筹城乡发展，推进浙江农村生态建设。浙江在改革开放后的经济飞速增长中，始终将“三农”问题放在核心位置，强调城乡发展的统筹协调，努力推进城乡一体化进程。为了更好地整合城乡资源，提升农村的生态环境，2003 年 6 月，浙江启动了“千村示范、万村整治”工程，旨在大力改善农村的生态环境，建设新型农村社区，彻底改变农村之前的脏乱差形象。

浙江多管齐下实施“千万工程”。首先，着力改善农村生态环境并发展特色产业，不仅包括清理河流、提供清洁饮用水、硬化乡村道路和集中处理农村垃圾，还鼓励各地根据当地的生态条件，发展与生态相结合的产业，如生态旅游，从而将生态价值转化为经济价值。其次，加大公共服务和基础设施建设力度，确保农村的环境治理和建设能够得到持续的财政支持。最后，注重资源节约使用和推进城乡一体化建设，通过“村庄整治”活动，鼓励农村人口和产业的集聚，提高资源的使用效率。

“千万工程”不仅加强了浙江的农村生态建设，还促进了城乡之间的协同发展。这一项目不仅是农村全面小康建设的基石，也为农民带来了实实在在的好处。通过各种生态治理措施，农村的环境得到了明显改善，农民的生活质量也得到了提高。此外，通过发展生态旅游和其他生态产业，农民的收入也得到了增加。同时，政府部门也更加注重与农民的合作，共同推进生态环境的治理，为农民创造了更好的生活环境。这一项目不仅是一个生态工程，更是一个民心工程，充分体现了浙江省对农村发展和生态文明建设的高度重视。

(4)大力开展生态修复工程。在浙江的经济快速增长背后，环境问题逐渐凸显，尤其是水资源的污染和空气质量的恶化，严重威胁浙江人民的健康和生活质量。2004 年钱塘江的蓝藻危机更是给浙江敲响了警钟，提醒人们如果继续盲目追求经济增长而忽视环境保护，后果将是不堪设想的。因此，环境整治和生态修复成为浙江省政府和人民共同关心的焦点。为了应对这一挑战，2004 年 10 月，浙江启动了“811”环境整治行动，重点是对钱塘江等八大水系和 11 个关键区域进行深入的环境治理。浙江省政府承诺，经过三年的努力，将有效控制生态恶化，解决人民最关心的环境问题，并在全国率先建立污水和垃圾处理设施，以及环境污染自动监控网络。这一行动的实施需要大量资金和社会各方的共同努力。在三年的时间里，浙江省投入近20亿元资金，出台了一系列法律法规和政策文件，为环境整治提供了坚实的制度保障。与此同时，许多重污染企业也开始转型，引进环保技术，调整生产模式，走上了生态文明的发展道路。这不仅提高了企业的总产值，还在保护环境的同时促进了经济的高质量发展。

为推进生态修复，打造“绿色浙江”，除了“811”环境整治行动，浙江还深入推进了“十大工程”，覆盖了生态工业、生态农业、河道治理等多个领域。在工业方面，浙江努力优化产业结构，引进先进的生态技术，实现了绿色生产；在农业领域，浙江大力推进“千万工程”，整治农村环境，发展生态农业，生产绿色食品；在林业建设方面，浙江加强了公益林的建设，扩大了城市绿化面积；在河道治理方面，浙江对河道进行深入整治，使河水变得清澈。此外，浙江还在生态城镇建设、海洋生态治理等方面开展了大量工作，为推进生态文明建设打下了坚实基础。

浙江的生态修复工程不仅得到了当地人民的广泛支持和参与，也受到了全国其他省份的高度关注。许多省份纷纷向浙江学习，借鉴其成功的经验，推进属地的环境整治工作。这也证明了浙江在生态修复方面的努力是正确和有效的，为全国的环境保护工作提供了宝贵经验。

第二节　新时代生物安全治理观的形成时期

党的十八大到十九大期间，习近平总书记全面推进生态文明建设，把加强生物安全治理摆上更加突出的位置，提出维护生态安全、保护生物多样性、加强生物技术攻关等思想，逐渐形成新时代生物安全治理观。

一、全面推进生态文明建设

党的十八大以来，习近平总书记全面推进生态文明建设，从理论和实践上不断深入思考生态文明和生态安全，不断完善生态文明制度体系，大力推进美丽中国建设，推动我国生态环境保护发生历史性、全局性的转变，奠定了新时代生物安全治理观的坚实基础。

（一）深入思考生态文明建设

习近平总书记认为，良好的生态环境和优质的生态产品不仅是满足人民日益增长的对美好生态环境需要的基础，也是最普惠的民生福祉，并对生态文明建设进行了全面深入的思考。

2012年10月，习近平提出大力推进生态文明发展、循环发展、低碳发展的要求，为生态文明建设确立了明确目标。2013年9月，在哈萨克斯坦纳扎尔巴耶夫大学的演讲中，习近平详细阐述了“绿水青山就是金山银山”的生态文明发展理念，强调生态与经济发展的内在联系。2015年3月，他在博鳌亚洲论坛年会企业家代表座谈会上指出，中国的生态文明机遇在不断扩大，我们要走生态文明发展道路，彰显了生态文明发展的战略意义。2015年3月，习近平总书记主持召开中共中央政治局会议，审议通过《关于推进生态文明建设的意见》，正式将“坚持绿水青山就是金山银山”理念写入中央文件，自此，“绿水青山就是金山银山”成为指导我国生态文明建设的根本理念。2015年10月，习近平在党的十八届五中全会上提出生态文明发展理念，强调生态文明发展既是发展理念又是具体行动，必须严格落实政策，坚持节约资源和保护环境的基本国策，根据各领域不同需求进行具体部署。在能源领域，他倡导将低碳发展作为发展方向，推动能源技术革命，解决能源需求与环境保护之间的矛盾。在城市建设中，他提倡兼顾生态和经济双重效益，强调将城市规划融入自然系统循环中。对于农村建设，习近平主张遵循乡村发展规律，坚持“留得住绿水青山，记得住乡愁”。此外，针对东北地区的发展，他提出“推进清洁生产，扩大生态文明植被”的发展要求，致力于改善当地生态环境。2017年5月，习近平在落实生态文明发展问题上提出全方位、全地域、全过程生态环境保护的要求。

（二）全面推进生态文明体制改革

以最严格的制度和最严密的法治保护生态环境，是推进生态文明建设的重要保障。2013年11月9日，习近平总书记在《关于〈中共中央关于全面深化改革若干重大问题的决定〉的说明》中指出，我国生态环境保护中存在的一些突出问题，一定程度上与体制不健全有关，凸显了体制因素对于生态环境问题的重要影响。2015年6月16日至18日，习近平总书记在贵州考察时提出，“要正确处理发展和生态环境保护的关系，在生态文明建设体制机制改革方面先行先试”①，凸显生态文明体制机制改革的重要性。

习近平总书记明确了生态文明体制改革的目标和任务。2013年12月10日，习近平总书记在中央经济工作会议上强调，“生态文明领域改革，三中全会明确了改革目标和方向，但基础性制度建设比较薄弱，形成总体方案需要做些功课”②。这一论述突出了生态文明体制改革目标的重要性，同时指出了改革的基础性问题和需要解决的任务。2016年11月28日，习近平总书记在《关于做好生态文明建设工作的批示》中指出：“要深化生态文明体制改革，尽快把生态文明制度的‘四梁八柱’建立起来，把生态文明建设纳入制度化、法治化轨道。”③他对深化自然资源资产产权制度、用途管制制度、环境污染治理体系、生态环境保护的市场机制、生态文明建设目标评价考核和问责制度等生态文明制度体系进行了专门论述。习近平总书记的重要论述明确了生态文明体制改革的正确方向。

（三）着力保护生物多样性

保护生物多样性是保障生态安全的基础。生态安全的核心是两类安全：自然生态系统的安全，如森林、草原、荒漠、湿地等自然资源的安全；生物多样性的安全，如保护大熊猫、东北虎、娃娃鱼等珍稀动物的安全。早在2000年，《全国生态环境保护纲要》就明确提出了“维护国家生态环境安全”的目标。随后，2004年12月通过的《中华人民共和国固体废物污染环境防治法》将维护生态安全作为立法宗旨，确保了法律的落实。经过多年的努力，中国在生态安全保护工作方面取得了显著成效。截至2020年底，我国已建立了1.18万个各类自然

① 中共中央文献研究室：《习近平关于社会主义生态文明建设论述摘编》，中央文献出版社2017年版，第27页。

② 中共中央文献研究室：《习近平关于社会主义生态文明建设论述摘编》，中央文献出版社2017年版，第103页。

③ 中共中央文献研究室：《习近平关于社会主义生态文明建设论述摘编》，中央文献出版社2017年版，第109页。

保护地，占中国陆地国土面积的18%。此外，我国还在12个省份开展了国家公园试点项目，总面积超过22万平方公里。实施了25个山水林田湖草生态保护修复试点工程，森林覆盖率达到了23.04%，有效解决了生态退化问题。生态保护红线涵盖了中国生物多样性保护的35个优先区域，全面覆盖了国家重点保护物种的栖息地。

党的十八大以来，我国非常重视保护生物多样性，通过建立各级各类自然保护区等措施，加大对濒危的动植物种群的保护力度。自《生物多样性保护重大工程实施方案(2015—2020年)》出台以来，中国已划定35个生物多样性保护优先区域，约占中国陆地国土面积的29%。同时，中国先后实施了大熊猫等濒危物种和极小种群野生植物的系列专项保护规划或行动方案，建立了250处野生动物救护繁育基地，促进了大熊猫、朱鹮等300余种珍稀濒危野生动植物种群的恢复和增加。

二、筑牢国家生态安全屏障

生态安全是国家安全体系的重要基石。党的十八大以来，习近平总书记把生态文明建设纳入“五位一体”总体布局和“四个全面”战略布局，着力实施重要生态系统保护和修复重大工程，不断优化生态安全屏障体系，系统构建生态廊道和生物多样性保护网络，不断提升生态系统质量和稳定性，不断加强环境保护和灾害风险管理，我国生态安全屏障日益牢固。

(一)加强筑牢生态安全屏障的顶层设计

习近平总书记高度重视、亲自谋划生态安全治理，要求充分考虑到生态安全屏障工程的长期性和艰巨性，把筑牢生态安全屏障当作一项必须代代相传、代代为之的战略性任务。

习近平总书记反复强调要筑牢国家生态安全屏障，让绿水青山造福人民泽被子孙。他在参加十三届全国人大四次会议青海代表团审议时的讲话中强调，青海肩负着对国家生态安全和民族永续发展的重大责任，必须承担维护生态安全、保护三江源、保护“中华水塔”的重大使命，为国家、为民族、为子孙后代负责。他在参加内蒙古代表团审议时强调，要保护好内蒙古的生态环境，构筑起祖国北方的生态安全屏障。他主张走以生态优先、绿色发展为导向的高质量发展新路子，实实在在履行维护国家生态安全、能源安全、粮食安全、产业安全的重大政治责任。他在宁夏调研时强调，宁夏是西北地区的重要生态安全屏障，要大力加强绿色屏障的建设。他在山西调研时强调，山西是华北水塔、京津冀的水源涵养地，是三北防护林的重要组成部分，是拱卫京津冀和黄河生态安全的重要屏障。他在陕西调研时强调，秦岭是中国重要的生态安全屏障，是天然空调，是黄河、长江流域的重要水源涵养地，也是中国的“中央水塔”，是南北分界线，是生物基因库，也是中华民族的祖脉和中华文化的重要象征，一定要保护好它。

(二)推行筑牢生态安全屏障的各项举措

党的十八大以来，党和政府多措并举，深入推进生态文明建设，全面加强生态环境保护，不断筑牢生态安全屏障。

1. 构筑“两屏三带”生态安全屏障骨架

国务院2010年发布的《全国主体功能区规划》明确了构建以“两屏三带”为主体的生态安全战略格局。目前，“两屏三带”生态安全屏障骨架已初步构建。其中，“两屏”是指“青藏高原生态屏障”和“黄土高原—川滇生态屏障”，“三带”是指“东北森林带”“北方防沙带”“南方丘陵山地带”。“两屏三带”在维护国家生态安全以及支撑生态文明建设方面扮演了基础性和关键性的角色，为生态文明建设奠定了坚实基础。

2. 构建以国家公园为主体的自然保护地体系

这一体系是生态安全屏障体系的核心承载体和主要力量。通过多年的努力，全国已建立了数量众多、类型丰富、功能多样的各级各类自然保护地。特别是在国家公园方面，三江源国家公园、东北虎豹国家公园、大熊猫国家公园、祁连山国家公园等国家公园试点和实施规划得到了积极推进。截至2021年，中国正式设立了第一批共5个国家公园，覆盖了近30%的陆域国家重点保护野生动植物种类。自然保护地体系建设的稳步推进在维护国家生态安全、提升生态系统功能以及保护生物多样性等方面发挥了重要作用。国家公园体系的不断完善和发展，将进一步加强对珍稀野生动植物及其栖息地的保护，确保生态系统的持续稳定和生物多样性的良好发展。

3. 推进生态系统保护和修复治理工作

党的十八大以来，国家不断加大生态系统保护和修复的力度，持续推进重点防护林体系建设、湿地和河湖保护与修复、海洋生态修复等重要生态保护和修复工程，旨在恢复退化的生态系统，增强生态系统的稳定性，提升生态系统的质量。2020年颁布了《全国重要生态系统保护和修复重大工程总体规划(2021—2035年)》，这是党的十九大报告后我国首个综合性规划，全面涵盖了山、水、林、田、湖、草、海洋等所有自然生态要素。同时，稳步推进山水林田湖草沙冰等要素的系统保护和修复治理工作。在“十三五”期间，共启动了25个山水林田湖草生态保护和修复工程试点，涉及全国24个省份，累计完成了约200万公顷的生态保护和修复面积。2021年又启动了“十四五”期间的第一批共10个山水林田湖草沙一体化保护和修复工程项目。

4. 强化生态状况监测与风险防控预警

我国全面完善生态监测网络，加快建设国家生态保护红线监管平台，以提高生态监测的智慧化、精准化和网络化水平。此举旨在加强对重点区域，包括流域海域、生态保护红线、自然保护地、县域重点生态功能区等生态状况的监测评估，并建立起定期监测评估机制，以掌握生态状况变化和保护修复成效。我国还将生态风险防控纳入常态化监管范畴，对生态破坏、生物安全和气候变化等引发的生态风险进行特别防范与预警。

第三节 新时代生物安全治理观的成熟时期

党的十九大后，习近平总书记将生物安全纳入国家安全战略，加强生物安全治理和法律法规体系建设、生物安全国际合作，推动生物安全治理观日益科学化、系统化和规范化。

一、新时代生物安全治理观形成的时代背景

21世纪以来，以基因编辑为代表的前沿生物技术不断获得重大突破，生物技术既能促进人类社会的发展，也会对人类社会构成安全威胁，对国家安全产生全方位的影响。对此，习近平总书记指出：“现在，传统生物安全问题和新型生

物安全风险相互叠加，境外生物威胁和内部生物风险交织并存，生物安全风险呈现出许多新特点，我国生物安全风险防控和治理体系还存在短板弱项。”①

（一）我国生物安全面临的国际形势

近年来国际生物安全的基本趋势是2000—2014年间总体保持温和可控状态，但自2015年以来生物安全形势转向相对严峻状态。② 此外，从国际层面来看，生物武器不断发展，“生物武器威胁与反生物武器威胁的体系性对抗活动依然存在活动空间，实施生物武器攻击的可能性不能排除反而有所增强”③，同时网络生物安全成为新的变量，全球传染病风险加大，给全球人民带来更多的不确定因素。在此时代背景下，重视维护国家生物安全已成为世界性普遍共识。

1. 生物安全成为大国博弈的重要场域

生物武器是极具杀伤力的武器之一，严重威胁着人类社会和国际安全。其应用可分为三个阶段：一是一战期间人为施放炭疽杆菌等致病菌阶段；二是二战期间利用飞机投放炭疽菌、霍乱菌等生物战剂阶段；三是20世纪70年代以来，以DNA重组技术为基础的“基因武器”阶段。为应对这一威胁，国际社会制定了一系列禁止生物武器的公约和条例，如《日内瓦议定书》和《禁止生物武器公约》。1976年，美国出台了《重组DNA分子研究准则》，这是第一个对生物技术进行安全管理的法规，随后英国、德国等国家也做出了相应的法律规定。1992年，联合国环境与发展大会签署《生物多样性公约》，提出要管控“由生物技术改变的活生物体在使用和释放时可能产生的危险”④。2001年，“炭疽邮件”事件成为国际生物安全发展的分水岭。同时，随着生物技术的发展，基因驱动系统的出现使得基因的遗传几率大幅提升，这种技术已在哺乳动物中实现。至此，大量国家和地

---

① 《习近平在中共中央政治局第三十三次集体学习时强调：加强国家生物安全风险防控和治理体系建设 提高国家生物安全治理能力》，《人民日报》2021年9月30日，第1版。

② 王磊、张宏、王华：《全球生物安全发展报告（2017—2018年度）》，科学出版社2019年版，第157页。

③ 王磊、张宏、王华：《全球生物安全发展报告（2017—2018年度）》，科学出版社2019年版，第158页。

④ 朱康有：《21世纪以来我国学界生物安全战略研究综述》，《学术前沿》2020年第10期，第59页。

区制定了生物安全战略和相关政策文件。在国际组织层面，世界卫生组织、经济合作与发展组织等先后制定了生物安全领域的国际公约。可见，生物安全议题在世界范围内已经引发强烈关注。

2. 网络生物安全成为新兴变量

自21世纪以来，随着合成生物学、生物大数据技术的发展，生物科技研究方法体系正在向自动化、信息化、智能化、工程化转型。这一趋势引发了一个新兴交叉领域——网络生物安全领域。这一领域综合了网络安全、网络实体安全以及生命科学与生物安全等多个学科的知识。网络生物安全指的是在生命和医学科学、物理网络、供应链和基础设施系统的接口内或接口上，存在不必要的监视、入侵和恶意的有害活动。针对这些安全威胁，制定预防措施是至关重要的。网络生物安全入侵和数据泄露可能带来灾难性后果。利用网络生物安全漏洞可对网络数据系统、实验室设备等进行控制，导致数据丢失。这种情况还可能导致实验室内光照、温度或湿度等参数的异常变化，从而对实验中的生物产生不良影响，甚至对环境造成污染，对人类健康构成威胁。近年来，网络生物安全已经融合了网络安全，它以颠覆性力量贯穿生物科技创新链和产业链，并与国际网络军备、生物军控相互交融。这种趋势已经成为影响国际战略稳定的新兴变量。新兴的网络生物安全显著拓展了“生物安全”概念的内涵和外延，使得全球生物安全面临更大的不确定性挑战。

3. 全球传染病风险加大

烈性传染病传播速度快，传播范围广，无有效的疫苗和药物，致死率高，容易导致社会恐慌，影响社会稳定和经济发展。21世纪以来，全球陆续出现了SARS、甲型H1N1流感、高致病性H5N1禽流感、高致病性H7N9禽流感、发热伴血小板减少综合征、中东呼吸综合征、登革热、埃博拉等重大新发传染病疫情。一些学者指出，冷战结束后，世界战争威胁感减弱，传染病冲击力凸显。1990年全球共有4997万人死亡，其中传染病死亡人数为1669万(占33.4%)，战争死亡为32.2万(占0.64%)。全球化不仅极大地加快了疾病传播速度，还增加了其反复性，随时可能再次席卷全球。在生物科技迅速发展的今天，个别国家将其应用于生物武器研发，人造传染病的传播风险变得更加不确定，而应对“人造传染病大流行”的场景也变得更加复杂。人类终将战胜疫情，但重大公共卫生突发事件对人类而言不会是最后一次。生物安全已经成为时代的标志，我们已经进入生物安全时代，但国际社会在涉及全球战略稳定的生物安全领域仍存在许多不足，人类在全球生物安全风险防控方面仍有许多挑战和困难。

4. 物种生物安全受到威胁

物种生物安全的首要目标是防止生物入侵。生物入侵是指生物通过自然或人为途径从原产地侵入另一个相隔较远的新区域，对当地生态系统造成危害。研究发现，除了无脊椎动物的害虫和植物病原体外，非植物入侵物种可能传播速度过快，即使有监管基础设施，也难以采取有效措施阻止其传播，尤其是水生生物。未来还需考虑气候变化对物种入侵的影响。在预测气候变化导致的物种入侵时，需要明确进行风险评估。尽管全球已高度关注气候变化，但研究表明，气候变化可能会对物种入侵产生重大影响，因此全球气候治理势在必行。据估计，全球每年由外来昆虫入侵造成的费用损失超过 700 亿美元。

（二）我国面临的生物安全威胁

进入 21 世纪，面对复杂的国际生物安全环境，我国开展和实施了一系列政策和实践，在生态环境保护、生物科技发展、生物安全防控机制等方面取得了长足的进步，但也存在短板弱项。

1. 生态系统面临威胁

我国生物技术研发及应用相对滞后，生物多样性保护和粮食安全面临严峻挑战，生物安全法治体系和防控体系尚不够健全完善。首先是生态环境的恶化。我国进入新发展阶段，生态治理与经济发展矛盾加剧。北方草原、草甸占全国草地 85%以上，是生态安全屏障、主要江河发源地，长期过度放牧、草地开垦使 90%的天然草地退化，严重退化草地超 60%。其次是生物多样性受到威胁。保护生物多样性是生物安全战略目标，改革开放后我国快速发展，但也导致出现环境恶化，外来物种入侵，威胁本土生物物种安全等问题。

2. 生物科技不发达

21 世纪以来，我国生物技术研发取得长足进步，但仍需加大力度。据统计，自“十一五”开始，生物技术产业年均增长约 30%，2011 年产值达 2 万亿元，尤其 2013 年至 2015 年年均增速超过 20%。尽管如此，与国际先进水平相比，我国生物科技仍有差距。有专家指出，我国生物信息技术落后国际先进水平至少 30 年，生物科技发展未能引领潮流，生物安全防御体系薄弱，难以有效抵御潜在生物威胁。

生物技术同美国相比差距较大。北京大学国际战略研究院指出，中美在生物应用技术方面各有优势。中国在人脸识别、语音识别、计算机视觉、影像诊断等领域凭借海量数据积累和用户体验优势取得领先，而美国在生物合成、药物研发中引入机器学习技术取得重大突破，也在推进军事应用的人工智能技术方面取得领先。在生物技术、农牧育种等领域，中国与美国存在较大差距。美国推行“脱钩”战略并试图组建“民主国家科技联盟”以孤立中国，极大地增加了中国获得关键产品、先进技术和高端人才的难度。因此，我国在生物技术领域亟须加快核心技术研发及应用。

种质资源流失，种业技术不发达。良种是促进农业发展和保证粮食安全的关键因素。目前，我国种子研究与发达国家存在较大差距，过度依赖进口成为农业发展的软肋。尽管我国拥有丰富的生物资源，但种质资源流失严重，面临资源优势丧失的风险。制约我国种业竞争力的原因有国内外两方面。国内存在着种业研究人员少、研发经费不足、知识产权匮乏、产学研脱节等问题，国际上跨国种业巨头通过知识产权和专利对我国种业实施压制。这些因素导致我国失去种业主动权，削弱了对种子安全的控制能力。

存在生物技术滥用的风险。随着现代生物技术和大数据等的发展，科技伦理问题扩展到社会和安全等方面，成为各国关注的焦点。我国在广泛应用基因操作技术的同时，也出现了“黄金大米”“基因编辑抗艾滋病的婴儿”等违背科技伦理问题。

3. 生物安全防控体系不完善

自 20 世纪 80 年代开始，我国着手大规模开发和测试转基因生物。20 世纪 90 年代，我国相继颁布了多项生物安全管理法规，其中包括《基因工程安全管理办法》《农业生物基因工程安全管理实施办法》《人类遗传资源管理暂行办法》，为维护我国生物安全发挥了重要作用。在联合国环境规划署等机构的支持下，我国制定了《中国国家生物安全框架》，并于 2000 年 8 月 8 日正式签署《生物安全议定书》。2003 年 SARS 事件成为我国生物安全发展的重要转折点。自 2004 年起，我国启动了建设生物安全 4 级实验室系统的计划，同时建立了全球最大的突发公共卫生事件与传染病疫情监测信息报告系统，初步建立了生物安全风险管控制度，为未来的传染病爆发作好准备和应对。《健康中国 2030 规划纲要》《“十三五”生物技术创新专项规划》等文件从多个方面规划了我国生物技术的发展方向。尽管如此，我国仍存在生物安全立法不完善、各部门协同治理能力不足、生物安全风险防范意识薄弱等问题。

一是生物安全相关立法不完善。尽管已有多项法规和政策文件，但其中大多是行业主管部门制定的行政规章，缺乏系统性、协调性。我国缺乏一套完整、有效、全面的生物安全战略，同时在生物资源管理方面存在着管理法规制度不完善的问题，导致大量生物物种和基因资源流失。另外，在入境检疫方面，我国多次发生生物入侵现象，跨境电商的动植物产品成为生物入侵的常见来源。实验室生物安全方面，一些基层疾控机构的生物安全实验室存在着风险评估不全面、实验室设计和生物安全管理不合理、工作人员安全意识不高等问题。

二是各部门协同治理不够。生物安全是一个系统性工程，需要复杂的协调机制。与美国相比，我国在生物安全理论和制度、生物威胁检测预警、应急处置和科学支撑等方面仍存在差距。专家稀缺，理论指导作用不突出；法规制度和组织协调体系不够完善，存在机制漏洞；生物安全监测检测覆盖面不广，缺乏长期、系统的经费投入。

综上，可以看出我国面临复杂的国际国内生物安全形势、严峻的生物安全风险挑战。在此背景下，习近平总书记从实现中华民族伟大复兴的战略全局出发，服务于构筑中国式现代化安全屏障的现实需求，提出种种生物安全理论，不断丰富完善新时代生物安全观。

二、新时代生物安全治理观的体系建构

党的十八大以来，习近平总书记围绕着国家生物安全“是什么”“为什么”“怎么办”问题，形成了涵盖多层次多领域的生物安全治理理念和治理方案，形成了涉及党的领导与责任、治理能力、经济、科技、国防和外交等方面生物安全治理措施，提供了生物安全治理现代化的根本遵循。

（一）坚持党对生物安全治理的领导

《中华人民共和国生物安全法》规定，坚持中国共产党对国家生物安全工作的领导，建立健全国家生物安全领导体制。办好中国的事情，关键在党。维护好我国生物安全，必须坚持党的领导，发挥党总揽全局、协调各方的作用，组织调动各级各地各方面力量，凝聚起广大党员、动员起亿万群众，构筑生物安全的坚固防线。

1. 发挥党的领导核心作用

习近平总书记强调："要健全党委领导、政府负责、社会协同、公众参与、法治保障的生物安全治理机制，强化各级生物安全工作协调机制。"①这表明生物安全治理是一项系统工程，需要党中央、各级政府、专家学者和社会公众多方协作。保障国家生物安全需要加强野生动植物保护和生物多样性维护，促进生物科技创新，完善国家立法，加快构建国家生物安全风险防控和治理体系；需要全面研究国际和国内生物安全环境，提升国家生物安全风险识别和预警能力；需要"与政法系统一道做好应对生物恐怖主义的工作，与外事系统一道做好参与全球生物安全治理的工作，与军事系统一道做好应对生物战争的工作"②。只有在党的集中统一领导下，才能统筹推进生物安全治理，调动生物安全治理的各方面主体积极性，优化整合各种生物安全资源，集中力量办大事，形成生物安全治理的强大合力，提升生物安全治理的现代化能力水平和效率。

2. 履行大国大党责任

2021 年 7 月 6 日，习近平总书记在中国共产党与世界政党领导人峰会上的主旨讲话中强调："中国共产党将履行大国大党责任，为增进人类福祉作出新贡献"③，郑重承诺中国将全力支持国际抗疫合作，积极与世界各国政党合作制定保护生物多样性全球新战略，向其他发展中国家提供帮助和支持，确保疫苗成为

---

① 《习近平在中共中央政治局第三十三次集体学习时强调：加强国家生物安全风险防控和治理体系建设　提高国家生物安全治理能力》，《人民日报》2021 年 9 月 30 日，第 1 版。

② 张云飞：《全面提高国家生物安全治理能力的创新抉择》，《人民论坛》2021 年第 8 期，第 39 页。

③ 《习近平谈治国理政》第四卷，北京：外文出版社 2022 年版，第 428 页。

各国人民能够负担得起的公共产品。在应对全球疫情的过程中，中国积极开展国际合作。中国与非洲 12 国签署缓债协议，减免 15 个国家到期无息贷款，成为 G20 成员中缓债金额最大的国家。① 在某些国家大量囤积疫苗，倡导“疫苗民族主义”的背景下，中国疫苗为世界带来了希望。尽管中国自身在疫情防控方面面临巨大压力，但依然坚定地将疫苗作为全球公共产品，支持中国疫苗企业向发展中国家进行技术转让并开展合作生产。② 中国发起成立金砖国家疫苗研发中心，并与 30 多个国家共同发起“一带一路”疫苗合作伙伴关系倡议，不断完善“中国—东盟疫苗之友”平台，建立中国—太平洋岛国应急物资储备库，并向非洲提供 10 亿剂疫苗，其中 6 亿剂为无偿援助。中国倡议打造“人类卫生健康共同体”③，把“绿色发展”“公共卫生”“和平和安全”作为中非“十大合作计划”的重要内容，把“绿色发展行动”“健康卫生行动”“和平安全行动”作为中非共同实施的“八大行动”的重要内容，把“坚持团结抗疫”置于“构建新时代中非命运共同体”的“4 点主张”④之首，把“卫生健康工程”置于中非共同实施的“九项工程”⑤之首，援助非洲抗击埃博拉，援建非盟疾控中心与塞拉利昂生物安全防护三级实验室，公开承诺中国新冠疫苗将“率先惠及非洲国家”，助力非洲国家实现新冠疫苗的“可及性和可担负性”⑥。

在中国的支持下，墨西哥、阿联酋、埃及、塞尔维亚等国已建立起与中国企业合作的疫苗生产线，打破了疫苗本地化生产的障碍，为全球人民的生命健康带来了福祉。⑦ 中国始终站在保护全人类生命健康的高度，积极推动构建人类卫生健康共同体，不仅以实际行动树立了防控疫情的典范，还通过加强国际合作成为

① 王毅：《中非友谊经受疫情考验得到新的升华》，外交部，https://www.mfa.gov.cn/web/wjbzhd/202101/t20210102_361929.shtml.

② 俞懿春等：《中国疫苗，为人类健康构筑“免疫长城”（命运与共）》，《人民日报》2022 年 1 月 20 日，第 3 版。

③ 中共中央党史和文献研究院：《习近平外交演讲集》第 2 卷，中央文献出版社 2022 年版，第 326 页。

④ 《习近平谈治国理政》第四卷，外文出版社 2022 年版，第 446 页。

⑤ 《习近平谈治国理政》第四卷，外文出版社 2022 年版，第 447 页。

⑥ 《中非团结抗疫特别峰会联合声明》，《人民日报》2020 年 6 月 18 日，第 2 版。

⑦ 俞懿春等：《中国疫苗，为人类健康构筑“免疫长城”（命运与共）》，《人民日报》2022 年 1 月 20 日，第 3 版。

团结抗疫的楷模。中国始终处于国际抗疫合作的“第一方阵”，承担着疫苗公平分配的“第一梯队”，践行了习近平主席对世界的政策宣示，开辟了战胜疫情困难的前进之路。① 中国以实际行动为深陷黑暗时刻的世界指明了前进方向，为饱受病毒肆虐之苦的发展中国家人民带来了希望之光。

（二）统筹经济发展和生物安全

习近平生态文明思想有着鲜明的系统性，无论是在人与自然的关系、绿水青山与金山银山的相互作用和转化关系中，还是在全局视角下提出加强生态文明建设任务以及全球生态文明建设的合作要求，均体现了其系统性。

新发展阶段，人民对生态环境提出了更高的要求。习近平总书记指出，“生态环境保护的成败，归根结底取决于经济结构和经济发展方式”②，要求兼顾生态保护与经济社会发展，按照“山水林田湖草是一个生命共同体”理念，从源头上系统开展生态环境修复和保护的整体预案和行动方案，正确把握生态环境保护与经济发展的关系，探索协同推进生态优先和绿色发展的新路径。人类和世界上所有生物一样，其生存和发展离不开大自然。人类征服自然的过程实际上也是大自然对人类的反作用过程。对美好大自然的追求蕴含在人类基因之中。恩格斯曾指出：“我们连同我们的肉、血和头脑都是属于自然界和存在于自然界之中的。”③人类的可持续发展需要将经济、社会和生态放在同一高度进行规划，合理利用自然资源，承担起对大自然的义务，为生物多样性提供更多保护。

生态安全成为国家安全的重要基石。习近平总书记在对甘肃、内蒙古等地的考察中多次强调，要加强祖国北方生态安全屏障的建设，统筹发展和安全，提高风险防范和应对能力。2018 年 5 月，他在全国生态环境保护大会上指出，生态环境安全是国家安全的重要组成部分，是经济社会持续健康发展的重要保障，强

① 王毅：《把脉时代之变擘画人间正道——国务委员兼外长王毅谈习近平主席出席 2022 年世界经济论坛视频会议并发表演讲》，https://www.mfa.gov.cn/wjbzhd/202201/t20220118_10629684.shtml.

② 中共中央文献研究室：《习近平关于社会主义生态文明建设论述摘编》，中央文献出版社 2017 年版，第 19 页。

③ 《马克思恩格斯选集》第 3 卷，人民出版社 2012 年版，第 998 页。

调："我们不能把加强生态文明建设、加强生态环境保护、提倡绿色低碳生活方式等仅仅作为经济问题。这里面有很大的政治。"①

习近平的生态安全观体现了政治安全与生态安全的有机统一性。当前阶段，空气污染、治水治沙等难题是生态治理面临的最艰巨挑战。针对这些生态治理难题，需要进行有针对性和前瞻性的研究。同时，需要明确划定和落实生态保护红线、永久基本农田、城镇开发边界以及各类海域保护线。将资源开发与生态红线制定有机结合，并纳入承载力评估制度之中。这样的措施有助于保障生态安全，为经济可持续发展提供坚实的支撑。

（三）推进生物科技创新

习近平总书记高度重视科技的发展，强调："生命安全和生物安全领域的重大科技成果是国之重器，一定要掌握在自己手中。"②"生物安全、国防安全等风险压力不断增加，需要依靠更多更好的科技创新保障国家安全。所以说，科技创新是核心，抓住了科技创新就抓住了牵动我国发展全局的牛鼻子。"③"重大传染病和生物安全风险是事关国家安全和发展、事关社会大局稳定的重大风险挑战。要把生物安全作为国家总体安全的重要组成部分……要统筹各方面科研力量，提高体系化对抗能力和水平。"④

1. 依靠科技创新应对生物安全风险

随着生物科技的快速发展和学科交叉的深入，人类与自然之间的关系以及人类自身的活动可能会发生重大变化。当前，新一轮生物科技革命所带来的生物安全问题，正在逐步影响人类的安全观念，科技已成为调整国际秩序过程中的重要变量。相较于美欧等西方发达国家，我国生物科技发展水平相对落后。从国家安

① 中共中央文献研究室：《习近平关于社会主义生态文明建设论述摘编》，中央文献出版社 2017 年版，第 5 页。

② 习近平：《构建起强大的公共卫生体系，为维护人民健康提供有力保障》，人民网，http://jhsjk.people.cn/article/31862359.

③ 习近平：《为建设世界科技强国而奋斗——在全国科技创新大会、两院院士大会、中国科协第九次全国代表大会上的讲话》，《人民日报》2016 年 6 月 1 日，第 2 版。

④ 习近平：《协同推进新冠肺炎防控科研攻关 为打赢疫情防控阻击战提供科技支撑》，《人民日报》2020 年 3 月 3 日，第 1 版。

全的角度来看，生物安全具有自我复制、易于扩散、难以辨别是否违规的特点，生物安全风险防控难度较大。面对未来更多更复杂的生物安全形势，我国必须加强生物科技研发应用及监管，增强生物科技自主创新能力，打造国家战略科技力量，健全生物安全科研攻关机制，促进生物技术健康发展，为生物安全治理提供强大技术支撑。

2. 促进中医药的发展

2021 年 9 月 29 日下午，中共中央政治局就加强我国生物安全建设进行的第三十三次集体学习中，习近平总书记强调："要把优秀传统理念同现代生物技术结合起来，中西医结合、中西药并用，集成推广生物防治、绿色防控技术和模式，协同规范抗菌药物使用，促进人与自然和谐共生。"①调查显示，中医药长期以来一直稳居"中国元素"的前三位。联合国教科文组织将"中医针灸""藏医药浴""太极拳"列入《人类非物质文化遗产代表作名录》，并将《黄帝内经》和《本草纲目》列入《世界记忆名录》，高度肯认中医药的重要地位和现实价值。中医药是中华民族的瑰宝，务必要保护好、发掘好、发展好、传承好。屠呦呦教授受中医药传统医学启发，成功提取了青蒿素，有效治疗了疟疾等疾病。中医药服务遍及全球，显示了中医药在国际市场需求方面的巨大潜力。在我国抗击新冠疫情中，中医药发挥了重要作用，同时也为其他国家抗疫提供了支持，对加强全球公共卫生治理、构建人类卫生健康共同体做出了实质性贡献。因此，通过挖掘和发展中医药理论，加快弥补我国在医药卫生、医疗设备方面的不足，推动中医药与现代科技融合发展，既是促进中医药传承创新的重要途径，也是维护生物安全的重要手段。

3. 完善平战结合的疫病防控和公共卫生科研攻关体系

习近平总书记指出："加快完善平战结合的疫病防控和公共卫生科研攻关体系。"②公共卫生事件可能引发社会恐慌和动荡，严重威胁人类健康和国家安全，甚至影响全球稳定。建立完善的公共卫生应急管理体系是应对突发事件的关键。我国自 2003 年"非典"疫情后高度重视公共卫生应急管理体系建设，通过政策措

① 《习近平在中共中央政治局第三十三次集体学习时强调：加强国家生物安全风险防控和治理体系建设　提高国家生物安全治理能力》，《人民日报》2021 年 9 月 30 日，第 1 版。

② 《习近平谈治国理政》第四卷，北京：外文出版社 2022 年版，第 336 页。

施和法律法规的制定，逐步建立了国家卫生应急管理体系，有效应对了多次重大疫情挑战。然而，完善平战结合的疾病防控和公共卫生科研攻关体系仍是亟待解决的问题，需要在体系建设和科研协同等方面进一步加强。首先，应坚持日常和战时的结合。针对新冠疫情暴露的问题，需完善疫情预警机制，在日常加强疫情防控准备，并在战时协调各类机构快速响应，加强疫情控制措施，同时加强医院基础设施建设以应对传染病风险。其次，应坚持预防和应急的结合。习近平总书记强调："要织牢织密生物安全风险监测预警网络，健全监测预警体系，重点加强基层监测站点建设，提升末端发现能力。要快速感知识别新发突发传染病、重大动植物疫情、微生物耐药性、生物技术环境安全等风险因素，做到早发现、早预警、早应对。要建立健全重大生物安全突发事件的应急预案，完善快速应急响应机制。"①我国在抗击新冠疫情中，传承了中医的"治未病"理念，结合预防医学，构建起中西医结合、防治一体的三级预防体系，有效控制了疫情的传播，保障了人民生命健康和国家安全。

4. 依靠中国种子保障中国粮食安全

粮食安全是决定人类社会稳定和发展的重要议题，需要综合考虑政治、经济、伦理、健康和国防安全等多方面因素。"种子被誉为农业的'芯片'，是农业革命的源头，农业每次发生质的飞跃，几乎都是源于种子革命。"②习近平总书记指出："保证粮食安全必须把种子牢牢攥在自己手中。要坚持农业科技自立自强……靠中国种子来保障中国粮食安全。"③种子作为农业的核心，对确保粮食安全至关重要，我国必须加强对种业科技的自主掌控能力，加快体制改革、加强国家种业科技创新，协同攻关技术瓶颈；抓紧培育具有自主知识产权的优良品种，深度推进产、学、研的融合发展；提高粮食生产效益，优化农业补贴政策，转变粮食生产方式，提高专业化防治队伍水平，并利用技术手段为农民提供精准防灾

① 《习近平在中共中央政治局第三十三次集体学习时强调：加强国家生物安全风险防控和治理体系建设　提高国家生物安全治理能力》，《人民日报》2021 年 9 月 30 日，第 1 版。

② 朱启臻：《打好种业翻身仗 确保农业安全》，《乡村振兴》2021 年第 3 期，第 36 页。

③ 《习近平在推进南水北调后续工程高质量发展座谈会上强调：深入分析南水北调工程面临的新形势新任务　科学推进工程规划建设　提高水资源集约节约利用水平》，人民网，http://jhsjk.people.cn/article/32103854.

减灾技术指导，调动农民的种粮积极性。

（四）提高生物安全的治理能力

生物安全是国家安全的重要组成部分。2014—2016 年的西非埃博拉疫情造成了巨大的经济损失和社会破坏，对几内亚、利比里亚和塞拉利昂等国家的发展造成了严重影响。根据世界银行的研究报告，这次疫情使得这些国家多年的发展努力遭到严重挫折，经济损失高达数十亿美元，而整个西非地区因此遭受的损失甚至高达数百亿美元。习近平总书记指出："要完善国家生物安全治理体系，加强战略性、前瞻性研究谋划，完善国家生物安全战略……要强化系统治理和全链条防控，坚持系统思维，科学施策，统筹谋划，抓好全链条治理……要盯牢抓紧生物安全重点风险领域，强化底线思维和风险意识。"①

1. 完善国家生物安全治理体系

将生物安全战略纳入国家战略体系是对国家整体安全体系的重要补充，这需要强化各级工作协调机制，建立健全生物安全治理机制，完善国家生物安全法律法规体系和制度保障体系，同时加强相关知识的宣传教育，提升公众对生物安全风险防范的意识。这样的整体措施可以进一步完善国家的生物安全治理体系。

一是要健全国家生物安全法律法规体系和制度保障体系。习近平总书记在多个场合提到生物安全的法治治理问题，这表明了我国对于生物安全的重视程度。目前，我国已发布了一系列部门规章，如《基因工程安全管理办法》(1993)，《农业生物基因工程安全管理实施办法》(1996)，《人类遗传资源管理暂行办法》(1998)，《中国国家生物安全框架》(2000)。2019 年党的十九届四中全会提出了"加强公共卫生防疫和重大传染病防控"的重要指示，进一步彰显了对生物安全问题的高度重视。2020 年 10 月 17 日，《生物安全法》正式通过，这标志着我国生物安全法治建设迈入了新阶段。

二是需要加强生物安全风险防范意识的宣传教育。面对公众对生物安全防范意识不足的现状，必须全面提升国民的生物安全风险意识，加强相关知识的宣传

① 《习近平在中共中央政治局第三十三次集体学习时强调：加强国家生物安全风险防控和治理体系建设　提高国家生物安全治理能力》，《人民日报》2021 年 9 月 30 日，第 1 版。

教育工作。这包括让人们深刻认识生物安全的风险，充分意识到生物技术的双重性质，从被动认知转变为主动防范生物安全风险。在知识宣传教育过程中，除了政府的宣传外，还需要法律政策和社会安全文化氛围的支持和协助。只有全社会都具备高度的风险防范意识，才能有效提升生物安全风险的应对能力。

2. 强化系统治理，完善快速应急响应机制

生物安全涉及多种主体，传播迅速，途径隐匿，靠某个部门单打独斗难以有所建树，必须强化综合治理，协调各相关部门协同配合，努力实施全过程、全链条的防控措施，才能更好地完成维护国家生物安全的使命。《生物安全法》提出建立风险监测预警和评估制度，其中，防控重大新发突发传染病单独成章，明确了海关等主体部门的任务和职责。随着未来全球经济的全面恢复，各国间的人员、货物的交流将更加频繁，生物安全跨境传播风险将与日俱增。生物安全风险监测预警网络需要以总体国家安全观为统领，将可能危害国家安全的疫情控制于萌芽之中。

3. 盯牢抓紧生物安全重点风险领域，强化底线思维和风险意识

近年来，随着新兴生物安全危害跨国界蔓延，对全球健康治理和国际秩序构成重大影响。针对此情况，习近平总书记强调了盯紧生物安全重点风险领域，并提出了相关解决方案。首先，在生物资源安全方面，习近平总书记强调了生物遗传资源的重要性。《国家重点保护野生动物名录》和《国家重点保护野生植物名录》的发布，为相关管理部门提供了明确的执法依据。《生物安全法》的制定和实施进一步促进了我国生物遗传资源的保护。未来，应以《生物安全法》为指导，加强生物多样性保护，并强化生物资源安全的监管。其次，在入境检疫方面，习近平总书记强调应加强监督管理力度。完善的机制和系统有助于提升疫情监测和预警工作效能。我国将继续加强监督管理力度，构建系统完善的预警机制，并利用大数据等技术进行口岸的智能化建设，以科学、严密、有效的防范措施助力入境防控工作。最后，在实验室生物安全方面，习近平总书记强调了实验室的重要性。《生物安全法》也严格规范了我国生物安全管理。未来，各级政府和卫生行政部门应尽快落实《生物安全法》的要求，完善生物实验室的标准化管理体系，提升工作人员的安全意识和素质，加强学习，持续探索生物安全信息化管理，为实验室培养高层次管理人才。

第四章　新时代生物安全治理观的主要内容

生物安全关乎国家的长治久安、人民群众的生命健康，是国家安全的重要组成部分。进入新时代，世界面临百年未有之大变局，生物安全局面愈加严峻复杂。习近平总书记审时度势，在应对我国面临的生物安全风险挑战的实践历程中，形成了包括生物安全的战略地位、生物安全治理的根本理念和基本原则等主要内容的新时代生物安全治理观。

第一节　明确生物安全的战略地位

进入新时代以来，国内外不时出现生物安全事件，特别是 2020 年初爆发的新冠疫情，给人类带来巨大灾难。如何应对由新冠疫情所引发的生物安全危机？在 2021 年 9 月 29 日中共中央政治局第三十三次集体学习时，习近平总书记指出："党的十八大以来，党中央把加强生物安全建设摆上更加突出的位置，纳入国家安全战略，颁布施行生物安全法，出台国家生物安全政策和国家生物安全战略，健全国家生物安全工作组织领导体制机制，积极应对生物安全重大风险。"① 习近平总书记深刻洞察到生物安全的重要性，将生物安全提升到事关国家长治久安的战略地位，纳入国家安全战略体系之中，这表明习近平总书记是站在战略的高度来看待生物安全问题的。

一、生物安全是国家安全的重要组成部分

"国家安全是指国家政权、主权、统一和领土完整、人民福祉、经济社会可

---

① 《习近平谈治国理政》第四卷，外文出版社 2022 年版，第 399 页。

持续发展和国家其他重大利益处于没有危险和不受内外威胁的状态，以及保障持续安全状态的能力。”①国家安全关系到国家的安危、政权的稳定。中华人民共和国自成立以来，党中央一直高度重视国家安全，强调要牢牢把握住国家安全问题的主导权，不可有丝毫放松。进入新时代，习近平总书记高瞻远瞩，高度关注国家安全，习近平总书记曾这样解释国家安全：“国家安全是安邦定国的重要基石，维护国家安全是全国各族人民根本利益所在”②，将国家安全形容为安邦定国的重要基石，此亦可窥见习近平总书记对国家安全的重视程度。2020 年 12 月 11 日，在十九届中共中央政治局第二十六次集体学习时，习近平总书记深刻指出：“国家安全工作是党治国理政一项十分重要的工作，也是保障国泰民安一项十分重要的工作”③，两个“十分重要”凸显了国家安全的重要性。在党的二十大报告中，习近平总书记再一次在民族复兴、国家强盛的视域下强调国家安全：“国家安全是民族复兴的根基。”④时下我们比以往任何时候都更接近中华民族伟大复兴这一伟大目标，因此我们比以往任何时候都应关注国家安全问题。

2014 年 4 月 15 日，习近平总书记在中央国家安全委员会第一次会议上首次提出总体国家安全观，从新时代的新特点、新要求，对国家安全给予了全新定义，强调国家安全是个“大安全”的安全体系，生物安全属于“大安全”诸安全体系中的重要一环。

中华人民共和国第十三届全国人民代表大会常务委员会第二十二次会议通过了《中华人民共和国生物安全法》。该法第一章总则第三条指出：“生物安全是国家安全的重要组成部分。”⑤这是我国首次以法律形式规定了生物安全是国家安全的重要组成部分。党的二十大报告将国家安全作为专题之一，进行了专门论述。在该部分，习近平总书记指出：“强化经济、重大基础设施、金融、网络、数据、

① 《习近平新时代中国特色社会主义思想概论》，高等教育出版社、人民出版社 2023 年版，第 260 页。

② 中共中央党史和文献研究院：《习近平关于总体国家安全观论述摘编》，中央文献出版社 2018 年版，第 14 页。

③ 《习近平谈治国理政》第四卷，外文出版社 2022 年版，第 389 页。

④ 习近平：《高举中国特色社会主义伟大旗帜　为全面建设社会主义现代化国家而团结奋斗——在中国共产党第二十次全国代表大会上的报告》，人民出版社 2022 年版，第 52 页。

⑤ 《中华人民共和国生物安全法》，中国法制出版社 2020 年版，第 3 页。

生物、资源、核、太空、海洋等安全保障体系建设”①，明确把生物安全视为国家安全的重要组成部分，高度重视强化生物安全的保障体系建设。

生物安全是国家安全的重要组成部分，其内涵包括两个方面：其一，生物安全是新兴非传统安全。按不同的标准，可对国家安全进行不同的分类，如根据威胁来源于一国之内抑或一国之外，国家安全可划分为外部国家安全和内部国家安全；根据安全指涉的具体对象，国家安全可划分为国土安全和国民安全；根据时代特征，国家安全可划分为传统安全和非传统安全。相对于政治、经济、国土等传统国家安全，生物安全乃近年来才出现，属于新兴非传统安全。2003 年的“非典”，特别是 2020 年至 2022 年期间，新冠疫情直接将生物安全推至话题的前沿与关注的焦点。其二，完善了国家安全体系。伴随着人类开拓自然能力的提升，生物资源可能被过度地开发。随着生物技术的进步，生物技术亦可能被过度应用。随着对外开放，外来物种随之进入国内，这就可能导致外来物种的泛滥。部分人群口无所忌，喜欢吃野味，野生动物往往成为他们的盘中餐，这就可能导致野生动物身上的病毒传染给人类。上述任何一个环节出现问题，皆可能引发生物安全问题。目前我国一方面面临政治、经济等传统安全，另一方面亦面对生物安全等新兴非传统安全。习近平总书记审时度势，及时将生物安全纳入国家安全体系中，弥补了国家安全的薄弱环节，完善了国家安全体系。

二、生物安全是人民群众健康的重要保障

中国共产党的宗旨是全心全意为人民服务，中国共产党没有自身的特殊利益，将人民群众的利益视为自己的利益。生命安全、身体健康是人民群众最直接、最现实的需求，是人民群众关注的焦点。习近平总书记时刻将人民群众的生命健康与生命安全放在心中，明确指出：“确保人民群众生命安全和身体健康，是我们党治国理政的一项重大任务。”②“生物安全关乎人民生命健康。”③维护生物安全实质上就是要保护人民的身体健康与生命安全。

① 习近平：《高举中国特色社会主义伟大旗帜　为全面建设社会主义现代化国家而团结奋斗——在中国共产党第二十次全国代表大会上的报告》，人民出版社 2022 年版，第 53 页。

② 《习近平关于尊重和保障人权论述摘编》，中央文献出版社 2021 年版，第 76 页。

③ 《习近平谈治国理政》第四卷，外文出版社 2022 年版，第 399 页。

为了保障人民群众的身体健康与生命安全，以习近平同志为核心的党中央将生物安全置于重要位置，将生物安全纳入国家安全体系之中，并为此制定了《中华人民共和国生物安全法》。

目前生物安全主要指向生物疫情、生物实验、生物资源、外来物种入侵、生物战、生物恐怖主义等六个方面，由传染性病毒造成的重大突发疫情的危害尤其严重。面对新冠疫情，以习近平同志为核心的党中央始终将人民群众的身体健康与生命安全放在首位，围绕人民群众的身体健康与生命安全展开防疫工作。

在全国抗击新冠疫情表彰大会上，习近平总书记指出在这场抗疫过程中铸就了伟大的抗疫精神，伟大抗疫精神首条便是“生命至上”。“疫情无情人有情。人的生命是最宝贵的，生命只有一次，失去不会再来。在保护人民生命安全面前，我们必须不惜一切代价，我们也能够做到不惜一切代价，因为中国共产党的根本宗旨是全心全意为人民服务，我们的国家是人民当家作主的社会主义国家。”①面对无情的疫情，习近平总书记强调抗击新冠疫情，首先要保护人民群众的生命安全和身体健康，这是对党的宗旨的生动践行。

三、生物安全是社会长治久安的重要前提

习近平总书记在党的十九大报告中庄严宣布：“中国特色社会主义进入新时代，我国社会主要矛盾已经转化为人民日益增长的美好生活需要和不平衡不充分的发展之间的矛盾。”②社会主要矛盾的转变决定了党和国家的主要奋斗目标是让人民群众过上美好生活。社会长治久安，人民群众才能安居乐业，过上美好生活。若社会动荡不安，突发事件频发，人民群众不可能安居乐业。这就是说为了让人民群众过上美好生活，必须使社会得到有效治理。

时下社会发展日新月异，影响社会长治久安的因素有很多，生物安全便是其中之一。生物安全不仅影响着普通民众的生命安全与身体健康，还可能影响普通民众的正常生活秩序。

---

① 《习近平关于尊重和保障人权论述摘编》，中央文献出版社2021年版，第80页。

② 习近平：《决胜全面建成小康社会　夺取新时代中国特色社会主义伟大胜利——在中国共产党第十九次全国代表大会上的报告》，人民出版社2017年版，第11页。

第二节　提出生物安全治理的根本理念

新时代，人类面临着重大传染性疾病、外来物种入侵、生物恐怖主义等生物安全的严重威胁。党的十八大以来，习近平总书记始终高度关注生物安全问题，揭示了新时代生物安全的新特点："现在，传统生物安全问题和新型生物安全风险相互叠加，境外生物威胁和内部生物风险交织并存，生物安全风险呈现出许多新特点"①，提出了新时代生物安全治理的根本理念。

一、保护自然生态

生物资源遭到破坏是引发生物安全问题的重要原因之一。因此，维护生物安全必须尊重自然规律，保护自然生态，维护生态平衡。若违背自然规律、破坏自然生态，便会带来危害人类的生物安全问题。新时代生物安全治理必须尊重自然规律，保护自然生态。

新时代很多生物安全问题是由生态失衡造成的。新时代科学技术日新月异，突飞猛进。科学技术是把双刃剑，一方面促进社会生产力的发展，推动社会不断向前发展；另一方面由于科学技术提升了人类改造自然的能力，这就对自然生态带来冲击，使自然生态处于失衡的状态中。自然生态的失衡，便会带来生物安全问题。如自然环境的破坏造成水灾，水灾进而造成环境的污染，这就为瘟疫的流行提供了条件。又如老鼠的天敌——猫头鹰遭到过度捕捉，老鼠便泛滥成灾，这就为鼠疫的流行提供了前提。为了避免生物出现安全问题，我们应竭尽全力保护自然生态，使自然生态处于平衡的状态。

维护生物安全必须保护自然生态。保护自然生态首先要尊重自然。马克思指出："人靠自然界生活。这就是说，自然界是人为了不致死亡而必须与之处于持续不断的交互作用过程的、人的身体。"②马克思的重要论述旨在阐明，人类要生存，就离不开物质生活资料；人类生存一天，就需要一天的物质生活资料。物质

① 《习近平谈治国理政》第四卷，外文出版社 2022 版，第 400 页。

② 《马克思恩格斯选集》第 1 卷，人民出版社 2012 年版，第 55~56 页。

生活资料来源于人类对自然界的改造。自然界可谓是人类的衣食父母，人类应当尊重自然，否则人类将失去物质生活资料的来源而无法生存下去。中华优秀传统文化有着丰富的尊重自然的思想因子。老子倡导“道法自然”(《老子·第二十五章》)，主张尊重自然规律，顺应万物特性，倡导“辅万物自然而不敢为”(《老子·第六十四章》)，强调：“不知常，妄作凶”(《老子·第十六章》)，从反面警示世人，若违背自然规律而强作妄为，就会招致自然的报复。孔子倡导“钓而不纲，弋不射宿”(《论语·述而》)，要求人类对自然界不可竭泽而渔，而应取之有度。随着改造自然能力的不断提升，人类自我意识不断膨胀，渐渐失去了对自然界应有的敬畏之心，认为人类为万物之主、可以凌驾于自然界之上的人类中心主义一度甚嚣尘上。然而自我意识的膨胀，不顾自然规律肆意改造自然以满足一己私欲的行为，必然遭到自然界无情的报复。中华优秀传统文化一直反对以傲慢的态度对待自然，主张以谦卑的姿态面对自然。《周易》云：“财成天地之道，辅相天地之宜”，主张人类不应以主人的姿态去改造自然，而应以谦卑的姿态尊从万物的自性，辅佑万物的自化。《中庸》云：“能尽物之性，则可以赞天地之化育；可以赞天地之化育，则可以与天地参矣”，既重视发挥人的主体能动性，以尽万物之性，又反对宰制万物，主张在匡助万物化生的过程中，与万物合而为一。

习近平总书记把马克思主义与中华传统生态文明思想相结合，在党的二十大报告中指出：“大自然是人类赖以生存发展的基本条件。尊重自然、顺应自然、保护自然，是全面建设社会主义现代化国家的内在要求。”①强调人类的生存、发展依赖大自然，推进中国式现代化必须尊重自然、顺应自然、保护自然。

二、人与自然是生命共同体

人与自然是一个相互联系、相互影响的生命共同体。人与自然如果和谐相处、良性互动，就能实现人与自然共赢、人类的可持续发展；如果自然界遭到破坏、人与自然相互对立，就会引发生物多样性减少、野生动物迁徙、野生动物体

① 习近平：《高举中国特色社会主义伟大旗帜　为全面建设社会主义现代化国家而团结奋斗——在中国共产党第二十次全国代表大会上的报告》，人民出版社2022年版，第49~50页。

内病原的扩散传播等生物安全问题。

“生命是整个自然界的一个结果……蛋白质，作为生命的唯一的独立的载体，是在自然界的全部联系所提供的特定的条件下产生的，然而恰好是作为某种化学过程的产物而产生的。”①人来源于自然界，与自然界是生命共同体，随着现代科技和生产力的发展，一些人不再把人与自然看做一个生命共同体，而是片面凸显二者之间的主体与客体的对立性关系，并在这一对立性关系的架构下，放纵人类自身的欲望，把自然界仅视为人类改造的客体，无限度地从自然界中寻求人类所需。

中华优秀传统文化，特别是儒家主张“天人合一”。儒家认为，人与自然万物必不可分、融为一体。大自然是个生生不息的连续体，人与自然万物都是这一生生连续体的一个个节点。在自然界的生生脉动中，人与自然融为一体、合于一处，故而张载倡导“民吾同胞，物吾与也”②，认为人与自然不是外在的对立性关系，而是内在的互融性关系。程颢主张：“仁者浑然与物同体”③，仁者何以能达成物我无别的境界？程颢如是解释：“仁者以天地万物为一体，莫非己也。认得为己，何所不至？若不有诸己，自与己不相干。如手足不仁，气已不贯，皆不属己。”④程颢以手足不仁为例，强调在一“气”流贯下，物我便无二无别，浑然一体。

马克思强调：“人是自然界的一部分”⑤，认为人类来源于自然。恩格斯进一步阐证了人何以属于自然，指出：“我们连同我们的肉、血和头脑都是属于自然界和存在于自然界之中的。”⑥马克思、恩格斯主张人与自然和谐共生、融为一体，反对以一种高高在上的态度对待自然界。现代社会，虽然人类改造自然的能力得到提升，但是并没有改变“人是自然界的一部分”的根本性质，人与自然和谐共生的根本要求仍然有效。

---

① 《马克思恩格斯文集》第9卷，人民出版社2009年版，第459页。
② 张载：《张载集》，中华书局2006年版，第62页。
③ 程颢、程颐：《二程集》，中华书局1981年版，第16页。
④ 程颢、程颐：《二程集》，中华书局1981年版，第15页。
⑤ 《马克思恩格斯选集》第1卷，人民出版社2012年版，第56页。
⑥ 《马克思恩格斯选集》第3卷，人民出版社2012年版，第998页。

习近平总书记把马克思主义与中华优秀传统文化关于人与自然关系的思想相结合，创造性提出“人与自然是生命共同体”的重要论断：“人与自然是生命共同体，人类必须尊重自然、顺应自然、保护自然”①，倡导尊重自然、顺应自然、保护自然，强调：“只有更好平衡人与自然的关系，维护生态系统平衡，才能守护人类健康。要深化对人与自然生命共同体的规律性认识，全面加快生态文明建设”②，主张只有处理好人与自然之间的关系，实现人与自然的和谐共生、良性互动，才能维系生物安全。

第三节　确立生物安全治理的基本原则

习近平总书记在中共中央政治局第三十三次集体学习时强调：“按照以人为本、风险预防、分类管理、协同配合的原则，加强国家生物安全风险防控和治理体系建设，提高国家生物安全治理能力，切实筑牢国家生物安全屏障”③，确立了新时代生物安全治理的基本原则，提供了新时代生物安全治理的根本遵循。

一、以人为本

中国共产党的宗旨是全心全意为人民服务。这就内在规定着中国共产党始终站在人民的立场，坚持以人为本。中国共产党这一立场根源于马克思主义。马克思主义认为历史是由人民创造的，人民是历史的主人，重视人民的主体地位。马克思指出：“全部人类历史的第一个前提无疑是有生命的个人的存在。”④在马克思看来，历史的第一前提是个体人的存在。正是有个体化鲜活人的存在，历史方得以奠定，并一步步展开，这表明马克思对于每一个个体人的尊重。中国古圣先贤提出民本思想，强调：“民惟邦本，本固邦宁”（《尚书・五子之歌》），“民为贵，社稷次之，君为轻”（《孟子・尽心下》），强调“民”是国家政权的根基，要求统治者爱民、利民，关怀民生疾苦。

① 《习近平谈治国理政》第四卷，外文出版社 2022 年版，第 355 页。
② 《习近平谈治国理政》第四卷，外文出版社 2022 年版，第 355 页。
③ 《习近平谈治国理政》第四卷，外文出版社 2022 年版，第 399 页。
④ 《马克思恩格斯选集》第 1 卷，人民出版社 2012 年版，第 146 页。

为拯救人民于水火，推翻压在中国人民头上的帝国主义、封建主义和官僚资本主义三座大山，中国先进知识分子在马克思主义指导下，创立了中国共产党。中国共产党自诞生之日起，就致力于“为中国人民谋幸福、为中华民族谋复兴”。进入新时代，由于国际形势波谲云诡，我国国家安全面临严峻挑战。为了维护国家安全，习近平总书记提出了维护国家安全的十点要求，其中第三点要求是：“坚持以人民安全为宗旨，国家安全一切为了人民、一切依靠人民，充分发挥广大人民群众积极性、主动性、创造性，切实维护广大人民群众安全权益，始终把人民作为国家安全的基础性力量，汇聚起维护国家安全的强大力量”①，把“人民安全”视为国家安全的根本宗旨。

习近平总书记坚持以系统观念和系统思维处理国家安全，提出总体国家安全观。总体国家安全观突出“大安全”理念。“大安全”理念拓展了国家安全的内涵，不仅包括政治安全、军事安全、国土安全、经济安全等传统国家安全，还包括新兴国家安全，如鉴于生物诸领域一再出现问题，威胁到人民群众的生命健康，生物安全便被纳入到国家安全体系之中，成为总体国家安全的重要组成部分。假若生物出现安全问题，便威胁到广大人民群众的生命安全。习近平总书记曾指出生物安全三个“关乎”，而首要“关乎”便是“人民生命健康”②。综上所述，以人为本、把人民群众的身体健康和生命安全置于首位是新时代生物安全治理的首要原则。

二、风险预防

《诗经》中的“战战兢兢，如临深渊，如履薄冰”、《周易》中的“安而不忘危，存而不忘亡，治而不忘乱”、孟子的“生于忧患，死于安乐”(《孟子·告子下》)等论述，都旨在倡导居安思危的忧患意识。忧患意识是中华民族饱经沧桑、历经磨难、始终屹立于世界民族之林的重要精神特质，也是中国共产党战胜各种生死考验和艰难险阻、不断发展壮大的重要精神作风。新时代以中国式现代化推进中华民族伟大复兴不可能一马平川，必定会有艰难险阻，可能遇到风高浪急甚至惊涛骇浪的重大考验，必须保持和发扬忧患意识，“增强忧患意识，做到居安思危，

① 《习近平谈治国理政》第四卷，外文出版社 2022 年版，第 390 页。

② 《习近平谈治国理政》第四卷，外文出版社 2022 年版，第 399 页。

是我们治党治国必须始终坚持的一个重大原则”①。

新时代我国面临的生物安全形势纷繁复杂，风险挑战日益增多。增强忧患意识，就必须注意风险防范，防控重大风险，增强驾驭风险本领，及时发现和果断处理可能发生的各类矛盾和风险，防止出现“蝴蝶效应”，不让局部风险演化为系统性风险。习近平总书记在学习贯彻党的十九大精神专题研讨班开班式上列举了 8 个方面 16 个具体风险，其中强调对于像“非典”这样的重大传染性疾病，也要时刻保持警惕、严密防范。他要求全党同志时刻保持如履薄冰的谨慎、见叶知秋的敏锐，既要高度警惕和防范自己所负责领域内的重大风险，也要密切关注全局性重大风险，第一时间提出意见和建议。

三、分类管理

具体问题具体分析是马克思主义的基本方法。马克思、恩格斯主张“正确的理论必须结合具体情况并根据现存条件加以阐明和发挥”②。马克思在回答西欧道路与俄国公社命运和社会发展前景这个问题时说过：“极为相似的事变发生在不同的历史环境中就引起了完全不同的结果。如果把这些演变中的每一个都分别加以研究，然后再把它们加以比较，我们就会容易地找到理解这种现象的钥匙。”③恩格斯强调，马克思主义基本原理的实际应用必须“因地制宜地作出决定，而且必须由处于事变中的人来作出决定”④。列宁认为真理是具体的，“我们不否认一般的原则，但是我们要求对具体运用这些一般原则的条件进行具体的分析。抽象的真理是没有的，真理总是具体的”⑤。“一切抽象真理，如果应用时不加任何分析，都会变成空谈”⑥，强调“对具体情况作具体分析”是“马克思主义的精

① 《习近平谈治国理政》，外文出版社 2014 年版，第 200 页。

② 《马克思恩格斯全集》第 27 卷，人民出版社 1972 年版，第 433 页。

③ 《马克思恩格斯文集》第 3 卷，人民出版社 2009 年版，第 466~467 页。

④ 《马克思恩格斯选集》第 4 卷，人民出版社 1995 年版，第 456 页。

⑤ 《列宁专题文集·论辩证唯物主义和历史唯物主义》，人民出版社 2009 年版，第 338 页。

⑥ 《列宁专题文集·论辩证唯物主义和历史唯物主义》，人民出版社 2009 年版，第 338 页。

髓，马克思主义的活的灵魂”①。“马克思的方法首先是考虑具体时间、具体环境里的历史过程的客观内容，以便首先了解，哪一个阶级的运动是这个具体环境里可能出现的进步的主要动力。”②毛泽东指出：“尤其重要的，成为我们认识事物的基础的东西，则是必须注意它的特殊点，就是说，注意它和其他运动形式的质的区别。只有注意了这一点，才有可能区别事物。”③“俗话说：‘到什么山上唱什么歌。’又说‘看菜吃饭，量体裁衣。’我们无论做什么事都要看情形办事，文章和演说也是这样。”④这里的“到什么山唱什么歌”“看菜吃饭，量体裁衣”，都旨在倡导具体问题具体分析。邓小平强调：“马克思主义的活的灵魂，就是具体地分析具体情况”⑤，要求必须对事物进行“深入的具体的研究”⑥。

习近平总书记进一步把具体问题具体分析转化为精准思维方法。关于全面深化改革，他在中央深改组第十次会议上强调要突出重点、对准焦距、找准穴位、击中要害，在第二十二次会议上强调要对准瓶颈和短板，精准对焦、协同发力，在第二十四次会议上强调要突出问题导向，加强分类指导，注重精准施策。关于全面从严治党，他指出：“从严治党必须具体地而不是抽象地、认真地而不是敷衍地落实到位”，“制度不在多，而在于精，在于务实管用，突出针对性和指导性”⑦。关于工作作风，他强调：“推动各项工作，都要落实作风建设具体要求，形成抓作风促工作、抓工作强作风良性循环。抓细，就是要对干部群众特别是基层群众反映的作风问题一一回应、具体解决。”⑧关于扶贫工作，他先后提出了“精准扶贫”“建立精准扶贫工作机制，扶到点上、扶到根上，扶贫扶到家”⑨等

---

① 《列宁专题文集·论马克思主义》，人民出版社2009年版，第3页。

② 《列宁全集》第26卷，人民出版社1988年版，第140~141页。

③ 《毛泽东选集》第1卷，人民出版社1991年版，第308页。

④ 《毛泽东选集》第3卷，人民出版社1991年版，第834页。

⑤ 《邓小平文选》第2卷，人民出版社1994年版，第118页。

⑥ 《邓小平文选》第2卷，人民出版社1994年版，第182页。

⑦ 《习近平在党的群众路线教育实践活动总结大会上的讲话》，《人民日报》2014年10月8日，第2版。

⑧ 《习近平在指导兰考县委常委班子专题民主生活会时强调：作风建设要经常抓深入抓持久抓 不断巩固扩大教育实践活动成果》，《人民日报》2014年5月9日，第1版。

⑨ 《让全体中国人民迈入全面小康——以习近平同志为总书记的党中央关心扶贫工作纪实》，《人民日报》2015年11月27日，第3版。

重要指示。这些论述深刻揭示了精准思维的科学内涵和基本要求。

习近平总书记把精准思维方法运用于生物安全治理和新冠疫情防控工作中，提出了“分类管理”的基本原则。生物安全治理和疫情防控是一项涉及多主体、多领域、多区域、多人群的包括救护、监测、保障等多项工作的系统工程，工作重点会随着疫情形势和防控需求的变化而变化，既要统筹推进、握指成拳，也要具体问题具体分析、分类指导、精准施策。

分类管理必须落实主体责任。改革开放后，我国的国际交往越来越频繁，出境、入境成为常态。如果放松出入境管理，会导致外来物种入侵、外来病毒入境传播，严重危害我国的生物安全。为此，习近平总书记高度重视海关的主体责任，明确要求海关“要加强入境检疫，强化潜在风险分析和违规违法行为处罚，坚决守牢国门关口”①，明确要求海关人员要提升自己的专业水平，对于海外违禁动植物目录了然于胸，以有效防止违禁动植物入境。对已输入的违禁动植物亦了如指掌，并与其他部门配合，“‘一种一策’精准治理，有效灭除”②，增强责任感和使命感，在检查入境人员行李及物品时，应一丝不苟，把好国门。

分类管理必须做到因人而异。在日常防控工作中，我国注重对不同类型小区实施分类管控，对居民出行进行动态管理，加强对高风险人群的排查。浙江省在实践中首创“一码”精密智控机制，“一码”即健康二维码，绿码者可自由流动，红码者、黄码者则需隔离。在新冠疫情监测中，我国注重加快疑似病例的检测速度，在抗击疫情的同时确保其他疾病患者获得及时医治。在疫病救治中，我国注重针对轻症患者、重症危重症患者、孕产妇婴幼儿等特殊病例，采取不同的诊疗方案，合理地调度、配置医疗资源，做到了安人心、暖人心，最大限度地保护了人民的生命安全和身体健康。

分类管理必须做到精准施策。如何在做好疫情防控的同时为复工复产创造良好条件？注重精准施策是一个有效办法。一是做好精准服务。政府直接联系企业，进驻企业，精准了解企业的具体需求，采取“点对点”“面对面”服务模式，实施承包式、人性化、针对性服务。二是做好精准管控。管住该管之人，畅通该

① 《习近平谈治国理政》第四卷，外文出版社2022年版，第401页。

② 《习近平谈治国理政》第四卷，外文出版社2022年版，第401页。

通之处，既守好疫情防控的“安全线”又按下复工复产的“快进键”，实现“管控力”与“畅通度”双提升。浙江首创了“两图两指数”精密智控机制，“两图”即“疫情五色图”及与之相匹配的“复工率五色图”，分别用五种颜色表明疫情等级与企业复工率等级。“两指数”即精密智控指数和企业复工率指数，精密智控指数由管控指数与畅通指数构成，是评价衡量各地防输入、防集聚和着力畅通物流、人流、商流的风向标；企业复工率指数是由电力复工率指数经过大数据加权运算得出的能够直接反映各地企业复工复产状况的指数。实践证明，这套新型数字集成“防疫系统”，是“智网恢恢，疏而不漏”的“千里眼”“顺风耳”，通过差异化管理、点穴式防控，实现了严管与畅通“两硬”、疫情防控与复工复产“两赢”。三是做好精准施策。推行线上“承诺制+备案制”，只要企业扫复工二维码进行备案，做出承诺，就可复工复产，破解审批难；打好“一车一码一员”组合拳，全天候驻企、全方位协调，疏通“卡脖子”堵点，打通物流链，破解物流难，一车”即返岗员工直通车、原料运入直通车、产品运出直通车等涉企服务直通车，“一码”即惠企一码通，“一员”即驻企指导员；安排金融单位与企业对接，要求金融单位在企业复工复产期间加大支持力度，保证信贷供给，多途径提供流动资金贷款支持，给予专项利率优惠政策，提供助企惠企差异化金融政策。

实践证明，分类管理能够最大限度地降低生物安全治理和疫情防控给个人生活、企业生产、社会稳定带来的冲击，保证各项举措的针对性、实效性，是一条符合生物安全治理和疫情防控规律的科学有效的基本原则。

四、协同配合

习近平总书记非常讲求协同配合，把协同配合视为党推进各项工作的一项基本要求和基本方法，要求构建新发展格局必须“着力增强发展的整体性协调性”①，“加强政策协调配合，使发展的各方面相互促进”②；全面深化改革必须“注重改革的系统性、整体性、协同性……形成整体效应”③，“更加注重改革的

① 《习近平谈治国理政》第二卷，外文出版社2017年版，第204页。
② 《习近平著作选读》第2卷，人民出版社2023年版，第371页。
③ 《习近平谈治国理政》第三卷，外文出版社2020年版，第108页。

系统性、整体性、协同性”①，“推动各项改革相互促进、良性互动、协同配合”②，“加强系统集成、协同高效”③；全面依法治国必须“更加注重系统性、整体性、协同性”④，“增强立法系统性、整体性、协同性、时效性”⑤；构建中国特色哲学社会科学体系必须“统筹各方面力量协同推进”⑥。

新时代生物安全形势和治理呈现出许多新特点，由最初的科学管理领域延展至病原微生物、生物技术、生物实验室管理等领域，进而渗透着很多政治因素，成为一个集政治、经济、文化、社会、环境等问题相互交织的复杂性问题；发达国家的生物安全治理具有资金、人才、技术等方面优势，大多数发展中国家的生物安全治理与风险防控基本处于放任状态，世界生物安全治理水平和能力严重不平衡；新时代生物安全是一个非常综合、极其复杂的概念，其影响具有全局性、整体性、世界性，涉及国家安全的方方面面，生物安全威胁的形成结构、作用机制、表现形态均已发生重大变化，具有威胁来源从单一向多元转变、威胁性质从偶发性向现实性和持久性转变、威胁区域从少数区域向多个区域甚至全球化转变、威胁后果从危害民众健康向影响国家安全和战略利益转变等特点。

新时代生物安全治理成为国家安全的重要组成部分、国家治理体系和治理能力现代化的重要内容，与生物安全、生态安全及生态文明建设具有密切联系，过程繁杂且环环相扣，需要综合使用多种治理手段，健全一系列制度和程序，站在尊重生命、尊重自然、人与自然和谐共生的高度，进行全方位、立体化、专业化应对，实现风险生成、发展演变、升级失控、善后处置、总结反思等多个环节的协同一致；需要卫生健康、农业农村、林业草原、中医药、科学技术、自然资源、生态环境、军事及国家安全等领域的主管部门及专业机构，乃至社会团体和每一个人等多方主体的协同配合。

---

① 《习近平谈治国理政》，外文出版社2014年版，第68页。

② 中共中央文献研究室：《习近平关于全面深化改革论述摘编》，中央文献出版社2014年版，第44页。

③ 《习近平谈治国理政》第三卷，外文出版社2020年版，第179页。

④ 《习近平谈治国理政》第三卷，外文出版社2020年版，第285页。

⑤ 《习近平著作选读》第1卷，人民出版社2023年版，第34页。

⑥ 《习近平谈治国理政》第二卷，外文出版社2017年版，第346页。

针对新时代生物安全治理的新形势、新要求，习近平总书记强调，新时代生物安全治理必须“贯彻总体国家安全观，贯彻落实生物安全法，统筹发展和安全，按照……协同配合的原则，加强国家生物安全风险防控和治理体系建设”①，“各地区各部门要各司其职、各负其责，密切配合、通力合作，勇于负责、敢于担当，形成维护国家安全和社会安定的强大合力”②。

新冠疫情爆发后，习近平总书记从协同配合的基本原则出发，强调：“疫情防控要坚持全国一盘棋”③，全面加强党中央对疫情防控的统一领导、统一指挥、统一部署、统一调度、统筹谋划；要求全面加强疫情防控的协调联动，各级党委政府、各区域、各部门、各单位恪守职责、自觉配合、相互协调、耦合互动，广大医务工作者、人民解放军、疾控工作人员、社区工作人员、新闻工作者、普通群众，全国人民上下一心、同舟共济、同心同德、齐心协力，筑起一道牢不可破的抗击疫情防火墙；要求全面加强医疗力量和重要物资的整体调配，集中全民医疗力量和医疗资源，举全国之力，确保疫情防控的彻底胜利；要求全面加强疫情防治各环节的整体联动，从控制源头、切断传播途径，到集中患者、集中专家、集中资源、集中救治，再到提高收治率和治愈率，降低感染率和病死率，实现疫情防治的整体优化；要求全面落实复工复产的协同推进，基于“产业链环环相扣，一个环节阻滞，上下游企业都无法运转”，习近平强调要“推动产业链各环节协同复工复产”，要“打通人流、物流堵点，放开货运物流限制，确保员工回得来、原料供得上、产品出得去”④，有效打通生态链、供应链、物流链、产业链，为疫情防控提供坚实物质保障；要求全面加强经济社会的协调发展，基于“经济社会是一个动态循环系统，不能长时间停摆”⑤，党中央加强药品疫苗研发、物资供给、民生保障、舆论引导、秩序维护、恢复生产、稳定就业、畅通运输等方面的统一协调与整体调配，形成了疫情防控的强大合力。

实践证明，我国协同配合的疫情防控措施是周密、有效的，各主体协同配合，

① 《习近平谈治国理政》第四卷，外文出版社2022年版，第399页。
② 《习近平谈治国理政》，外文出版社2014年版，第202页。
③ 《习近平谈治国理政》第四卷，外文出版社2022年版，第87页。
④ 《习近平谈治国理政》第四卷，外文出版社2022年版，第96页。
⑤ 《习近平谈治国理政》第四卷，外文出版社2022年版，第93页。

“中国人民万众一心、同甘共苦的团结伟力”①是我国取得抗击新冠疫情胜利的强大保障，协同配合是一条符合新时代生物安全治理的新特点、新要求的基本原则。

第四节 提出生物安全治理的战略举措

如何维护生物安全？习近平总书记从新时代我国生物安全面临的新挑战、新特点、新任务、新要求出发，把生物安全纳入国家安全体系，提出了加强新时代生物安全治理的战略举措。

一、坚持党对生物安全治理的绝对领导

中国共产党的领导是中国特色社会主义最本质的特征，是中国特色社会主义制度的最大优势。党政军民学、东西南北中，党是领导一切的，国家安全亦不例外。习近平总书记对贯彻总体国家安全观提出十点要求，第一点要求是：“坚持党对国家安全工作的绝对领导，坚持党中央对国家安全工作的集中统一领导，加强统筹协调，把党的领导贯穿到国家安全工作各方面全过程，推动各级党委(党组)把国家安全责任制落到实处。”②“生物安全”是“国家安全”体系的重要组成部分，欲达成生物安全，加强党的全面领导亦理所当然。

21世纪是生物技术飞速发展的世纪，各国竞相发展生物技术，以期掌控生物技术发展先发之机。然而生物技术发展具有敏感性、两面性，生物技术的合理开发利用会造福于人类，生物技术的无序发展、滥用误用也会引发危害人类的一系列生物安全问题，如现代生物技术的故意滥用所造成的生物战、外来生物入侵所引起的生态失衡、转基因生物导致生物基因的突变等。

加强新时代生物安全治理、合理开发和利用生物技术、有效应对生物安全威胁，必须加强党对生物安全的绝对领导，包括政治领导、思想领导、组织领导。加强党对生物安全治理的政治领导，必须把党的宗旨和国家性质贯穿于生物安全治理的全过程和各环节，把保障人民的生命安全和身体健康放在首位，视为生物

① 《习近平谈治国理政》第四卷，外文出版社2022年版，第99页。
② 《习近平谈治国理政》第四卷，外文出版社2022年版，第390页。

安全治理的根本价值追求，坚持走中国特色社会主义的生物安全治理道路，为以高质量发展推进中华民族伟大复兴提供可靠的安全保障；加强党对生物安全治理的思想领导，必须科学分析我国生物安全形势，把握面临的风险挑战，明确加强生物安全建设的思路和举措，完善国家生物安全治理体系，加强战略性、前瞻性研究谋划，完善国家生物安全战略，教育引导广大党员干部群众不断增强生物安全防范意识和防护能力，养成良好健康的卫生习惯和生活方式；加强党对生物安全治理的组织领导，必须加强党中央对国家生物安全工作的集中统一领导，健全集中统一高效权威的国家生物安全工作组织领导体制机制、国家生物安全制度保障机制、国家生物安全组织指挥与队伍建设机制、国家生物安全工作协调机制、国家生物安全风险预防评估预警应对策略优化机制、国家生物安全审查和监管机制。

在全国抗击新冠疫情表彰大会上，习近平总书记三度提及“党的领导”。习近平总书记梳理了成功地“面对突如其来的严重疫情”的应对经验，成功经验的首条便是：“党中央统揽全局、果断决策，以非常之举应对非常之事。党中央坚持把人民生命安全和身体健康放在第一位，第一时间实施集中统一领导，中央政治局常委会、中央政治局召开21次会议研究决策，领导组织党政军民学、东西南北中大会战，提出坚定信心、同舟共济、科学防治、精准施策的总要求，明确坚决遏制疫情蔓延势头、坚决打赢疫情防控阻击战的总目标，周密部署武汉保卫战、湖北保卫战，因时因势制定重大战略策略。”①成功面对突如其来严重疫情的首要经验便是党的集中统一领导，正是在党“统揽全局、果断决策”的领导下，方能成功应对新冠疫情。

习近平总书记还总结了抗击新冠疫情斗争取得胜利的原因：“抗击新冠肺炎疫情斗争取得重大战略成果，充分展现了中国共产党领导和我国社会主义制度的显著优势，充分展现了中国人民和中华民族的伟大力量，充分展现了中华文明的深厚底蕴，充分展现了中国负责任大国的自觉担当。”②在上述诸原因中，习近平总书记将抗疫能够取得成功的首要原因归于中国共产党领导和我国社会主义制

① 习近平：《在全国抗击新冠肺炎疫情表彰大会上的讲话》，人民出版社2020年版，第4~5页。

② 习近平：《在全国抗击新冠肺炎疫情表彰大会上的讲话》，人民出版社2020年版，第12页。

度。在中国共产党强力领导下，方能“统揽全局、果断决策”；在社会主义制度下，方能集中力量办大事，抗疫方能取得成功。

在这场波澜壮阔的抗疫斗争中，我们不仅积累了重要经验，还收获了诸多启示，首条便是：“抗疫斗争伟大实践再次证明，中国共产党所具有的无比坚强的领导力，是风雨来袭时中国人民最可靠的主心骨。”①对于这一启示，习近平总书记从三个方面进行了论证：“中国共产党来自人民、植根人民，始终坚持一切为了人民、一切依靠人民，得到了最广大人民衷心拥护和坚定支持，这是中国共产党领导力和执政力的广大而深厚的基础。这次抗疫斗争伊始，党中央就号召全党，让党旗在防控疫情斗争第一线高高飘扬，充分体现了中国共产党人的担当和风骨！在抗疫斗争中，广大共产党员不忘初心、牢记使命，充分发挥先锋模范作用，25000 多名优秀分子在火线上宣誓入党。”②论证的三个方面分别是中国共产党的人民性、中国共产党人的担当与风骨、中国共产党的先锋模范作用。意犹未尽，习近平总书记跳出新冠疫情，放远眼光，对改革开放的成就及其历次成功应对挑战进行了审视：“正是因为有中国共产党领导、有全国各族人民对中国共产党的拥护和支持，中国才能创造出世所罕见的经济快速发展奇迹和社会长期稳定奇迹，我们才能成功战洪水、防非典、抗地震、化危机、应变局，才能打赢这次抗疫斗争。”③改革开放以来所取得的奇迹，及克服一个又一个困难，皆基于党的领导；今天所遭遇新冠疫情的挑战，理应继续坚持党的领导。由是，习近平总书记得出了这样的结论：“历史和现实都告诉我们，只要毫不动摇坚持和加强党的全面领导，不断增强党的政治领导力、思想引领力、群众组织力、社会号召力，永远保持党同人民群众的血肉联系，我们就一定能够形成强大合力，从容应对各种复杂局面和风险挑战。”④基于历史和现实的经验，习近平总书记得出这样的结

① 习近平：《在全国抗击新冠肺炎疫情表彰大会上的讲话》，人民出版社 2020 年版，第 17 页。

② 习近平：《在全国抗击新冠肺炎疫情表彰大会上的讲话》，人民出版社 2020 年版，第 17 页。

③ 习近平：《在全国抗击新冠肺炎疫情表彰大会上的讲话》，人民出版社 2020 年版，第 17~18 页。

④ 习近平：《在全国抗击新冠肺炎疫情表彰大会上的讲话》，人民出版社 2020 年版，第 18 页。

论：只要坚持中国共产党的领导，我们就一定能战胜前进途中的各种挑战与困难。习近平总书记一再提及“党的领导”，实际上是充分肯定党在抗击新冠疫情中所起的关键性作用。

此后，习近平总书记又在多个场合强调坚持党对生物安全治理的绝对领导，在中共中央政治局第三十三次集体学习时强调：“要健全党委领导、政府负责、社会协同、公众参与、法治保障的生物安全治理机制，强化各级生物安全工作协调机制”①，明确要求“健全生物安全治理机制”必须加强党的领导，发挥党的领导核心、战斗堡垒作用。在党的二十大报告中再次强调：“坚持党中央对国家安全工作的集中统一领导，完善高效权威的国家安全领导体制”②，明确要求加强党对包括生物安全在内的国家安全的集中统一领导。

二、完善生物安全法律法规

运用法治方式化解重大风险和矛盾是推动国家治理体系和治理能力现代化的重要基础。生物安全法治是否健全关系着生物安全工作能否有序开展、社会大局能否稳定、党和国家能否长治久安。党的十八大以来，习近平总书记高度重视法治建设，强调：“法律是治国之重器，良法是善治之前提”③，“奉法者强则国强，奉法者弱则国弱”④，要求各级领导机关和领导干部都要依法办事，“说话做事要先考虑一下是不是合法”⑤，“提高运用法治思维和法治方式的能力”⑥，善于运用法律来解决问题、化解矛盾，善于“运用法治思维”⑦来谋划工作。

在生物安全领域，我国从20世纪80年代初就开始重视生物安全法治建设工作，特别是2003年非典疫情后，我国相继出台、修订了《传染病防治法》《进出

---

① 《习近平谈治国理政》第四卷，外文出版社2022年版，第400页。

② 习近平：《高举中国特色社会主义伟大旗帜　为全面建设社会主义现代化国家而团结奋斗——在中国共产党第二十次全国代表大会上的报告》，人民出版社2022年版，第53页。

③ 习近平：《中共中央关于全面推进依法治国若干重大问题的决定》，《人民日报》2014年10月29日，第2版。

④ 《习近平谈治国理政》第三卷，外文出版社2020年版，第364页。

⑤ 中共中央文献研究室：《习近平关于全面依法治国论述摘编》，中央文献出版社2015年版，第124页。

⑥ 《习近平谈治国理政》，外文出版社2014年版，第145页。

⑦ 《习近平关于全面依法治国论述摘编》，中央文献出版社2015年版，第124页。

境动植物检疫法》《野生动物保护法》等多部生物安全法律，但随着新时代生物安全形势的变化，生物安全内涵和外延不断扩展，我国生物安全法治体系建设存在的问题日益明显：缺乏对生物安全及其相关立法的宣传普及和教育培训，生物安全的守法、司法、监督等环节较为薄弱；生物安全立法相对滞后，在新兴技术领域如基因编辑和合成生物学，法规的更新速度未能跟上技术发展的步伐，存在法律空白和监管漏洞，生物安全法律制度体系不够健全完备；与其他相关法律如野生动物保护法、环境保护法等的协调性不够；生物技术开发与应用方面的法律制度不够完善；等等。

2020年3月24日，习近平总书记在中共中央全面深化改革委员会第十二次会议上，针对应对新冠疫情暴露出来的短板和不足提出了五条措施，第一条便是"强化公共卫生法治保障"①。如何强化公共卫生法治保障？习近平总书记提出四条建议，其中第一条、第四条就关涉法律。第一条规定："要全面加强和完善公共卫生领域相关法律法规建设，认真评估传染病防治法、野生动物保护法等法律法规的修改完善。"鉴于当时我国还没有《生物安全法》，第四条规定："尽快推动出台生物安全法，加快构建国家生物安全法律法规体系、制度保障体系。"②

经过半年的酝酿，2020年10月17日，第十三届全国人民代表大会常务委员会第二十二次会议通过了《中华人民共和国生物安全法》，并于2021年4月15日起正式实施，这就为我国生物安全提供了法律保障。

2020年6月2日，中共中央召开相关专家学者座谈会，在听取了相关专家学者的意见后，习近平总书记就如何更好地抗击新冠疫情，提出自己的八条建议。第六条建议就关涉法律法规："完善公共卫生法律法规。"③首先他对2003年以来疫情防控法治建设的经验教训进行了总结："二〇〇三年战胜非典以来，国家修订了传染病防治法，陆续出台了突发事件应对法、《突发公共卫生事件应急条

① 习近平：《在全国抗击新冠肺炎疫情表彰大会上的讲话》，人民出版社2020年版，第24页。

② 中共中央党史和文献研究院：《习近平关于统筹疫情防控和经济社会发展重要论述选编》，中央文献出版社2020年版，第51~52页。

③ 中共中央党史和文献研究院：《习近平关于统筹疫情防控和经济社会发展重要论述选编》，中央文献出版社2020年版，第176页。

例》以及配套预案，为疫情处置工作提供了法律遵循，但也存在法律规定内容不统一、不衔接的情况。”①然后他从立法、执法两个层面提出了未来疫情防控的重要举措：“要有针对性地推进传染病防治法、突发公共卫生事件应对法等法律制定和修订工作，健全权责明确、程序规范、执行有力的疫情防控执法机制，进一步从法律上完善重大新发突发传染病防控机制，进一步从法律上完善新发突发传染病防控措施，明确中央和地方、政府和部门、行政机关和专业机构的职责。”②最后，他强调：“要普及公共安全和疫情防控法律法规，推动全社会依法行动、依法行事。”③习近平总书记在总结历史经验教训的基础上，从立法、执法、司法、守法各环节，进一步明确了“依法防控”的具体要求。

2021 年 9 月 29 日，习近平总书记在主持中共中央政治局就加强我国生物安全建设进行第三十三次集体学习时指出：“要健全党委领导、政府负责、社会协同、公众参与、法治保障的生物安全治理机制，强化各级生物安全工作协调机制”④，强调“法治保障”是“健全生物安全治理机制”的重要一环。

三、强化生物安全科技支撑

新时代既是生物技术的时代，也是生物安全的时代。现代生物技术的发展使得人类从描述生命到解释和改造生命再到创造“生命”，有助于解决食品短缺、疾病传播、环境污染等问题，但生物技术滥用、病毒样本泄露、基因武器风险等也容易引发生物安全问题，如基因编辑技术的不当应用或滥用可能严重危害生态系统，合成生物学重新“创造的”物种可能成为危害人类健康的病毒的媒介或载体，生物技术的突破、生物技术使用成本门槛的降低、生物技术应用的扩散，使得人类面临的生物风险变得更加复杂而严峻。现代生物技术的发展在很大程度上

---

① 中共中央党史和文献研究院：《习近平关于统筹疫情防控和经济社会发展重要论述选编》，中央文献出版社 2020 年版，第 176 页。

② 中共中央党史和文献研究院：《习近平关于统筹疫情防控和经济社会发展重要论述选编》，中央文献出版社 2020 年版，第 176~177 页。

③ 中共中央党史和文献研究院：《习近平关于统筹疫情防控和经济社会发展重要论述选编》，中央文献出版社 2020 年版，第 176~177 页。

④ 《习近平在中共中央政治局第三十三次集体学习时强调：加强国家生物安全风险防控和治理体系建设 提高国家生物安全治理能力》，《人民日报》2021 年 9 月 30 日，第 1 版。

改变了世界生物安全格局。

与世界发达国家相比，我国目前在生物技术研发上相对落后，在生物技术、产品和标准上有较大差距，生物安全原创技术少，优秀成果少，存在关键技术“卡脖子”现象等。因此，新时代生物安全治理必须增强生物技术自主创新能力，加快推进生物技术研发，稳步推进生物技术安全有序应用，不断提升抵御生物技术风险的能力，充分发挥生物技术的关键支撑作用。

2020年2月3日，中共中央召开政治局常委会议。在此次会议中，习近平总书记对疫情防控形势和做好疫情防控重点工作做出部署，其中第四点要求特别强调：“加大科研攻关力度。”①

2020年3月2日，习近平总书记风尘仆仆来到军事医学研究院、清华大学医学院进行调研。调研结束后，他发表了题为《为打赢疫情防控阻击战提供强大科技支撑》的重要讲话，高瞻远瞩地指出：“纵观人类发展史，人类同疾病较量最有力的武器就是科学技术，人类战胜大灾大疫离不开科学发展和技术创新。”②如何应对疫情挑战？他强调：“只有科学方能给出答案。”③他期待广大科技工作者“尽锐出战，尽快攻克疫情防控的重点、难点，为打赢疫情防控战人民战争、总体战、阻击战提供强大科技支撑”④，并对未来疫情防控做出七点部署，其中五点与科技有关：“第一，加强药物、医疗装备研发和临床救治相结合，切实提高治愈率、降低死亡率。”⑤“第二，推进疫苗研发和产业化链条有机衔接，为有可能出现的常态化防控做好周全准备。”⑥研发和接种疫苗是控制疫情蔓延的最有效

① 中共中央党史和文献研究院：《习近平关于统筹疫情防控和经济社会发展重要论述选编》，中央文献出版社2020年版，第41页。

② 中共中央党史和文献研究院：《习近平关于统筹疫情防控和经济社会发展重要论述选编》，中央文献出版社2020年版，第99页。

③ 中共中央党史和文献研究院：《习近平关于统筹疫情防控和经济社会发展重要论述选编》，中央文献出版社2020年版，第100页。

④ 中共中央党史和文献研究院：《习近平关于统筹疫情防控和经济社会发展重要论述选编》，中央文献出版社2020年版，第100页。

⑤ 中共中央党史和文献研究院：《习近平关于统筹疫情防控和经济社会发展重要论述选编》，中央文献出版社2020年版，第100页。

⑥ 中共中央党史和文献研究院：《习近平关于统筹疫情防控和经济社会发展重要论述选编》，中央文献出版社2020年版，第100页。

方式，为此就要加强“生物技术疫苗”的研发和应用。“第三，统筹病毒溯源及其传播途径研究，搞清楚病毒从哪里来，向哪里去。”①病毒溯源及传播途径对于抗击新冠疫情具有举足轻重的作用。“新技术发展为病毒溯源提供了新的手段。”②“第五，完善平战结合的疫病防控和公共卫生科研攻关体系。”③疫情防控事关国家安全和人民群众的生命安全与身体健康，因此必须防微杜渐，在平时就应加强疫情预警预测机制。值得注意的是，在阐述该段内涵时，习近平总书记特别指出：“生物安全和生物安全领域的重大科技成果也是国之重器，疫情防控和公共卫生应急体系是国家战略体系的重要组成部分。”④2020 年 6 月 2 日，习近平总书记主持召开相关专家学者座谈会。在听取相关专家对防疫、抗疫意见后，习近平总书记提出自己的建议，其中第七个建议是“发挥科技在重大疫情防控中的支持作用”⑤。2020 年 9 月 8 日，习近平总书记在全国抗击新冠疫情表彰大会上凝练了伟大抗疫精神，其中第四条是“尊重科学，集中体现了中国人民求真务实、开拓创新的实践品格”⑥，而“尊重科学”就要“秉持科学精神、科学态度，把遵循科学规律贯穿到决策指挥、病患治疗、技术攻关、社会治理各方面全过程”⑦。他认为：“无论是抢建方舱医院，还是多条技术路线研发疫苗；无论是开展大规模核酸检测、大数据追踪溯源和健康码识别，还是分区分级差异化防控、有序推进复工复产”，“都是对科学精神的尊崇和弘扬，都为战胜疫情提供了强大

① 中共中央党史和文献研究院：《习近平关于统筹疫情防控和经济社会发展重要论述选编》，中央文献出版社 2020 年版，第 101 页。

② 中共中央党史和文献研究院：《习近平关于统筹疫情防控和经济社会发展重要论述选编》，中央文献出版社 2020 年版，第 101 页。

③ 中共中央党史和文献研究院：《习近平关于统筹疫情防控和经济社会发展重要论述选编》，中央文献出版社 2020 年版，第 101 页。

④ 中共中央党史和文献研究院：《习近平关于统筹疫情防控和经济社会发展重要论述选编》，中央文献出版社 2020 年版，第 102 页。

⑤ 中共中央党史和文献研究院：《习近平关于统筹疫情防控和经济社会发展重要论述选编》，中央文献出版社 2020 年版，第 177 页。

⑥ 中共中央党史和文献研究院：《习近平关于统筹疫情防控和经济社会发展重要论述选编》，中央文献出版社 2020 年版，第 11 页。

⑦ 中共中央党史和文献研究院：《习近平关于统筹疫情防控和经济社会发展重要论述选编》，中央文献出版社 2020 年版，第 11 页。

科技支撑”①！也就是说，尊崇和弘扬科学精神就必须重视发挥科技对抗击疫情的支撑作用。

进而，习近平总书记凝练提升抗疫经验，并运用于新时代生物安全治理中，高度重视生物技术对生物安全的支撑作用，要求必须高度重视生物技术的研发和应用，“要加快推进生物科技创新和产业化应用，推进生物安全领域科技自立自强，打造国家生物安全战略科技力量”②；必须加强生物技术的国际合作，“加强疫情防控科研攻关的国际合作”③；必须推进生物技术的自主创新，强调：“生命安全和生物安全领域的重大科技成果是国之重器，一定要掌握在自己手中。”④如何推进生物技术的自主创新呢？他强调：一要“加大卫生健康领域科技投入，加快完善平战结合的疫病防控和公共卫生科研攻关体系，集中力量开展核心技术攻关，持续加大重大疫病防治经费投入，加快补齐我国在生命科学、生物技术、医药卫生、医疗设备等领域的短板”，二要“发挥新型举国体制的优势，力争率先研发成功新冠疫苗，争取战略主动”，三要“深化科研人才发展体制机制改革，完善战略科学家和创新型科技人才发现、培养、激励机制，吸引更多优秀人才进入科研队伍，为他们脱颖而出创造条件”⑤；必须加强生物技术健康发展的法治保障，《中华人民共和国生物安全法》强调“促进生物技术健康发展”⑥，“国家鼓励生物科技创新，加强生物安全基础设施和生物科技人才队伍建设，支持生物产业发展，以创新驱动提升生物科技水平，增强生物安全保障能力”⑦。

---

① 中共中央党史和文献研究院：《习近平关于统筹疫情防控和经济社会发展重要论述选编》，中央文献出版社2020年版，第11页。

② 《习近平谈治国理政》第四卷，外文出版社2022年版，第401页。

③ 中共中央党史和文献研究院：《习近平关于统筹疫情防控和经济社会发展重要论述选编》，中央文献出版社2020年版，第103页。

④ 中共中央党史和文献研究院：《习近平关于统筹疫情防控和经济社会发展重要论述选编》，中央文献出版社2020年版，第177页。

⑤ 中共中央党史和文献研究院：《习近平关于统筹疫情防控和经济社会发展重要论述选编》，中央文献出版社2020年版，第177~178页。

⑥ 《中华人民共和国生物安全法》，中国法律出版社2020年版，第4页。

⑦ 《中华人民共和国生物安全法》，中国法律出版社2020年版，第4~5页。

四、加强生物安全国际合作

经济全球化时代，世界各国人员交往日益频繁，病毒传播不分国界和种族，生物安全已成为人类共同面临的问题。任何一个国家在复杂而严峻的生物安全威胁面前，都无法独自面对、独善其身。人类只有超越国家、民族的界限，精诚合作，共同应对，方能战胜病毒，维护生物安全。

习近平总书记强调："病毒不分国界，不分种族，全人类只有共同努力，才能战而胜之"①，明确要求："要积极参与全球生物安全治理，同国际社会携手应对日益严峻的生物安全挑战，加强生物安全政策制定、风险评估、应急响应、信息共享、能力建设等方面的双多边合作交流"②，积极倡导生物安全国际合作。2020 年 3 月，他在致德国总理默克尔的慰问信中呼吁："公共卫生危机是人类面临的共同挑战，团结合作是最有力的武器"③；在同巴西总统博索纳罗通电话时指出："近来，疫情在全球多点爆发，扩散很快。当务之急，各国要加强合作"④；在同俄罗斯总统普京通电话时表示："中方愿同包括俄罗斯在内的各国一道，基于人类命运共同体理念，加强国际防疫合作，开展防控和救治经验分享"⑤。

肆虐全球的新冠疫情再次将人类的命运紧紧联系在一起，习近平总书记认为，面对新冠疫情等生物安全威胁，人类是一个命运共同体，在总结我国抗疫经验时指出："抗疫斗争伟大实践再次证明，构建人类命运共同体所具有的广泛感召力，是应对人类共同挑战、建设更加繁荣美好世界的人间正道。新冠肺炎疫情以一种特殊形式告诫世人，人类是荣辱与共的命运共同体，重大危机面前没有任

---

① 中共中央党史和文献研究院：《习近平关于统筹疫情防控和经济社会发展重要论述选编》，中央文献出版社 2020 年版，第 23 页。

② 《习近平谈治国理政》第四卷，外文出版社 2022 年版，第 401 页。

③ 中共中央党史和文献研究院：《习近平关于统筹疫情防控和经济社会发展重要论述选编》，中央文献出版社 2020 年版，第 23 页。

④ 中共中央党史和文献研究院：《习近平关于统筹疫情防控和经济社会发展重要论述选编》，中央文献出版社 2020 年版，第 24 页。

⑤ 中共中央党史和文献研究院：《习近平关于统筹疫情防控和经济社会发展重要论述选编》，中央文献出版社 2020 年版，第 23 页。

何一个国家可以独善其身，团结合作才是人间正道。”①他在致德国总理默克尔的慰问信中表示：“中方秉持人类命运共同体理念，愿同欧方在双边和国际层面加强协调合作，共同维护全球和地区公共卫生安全，保护双方人民和世界各国人民生命安全和身体健康”②，并针对性提出、模范践行加强生物安全国际合作的两项措施：

一是分享生物安全信息。新冠病毒的溯源、新冠病毒的生理结构及其致病机理、新冠病毒传播机制、新冠疫苗的开发、新冠特效药的制成均离不开新冠疫情信息的获取。新冠疫情甫一爆发，习近平总书记就明确要求：“及时发布疫情信息，深化国际合作。”③当时疫情状况尚未明朗，什么病毒尚未清晰，而中国政府并未回避，更未讳病忌医，而是采取负责任的态度，及时发布疫情信息，以实际行动深化国际合作。

2020年1月22日，习近平总书记在同法国总统马克龙通电话时表示：“中方采取严密的防控防治举措，及时发布疫情防治有关信息，及时向世界卫生组织以及有关国家和地区通报疫情信息。”④2020年1月28日，他在会见世界卫生组织总干事谭德塞时强调：“中国政府始终本着公开、透明、负责任的态度及时向国内外发布疫情信息，积极回应各方关切，加强与国际社会合作。”⑤此后他在与德国总理默克尔、巴西总统博索纳罗、美国总统特朗普通电话时，均表达类似意思。2020年2月23日，他在统筹推进新冠疫情防控和经济社会发展工作会议上指出：“中国在全面有力防控疫情的同时，积极主动同世卫组织和国际社会开展合作和信息交流，迅速分享部分毒株全基因组序列。”⑥2020年3月2日，他在与

---

①　中共中央党史和文献研究院：《习近平关于统筹疫情防控和经济社会发展重要论述选编》，中央文献出版社2020年版，第16页。

②　中共中央党史和文献研究院：《习近平关于统筹疫情防控和经济社会发展重要论述选编》，中央文献出版社2020年版，第23页。

③　中共中央党史和文献研究院：《习近平关于统筹疫情防控和经济社会发展重要论述选编》，中央文献出版社2020年版，第20页。

④　中共中央党史和文献研究院：《习近平关于统筹疫情防控和经济社会发展重要论述选编》，中央文献出版社2020年版，第21页。

⑤　中共中央党史和文献研究院：《习近平关于统筹疫情防控和经济社会发展重要论述选编》，中央文献出版社2020年版，第34页。

⑥　中共中央党史和文献研究院：《习近平关于统筹疫情防控和经济社会发展重要论述选编》，中央文献出版社2020年版，第77页。

有关部门负责同志和专家学者座谈时强调："在保证国家安全的前提下，共享科研数据和信息，共同研究提出应对策略。"①2020 年 5 月 18 日，他在第七十三届世界卫生大会开幕式致辞中向世界庄严承诺，中国会"加强信息分享"②。这一承诺展现了中国作为负责任大国的形象。

二是提供生物安全国际援助。目前世界各国生物安全治理能力水平具有鲜明的不平衡性，由于病毒传播的快速性、跨国界，世界生物安全治理能力水平往往是由"短板"决定的。因此，提供国际援助，帮助发展中国家提升生物安全治理能力水平，是加强生物安全国际合作、维护人类生物安全的重要内容。

习近平总书记强调"扩大国际和地区合作"是未来重点工作之一，"向其他出现扩散的国家和地区提供力所能及的援助"③是"扩大国际和地区合作"重要内容之一。2020 年 3 月 27 日，他在与美国总统特朗普通电话时表示："尽己能力为需要的国家提供支持和援助。"④2020 年 5 月 15 日，他在同南非总统拉马福萨通电话时指出："中方……在自身仍面临巨大抗疫压力情况下，多批次向非洲联盟和非洲国家提供大量抗疫物资，积极向非洲国家派遣医疗专家组，同非方举办专家视频会议，毫无保留开展诊疗技术交流。"⑤他在第七十三届世界卫生大会视频会议开幕式致辞中建议："加大对非洲国家支持。发展中国家特别是非洲国家公共卫生体系薄弱，帮助他们筑牢防线是国际抗疫斗争重中之重。我们应该向非洲国家提供更多物资、技术、人力支持。中国已向五十多个非洲国家和非盟交付了大量医疗援助物资，专门派出了五个医疗专家组……目前，常驻非洲的四十六支中国医疗队正在投入当地的抗疫行动"⑥，并庄严承诺："中国将在两年内提供二

---

① 中共中央党史和文献研究院：《习近平关于统筹疫情防控和经济社会发展重要论述选编》，中央文献出版社 2020 年版，第 103 页。

② 中共中央党史和文献研究院：《习近平关于统筹疫情防控和经济社会发展重要论述选编》，中央文献出版社 2020 年版，第 155 页。

③ 中共中央党史和文献研究院：《习近平关于统筹疫情防控和经济社会发展重要论述选编》，中央文献出版社 2020 年版，第 81 页。

④ 中共中央党史和文献研究院：《习近平关于统筹疫情防控和经济社会发展重要论述选编》，中央文献出版社 2020 年版，第 24 页。

⑤ 中共中央党史和文献研究院：《习近平关于统筹疫情防控和经济社会发展重要论述选编》，中央文献出版社 2020 年版，第 26 页。

⑥ 中共中央党史和文献研究院：《习近平关于统筹疫情防控和经济社会发展重要论述选编》，中央文献出版社 2020 年版，第 156 页。

十亿美元国际援助，用于支持受疫情影响的国家特别是发展中国家抗疫斗争以及经济社会恢复发展”①，“中国将建立三十个中非对口医院合作机制，加快建设非洲疾控中心总部，助力非洲提升疾病防控能力”②。

① 中共中央党史和文献研究院：《习近平关于统筹疫情防控和经济社会发展重要论述选编》，中央文献出版社2020年版，第157页。

② 中共中央党史和文献研究院：《习近平关于统筹疫情防控和经济社会发展重要论述选编》，中央文献出版社2020年版，第157页。

第五章　新时代生物安全治理观的理论创新

生物安全是指保障人类健康、动植物健康、微生物平衡、生态环境稳定等方面不受有害因素侵害或威胁的能力。生物安全关乎人民生命健康，关乎国家长治久安，关乎中华民族永续发展，关乎世界和平与发展。当前，世界正处于百年未有之大变局，生物安全问题日益突出，不仅可能引发公共卫生危机，还可能导致社会动荡、经济衰退、政治冲突等严重后果。同时，随着科技进步和人类活动的扩展，人类对自然界的干预越来越深入，也带来了新的生物安全风险和威胁。例如，生物多样性的丧失、外来入侵物种的扩散、基因编辑技术的滥用等，都可能对人类健康和社会稳定造成不可估量的损害。因此，加强生物安全工作，筑牢国家生物安全屏障，是维护国家总体安全、促进人类共同福祉的重大战略问题。

习近平总书记高度重视生物安全问题，多次就生物安全做出重要指示和部署，为我国生物安全工作提供了根本遵循和行动指南。把握新时代生物安全治理观，必须以习近平新时代中国特色社会主义思想为指导，以马克思主义立场观点方法为基础，以实事求是、理论联系实际、开拓创新为原则，深刻领会其丰富内涵和创新理论品质。

第一节　创新发展马克思主义生态文明思想

马克思主义生态文明思想以辨证与实践的自然观为基本认识，以唯物主义的生态自然观为基本立场，以人与自然的和谐统一为理想目标，是新时代生物安全治理观的理论基础。新时代生物安全治理观把生物安全视为生态安全的重要组成部分，以“人与自然是生命共同体”为基本认识，以“尊重自然、顺应自然、保护自然”为基本要求，以“人与自然和谐共生”为价值追求，创新发展了马克思主义生态文明思想。

一、把生物安全视为生态安全的重要组成部分，创新发展了马克思主义生态文明思想的基本内涵

广义生态安全是指由自然生态安全、社会生态安全、经济生态安全构成的复合生态安全体系；狭义的生态安全指由生物安全、生态环境安全和生态系统安全构成的复合生态安全体系。可见，生物安全是狭义上的生态安全的构成要素。生态安全具有全球性、人为性、不可逆性、复杂性。

（一）马克思主义经典作家的生态安全观

马克思主义经典作家一直高度关注生态安全。马克思、恩格斯从系统性、整体性视角，科学揭示了人与自然之间的辩证关系，认为人与自然同根同源、同形同构、融合共生为一个复合生态系统。在这个复合系统中，人与自然既是生态共同体，也是生命共同体。自然已经不是原始状态的自然而然的、完全纯粹天然的自然界，而是与人的实践活动紧密相连、成为人的劳动对象，自然既具有自然性，也具有社会性，不断与人进行物质、能量和信息交换，不断进行“人化”；人既具有社会本质和社会性，也具有自然本质和自然性，与自然界血肉相连，不断进行“自然化”。人与自然相互渗透、相互作用，构成了一个生态系统。

马克思、恩格斯剖析了资本主义生态安全问题产生的根源，揭示了资本主义生产方式反生态的本质，指出：“资本只有一种生活本能，这就是增殖自身，创造剩余价值。”①为了追求更多的剩余价值，资本家总是想方设法地扩大生产、压迫自然，于是“树木、野生动物、矿产、水和土地都被视为商品，可以出售或者是进一步加工”②。

马克思、恩格斯认为，资本主义制度的确立改变了原有的人与自然的关系，人类从“自然界的奴隶”变成了“自然界的征服者”，为了满足自身需要会不择手

① 《马克思恩格斯文集》第5卷，人民出版社2009年版，第269页。

② 克莱夫·庞廷：《绿色世界史——环境与伟大文明的衰落》，王毅、张学广译：上海人民出版社2002年版，第175页。

段地肆意开发自然资源，无休止地肆意污染自然环境，使得全人类陷入一场生态危机之中。对此，马克思曾指出："曼彻斯特周围的城市……有许多肮脏的大杂院、街道和小胡同，到处都弥漫着煤烟……一条黑水流过这个城市……把本来就很不清洁的空气弄得更加污浊不堪。"①恩格斯也曾指出："在资产阶级看来，世界上没有一样东西不是为了金钱而存在的，连他们本身也不例外，因为他们活着就是为了赚钱，除了快快发财，他们不知道还有别的幸福，除了金钱的损失，也不知道还有别的痛苦。"②马克思、恩格斯对于资本的本性的解释、资本主义生产方式的批判，揭示了生态安全问题产生的政治、经济根源。

（二）习近平生态安全观

党的十八大以来，习近平总书记高度重视生态安全问题，在 2014 年的国家安全委员会第一次会议上强调要构建包含生态安全在内的国家总体安全体系，在 2018 年的全国生态环境保护大会上将生态安全问题提高到保障社会和经济平稳运行的重要战略高度。他提出"生态兴则文明兴，生态衰则文明衰"③，强调尊重自然规律，增强生态安全意识，坚守生态安全红线，保障国家生态安全；强调保护生态安全就是保护生产力，科学处理生态环保和经济发展之间的关系，要求加强生态安全建设，完善生态安全保障机制，"克服把保护生态与发展生产力对立起来的冲突思维……更加自觉地推动绿色发展，决不以牺牲环境、浪费资源为代价，换取一时的经济增长，为子孙后代留下可持续发展的'绿色银行'"④；倡导绿色发展，认为"环境问题日益成为重要的民生问题。老百姓过去'盼温饱'现在'盼环保'，过去'求生存'现在'求生态'"⑤，坚持走绿色低碳的高质量发展之路。

---

① 《马克思恩格斯全集》第 2 卷，人民出版社 1957 年版，第 323~324 页。

② 《马克思恩格斯全集》第 2 卷，人民出版社 1957 年版，第 564 页。

③ 《习近平关于社会主义生态文明建设论述摘编》，中央文献出版社 2017 年版，第 6 页。

④ 中共中央宣传部：《习近平总书记系列重要讲话读本》，学习出版社、人民出版社 2016 年版，第 126 页。

⑤ 中共中央宣传部：《习近平总书记系列重要讲话读本》，学习出版社、人民出版社 2016 年版，第 233 页。

（三）新时代生物安全治理观把生物安全视为生态安全的重要组成部分

新时代生物安全治理观认为，生物安全与生态安全相互作用、联系紧密。一方面，生态安全是生物安全的保障，生态系统的破坏和生态环境的恶化会导致生物多样性的丧失和外来物种的入侵，危害人类的生命健康安全；另一方面，生物安全是生态安全的前提和基础，生物入侵和疾病传播会破坏生态系统的稳定。新时代生物安全治理观反对“把生态安全仅仅局限在生态环境好上，把生态文明等同于环境保护”①的片面性生态安全观，倡导生态安全和生物安全的协调一致、良性互动。

新时代生物安全治理观认为，生物安全反映了生物的生存状态，具有生态文明属性，是生态安全的重要组成部分，是衡量一个国家生态文明水平和可持续发展能力的重要标志，保护生物安全是践行生态文明战略的重要一环，要求改变只追求高效率和高效益而忽视环境保护，只追求局部利益的最大化而忽视人类整体利益和生态系统健康，只追求短期利益而忽视长远发展等片面性做法，主张把生物安全纳入到大生态系统中，维护生态系统的整体、长久稳定；强调保护生态安全是生态文明建设的关键一环，是维护物质环境安全和公共卫生安全的重要阀门，要求把保护生态安全置于生态文明建设的突出位置，推动生态文明超越人类文明，实现人类长治久安，丰富了马克思主义生态文明思想的时代内涵。

二、“人与自然是生命共同体“的生物安全治理理念，创新发展了马克思主义辩证与实践的自然观

（一）马克思主义辩证与实践的自然观

马克思、恩格斯把辩证法运用于社会历史领域，创立了辩证与实践的自然观。恩格斯高度肯定黑格尔“把整个自然的、历史的和精神的世界描写为一个过程，即把它描写为处在不断的运动、变化、转变和发展中，并企图揭示这种运动

① 张孝德：《生态文明建设不等同于环境保护》，《社会科学报》2019 年 11 月 28 日，第 1 版。

和发展的内在联系”①，强调：“辩证法在考察事物及其在观念上的反映时，本质上是从它们的联系、它们的联结、它们的运动、它们的产生和消逝方面去考察的”②，“只有辩证法才为自然界中出现的发展过程，为各种普遍的联系”“提供说明方法”③，“马克思和我，可以说是唯一把自觉的辩证法从德国唯心主义哲学中拯救出来并运用于唯物主义的自然观和历史观的人”④。

马克思、恩格斯认为，人与自然密不可分，批判了布·鲍威尔割裂人与自然关系的机械历史观，指出：“人对自然的关系这一重要问题(或者如布鲁诺在第110页上所说的‘自然和历史的对立’，好像这是两种互不相干的‘事物’，好像人们面前始终不会有历史的自然和自然的历史)，就是一个例子。”⑤施密特认为：“‘自然界和历史之间的对立’是意识形态学家们制造出来的，这是由于他们从历史中排除掉人对自然的生产关系。”⑥马克思、恩格斯认为，在人面前总是摆着一个“历史的自然和自然的历史”。所谓“历史的自然”，是指自然的历史化、人化，自然界在人类社会出现以后，进入人的活动领域，成为现实的、活生生的、对象性的自然界，而成为人化的自然，“历史本身是自然史的即自然界生成为人这一过程的一个现实部分”⑦，“自然界生成为人”的过程也就是“历史的自然”“人化的自然”的过程；所谓“自然的历史”，是指历史不仅是人类自身变化的历史，也伴随着自然变化的历史。“历史的自然”与“自然的历史”不是两个过程、两个问题，而是一个过程、一个问题的紧密联系的两个方面，二者相互渗透、密不可分。

只要有人存在，自然与人、自然史和人类史就是不可分割及相互制约的。自然界既是人类活动的基础和条件，又是人类活动的对象和结果，“在人类历史中即在人类社会的形成过程中生成的自然界，是人的现实的自然界；因此，通过工业——尽管以异化的形式——形成的自然界，是真正的、人本学的自然界”⑧。

---

① 《马克思恩格斯文集》第9卷，人民出版社2009年版，第26页。
② 《马克思恩格斯文集》第9卷，人民出版社2009年版，第25页。
③ 《马克思恩格斯文集》第9卷，人民出版社2009年版，第436页。
④ 《马克思恩格斯文集》第9卷，人民出版社2009年版，第13页。
⑤ 《马克思恩格斯文集》第1卷，人民出版社2009年版，第528~529页。
⑥ [德]A. 施密特：《马克思的自然概念》，商务印书馆1988年版，第42页。
⑦ 《马克思恩格斯全集》第3卷，人民出版社2002年版，第308页。
⑧ 《马克思恩格斯全集》第3卷，人民出版社2002年版，第307页。

人类对人与自然的关系一开始存在着两种片面观点：一是认为人类在自然界面前是无能为力的，“自然界起初是作为一种完全异己的、有无限威力的和不可制服的力量与人们对立的，人们同自然界的关系完全像动物同自然界的关系一样，人们就像牲畜一样慑服于自然界，因而，这是对自然界的一种纯粹动物式的意识”①；二是认为人是自然界的主人，人定胜天，人类可以“像征服者统治异族人那样支配自然界”②，“像站在自然界之外的人似的去支配自然界”③。随着人类认识水平和实践能力的提升，人类慢慢意识到人与自然是一个整体，人们逐渐“认识到自身和自然界的一体性”④，人与自然的关系逐渐走向统一，“如果懂得在工业中向来就有那个很著名的‘人和自然的统一’，而且这种统一在每一个时代都随着工业或快或慢的发展而不断改变，就像人与自然的‘斗争’促进其生产力在相应基础上的发展一样，那么上述问题也就自行消失了”⑤。

马克思、恩格斯认为，人类要生活、生存，“首先就需要吃喝穿住以及其他一些东西。因此第一个历史活动就是生产满足这些需要的资料，即生产物质生活本身，而且，这是人们从几千年前直到今天单是为了维持生活就必须每日每时从事的历史活动，是一切历史的基本条件”⑥。劳动是人和自然之间物质变换的过程，人通过劳动把人的身体力量释放给自然，并把自然的力量转化为人身上的力量，“劳动首先是人和自然之间的过程，是人以自身的活动来引起、整理和控制人和自然之间的物质变换的过程。人自身作为一种自然力与自然物质相对立。为了在对自身生活有用的形式上占有自然物质，人就使他身上的自然力——臂和腿、头和手运动起来。当他通过这种运动作用于他身外的自然并改变自然时，也就同时改变他自身的自然。他使自身的自然中沉睡着的潜力发挥出来，并且使这种力的活动受他自己控制”⑦，“人不仅生产出他对作为异己的、敌对的力量的生产对象和生产行为的关系，而且还生产出他人对他的生产和他的产品的关系，以

① 《马克思恩格斯文集》第1卷，人民出版社2009年版，第534页。
② 《马克思恩格斯文集》第9卷，人民出版社2009年版，第560页。
③ 《马克思恩格斯文集》第9卷，人民出版社2009年版，第560页。
④ 《马克思恩格斯文集》第9卷，人民出版社2009年版，第560页。
⑤ 《马克思恩格斯文集》第1卷，人民出版社2009年版，第529页。
⑥ 《马克思恩格斯文集》第1卷，人民出版社2009年版，第531页。
⑦ 《马克思恩格斯全集》第23卷，人民出版社1972年版，第201~202页。

及他对这些他人的关系”①。

（二）“人与自然是生命共同体”创新发展了马克思主义辩证与实践的自然观

习近平总书记强调：“学习马克思，就要学习和实践马克思主义关于人与自然关系的思想”②，把马克思主义的“人本身是自然界的产物”③“生活在自然界中”④“属于自然界和存在于自然界之中”⑤“人靠自然界生活……人是自然界的一部分”⑥思想，与中华传统“通天下一气耳”（《庄子·知北游》）、“天地与我并生，而万物与我为一”（《庄子·齐物论》）、“泛爱万众，天地一体”（《庄子·天下》）、“天人之际，合而为一”（《春秋繁露·深察名号》）、“天人一也”（《春秋繁露·阴阳义》）、“天人合一”（《正蒙·乾称篇》）思想相结合，创造性赋予中华传统“天人合一”思想以“人与自然是生命共同体”的时代内涵。⑦ 他在党的十九大报告中创造性提出“人与自然是生命共同体”的科学论断，在党的二十大报告中再次强调：“人与自然是生命共同体，无止境地向自然索取甚至破坏自然必然会遭到大自然的报复”⑧，主张“我们要建设的现代化是人与自然和谐共生的现代化”⑨，新时代生物安全治理必须以“人与自然是生命共同体”为根本理念。这一理念，有着科学丰富的内涵：

一是人类与自然界相互需要。一方面，人类需要自然界，自然界作为“生命之

① 《马克思恩格斯文集》第1卷，人民出版社2009年版，第165页。

② 习近平：《在纪念马克思诞辰200周年大会上的讲话》，《人民日报》2018年5月5日，第2版。

③ 《马克思恩格斯文集》第9卷，人民出版社2009年版，第38页。

④ 《马克思恩格斯文集》第4卷，人民出版社2009年版，第284页。

⑤ 《马克思恩格斯文集》第9卷，人民出版社2009年版，第560页。

⑥ 《马克思恩格斯文集》第1卷，人民出版社2009年版，第161页。

⑦ 崔华前：《人与自然和谐共生的现代化有深厚文化根基》，《中国教育报》2024年3月28日，第5版。

⑧ 习近平：《高举中国特色社会主义伟大旗帜　为全面建设社会主义现代化国家而团结奋斗——在中国共产党第二十次全国代表大会上的报告》，人民出版社2022年版，第23页。

⑨ 习近平：《决胜全面建成小康社会 夺取新时代中国特色社会主义伟大胜利——在中国共产党第十九次全国代表大会上的报告》，人民出版社2017年版，第50页。

母”，是人类的物质、能量和信息之源；另一方面，自然界也需要人类。人类产生之后的自然界已经不再是原始的、独立的生物圈，而是被人类重新定义后的生物世界，“先于人类历史而存在的那个自然界，不是费尔巴哈生活于其中的自然界；这是除去在澳洲新出现的一些珊瑚岛以外今天在任何地方都不再存在的、因而对于费尔巴哈来说也是不存在的自然界”①。自然界越来越具有社会性，与社会联系越来越紧密，“在 20 世纪结束的时候，自然就是社会而社会也是‘自然’”②，“马克思和恩格斯已经拒绝了基于幻想的纯粹‘伤感主义’的自然观念———自然仍然处于原始状态而且不应该受到影响”③，自然界需要人类的守护和呵护。

二是人类与自然界相互作用。“人类在同自然的互动中生产、生活、发展”④，一方面，人类可以改造自然界，“人也按照美的规律来构造”⑤，在超越自然、主宰自然的激情支配下，使自然界“人化”，发生与人的目的和意志相一致的变化，“表现为他的作品和他的现实”⑥，并使这种“人化”的自然在实践中不断得以改造和提升；另一方面，自然界制约着人类，可以在实践中赋予人类以物质、能量和信息，提供人类实践活动的条件、对象和空间，改变着人类实践活动的内容、形式和方法，并使这种“自然化”的人在实践中不断得以改造和提升，“人类只有遵循自然规律才能有效防止在开发利用自然上走弯路，人类对大自然的伤害最终会伤及人类自身，这是无法抗拒的规律”⑦。人与自然通过实践活动结成一体关系，“是人的实现了的自然主义和自然界的实现了的人道主义”⑧，“历史的运动是人与人以及人与自然的一种相互关系”⑨。

---

① 《马克思恩格斯文集》第 1 卷，人民出版社 2009 年版，第 530 页。

② 乌尔里希·贝克：《风险社会》，何博文译，译林出版社 2004 年版，第 98 页。

③ 约翰·贝拉米·福斯特：《马克思的生态学：唯物主义与自然》，高等教育出版社 2006 年版，第 153 页。

④ 习近平：《在纪念马克思诞辰 200 周年大会上的讲话》，《人民日报》2018 年 5 月 5 日，第 2 版。

⑤ 《马克思恩格斯文集》第 1 卷，人民出版社 2009 年版，第 163 页。

⑥ 《马克思恩格斯文集》第 1 卷，人民出版社 2009 年版，第 163 页。

⑦ 习近平：《决胜全面建成小康社会 夺取新时代中国特色社会主义伟大胜利——在中国共产党第十九次全国代表大会上的报告》，人民出版社 2017 年版，第 50 页。

⑧ 《马克思恩格斯文集》第 1 卷，人民出版社 2009 年版，第 187 页。

⑨ A. 斯密特：《马克思的自然概念》，商务印书馆 1988 年版，第 19 页。

三是人类与自然界相互助益。“人类善待自然，自然也会馈赠人类。”①一方面，自然界哺育和抚养着人类，“摩擦生火第一次使人支配了一种自然力，从而最终把人同动物界分开”②，良好的自然条件和生态环境可以为人类提供舒适的生产生活空间；另一方面，人类可以在认识、发现、遵循自然规律的前提下，促进自然界自身的调整优化，“从理论领域来说，植物、动物、石头、空气、光等等，一方面作为自然科学的对象，一方面作为艺术的对象，都是人的意识的一部分，是人的精神的无机界，是人必须事先进行加工以便享用和消化的精神食粮”③。

马克思主义生态文明思想只有在回应和解答当代生态问题的历史进程中，才能成为社会的现实，否则“很容易把在马克思那里还处于19世纪特定时代诠释的思想，无界域地与后来所获得的新的内涵混同起来……这样做无助于确立其客观的历史地位”④，新时代生物安全治理观把马克思主义的“历史的自然和自然的历史”“人与自然界的一体性”思想应用于生物安全领域，提出“人与自然是生命共同体”的生物安全治理理念，是马克思主义辩证与实践的自然观的当代发展形态，使之更具有现实针对性，把对自然界的认识上升到系统性高度，把科学认识和处理人与自然的辩证统一关系、实现生态保护与经济发展的内在统一转化上升到国家战略层面，创新发展了马克思主义辩证与实践的自然观。

三、“尊重自然、顺应自然、保护自然”的生物安全治理要求，创新发展了马克思主义唯物主义的生态自然观

（一）马克思主义唯物主义的生态自然观

马克思、恩格斯认为，自然界具有先在性，“先于人类历史而存在”⑤，保持

---

① 习近平：《在纪念马克思诞辰200周年大会上的讲话》，《人民日报》2018年5月5日，第2版。

② 《马克思恩格斯文集》第9卷，人民出版社2009年版，第121页。

③ 《马克思恩格斯文集》第1卷，人民出版社2009年版，第161页。

④ 聂锦芳：《文本研究与对马克思思想的理解》，《中国社会科学》2007年第5期，第39页。

⑤ 《马克思恩格斯文集》第1卷，人民出版社2009年版，第530页。

着对于人类的优先地位，在人类产生之前，自然界就按照自身的特有规律自然存在和发展着，人是自然界演化到一定阶段的产物，人与自然之间“不外是说自然界同自身相联系，因为人是自然界的一部分”①，也就是说，作为自然存在物的人，“并没有创造物质本身。甚至人创造物质的这种或那种生产能力，也只是在物质本身预先存在的条件下才能进行”②。恩格斯在《自然辩证法》一文中，详细描述了“没有形态的蛋白质”—“充实第一个细胞”—“原生生物”—“最初的动物”—“动物的无数的纲、目、科、属、种”—“脊椎动物”—“人”的完整过程，强调：“人也是由分化而产生的。不仅从个体方面来说是如此——从一个单独的卵细胞分化为自然界所产生的最复杂的有机体，而且从历史方面来说也是如此。”③

马克思、恩格斯认为，人依赖于自然界，人是自然的一部分，“我们连同我们的肉、血和头脑都是属于自然界和存在于自然界之中的”④；人靠自然界获得生存空间、活动场所、生产资料、生活产品，“人靠自然界生活……自然界是人为了不致死亡而必须与之处于持续不断的交互作用过程的、人的身体”⑤。“在实践上，人的普遍性正是表现为这样的普遍性，它把整个自然界——首先作为人的直接的生活资料，其次作为人的生命活动的对象(材料)和工具——变成人的无机的身体”⑥；人靠自然界获得精神食粮，“植物、动物、石头、空气、光……都是人的意识的一部分，是人的精神的无机界，是人必须事先进行加工以便享用和消化的精神食粮”⑦；人的解放离不开自然界，“没有蒸汽机和珍妮走锭精纺机就不能消灭奴隶制；没有改良的农业就不能消灭农奴制；当人们还不能使自己的吃喝住穿在质和量方面得到充分保证的时候，人们就根本不能获得解放”⑧。

马克思、恩格斯由自然界的先在性、优先性出发，强调必须尊重自然，指出：“全部人类历史的第一个前提无疑是有生命的个人的存在。因此，第一个需

---

① 《马克思恩格斯文集》第1卷，人民出版社2009年版，第161页。
② 《马克思恩格斯全集》第2卷，人民出版社1957年版，第58页。
③ 《马克思恩格斯文集》第9卷，人民出版社2009年版，第421页。
④ 《马克思恩格斯文集》第9卷，人民出版社2009年版，第560页。
⑤ 《马克思恩格斯文集》第1卷，人民出版社2009年版，第161页。
⑥ 《马克思恩格斯文集》第1卷，人民出版社2009年版，第161页。
⑦ 《马克思恩格斯文集》第1卷，人民出版社2009年版，第161页。
⑧ 《马克思恩格斯文集》第1卷，人民出版社2009年版，第527页。

要确认的事实就是个人的肉体组织以及由此产生的个人对其他自然的关系……任何历史记载都应当从这些自然基础以及它们在历史进程中由于人们的活动而发生的变更出发”①；强调必须遵循和利用自然规律，指出：“我们不要过分陶醉于我们人类对自然界的胜利。对于每一次这样的胜利，自然界都对我们进行报复。每一次胜利，起初确实取得了我们预期的结果，但是往后和再往后却发生完全不同的、出乎预料的影响，常常把最初的结果又消除了……我们对自然界的整个支配作用，就在于我们比其他一切生物强，能够认识和正确运用自然规律”②；由人对自然的依赖性出发，强调必须呵护自然、保护自然，人类才能物质富足、精神丰盈。

（二）“尊重自然、顺应自然、保护自然”创新发展了马克思主义唯物主义的生态自然观

习近平总书记把马克思主义的“不以伟大的自然规律为依据的人类计划，只会带来灾难”③“认识和正确运用自然规律”④思想，与中华传统“道法自然”（《老子·第二十五章》）、“尊道而行”（《礼记·中庸》）、“因性任物而莫不宜当”（《吕氏春秋·执一》）思想相结合，创造性赋予中华传统“道法自然”思想以尊重自然、顺应自然、保护自然的时代内涵，⑤ 认为，绿水、青山、蓝天代表着民情、民意、民生，要求加强生态文明建设，“让老百姓呼吸上新鲜的空气、喝上干净的水、吃上放心的食物、生活在宜居的环境中，切实感受到经济发展带来的实实在在的环境效益”⑥，“让良好生态环境成为人民生活的增长点”⑦。他引用“天不言

① 《马克思恩格斯文集》第1卷，人民出版社2009年版，第519页。

② 《马克思恩格斯文集》第9卷，人民出版社2009年版，第559～560页。

③ 《马克思恩格斯全集》第31卷，人民出版社1972年版，第251页。

④ 《马克思恩格斯文集》第9卷，人民出版社2009年版，第560页。

⑤ 崔华前：《人与自然和谐共生的现代化有深厚文化根基》，《中国教育报》2024年3月28日，第5版。

⑥ 中共中央宣传部：《习近平总书记系列重要讲话读本》，学习出版社、人民出版社2016年版，第233页。

⑦ 中共中央宣传部：《习近平总书记系列重要讲话读本》，学习出版社、人民出版社2016年版，第215页。

而四时行，地不语而百物生”一语，创造性提出“尊重自然、顺应自然、保护自然”①的生物安全治理的基本要求。

尊重自然就要尊重自然界的本原地位，承认人对自然的依赖性。人既具有能动性、生命力、自然力，又“同动植物一样，是受动的、受制约的和受限制的存在物”②，是能动和受动的统一体。近代以来，人类改造自然的能力随着科学技术的充分发展而大大增强，于是开始轻视自然、藐视自然，以主宰者的姿态对待自然，疯狂掠夺大自然，结果破坏了生态平衡，恶化了生态环境，也给人类带来了严重危害。一次次自然灾害的惩戒告诉我们：人与自然是“一种共生关系”③，应该“共生共存”④，人类既可以改造大自然，又必须尊重大自然，感恩大自然，敬畏大自然，平等对待大自然，绝不能把自己凌驾于大自然之上。

顺应自然就是顺应自然界的自然本性和自然规律，按规律办事，顺规律而为。新时代生物安全治理观认为，自然界按其内在规律性维持着自身平衡，如果人类实践违背了自然规律，超出了生态平衡的阈值，就会破坏生态平衡，打破人与自然的和谐，强调：“你善待环境，环境是友好的；你污染环境，环境总有一天会翻脸，会毫不留情地报复你。这是自然界的客观规律，不以人的意志为转移”⑤，倡导认识和遵循自然规律，警醒人们“只有尊重自然规律，才能有效防止在开发利用自然上走弯路”⑥，如果违背自然规律、伤害大自然“最终会伤及人类自身”⑦。

保护自然就是主动地呵护自然、善待自然。新时代生物安全治理观认为，“保护生态环境就是保护人类”⑧。“生态环境一头连着人民群众生活质量，一头

① 习近平：《高举中国特色社会主义伟大旗帜　为全面建设社会主义现代化国家而团结奋斗——在中国共产党第二十次全国代表大会上的报告》，人民出版社2022年版，第49页。

② 《马克思恩格斯文集》第1卷，人民出版社2009年版，第209页。

③ 《习近平谈治国理政》第二卷，外文出版社2017年版，第394页。

④ 《习近平谈治国理政》第二卷，外文出版社2017年版，第544页。

⑤ 习近平：《之江新语》，浙江人民出版社2007年版，第141页。

⑥ 《习近平谈治国理政》第二卷，外文出版社2017年版，第394页。

⑦ 《习近平谈治国理政》第三卷，外文出版社2020年版，第360页。

⑧ 中共中央宣传部：《习近平总书记系列重要讲话读本》，学习出版社、人民出版社2016年版，第231页。

连着社会和谐稳定；保护生态环境就是保障民生，改善生态环境就是改善民生”①，不能只追求单纯的经济增长而不考虑环境的承载能力，不能以牺牲大自然为代价来换取暂时的经济利益，倡导“合理利用、友好保护自然”②，把“不损害生态环境”作为“发展的底线”③，通过“用最严格的制度、最严密的法治保护生态环境”④，“加强生态文明宣传教育，把珍惜生态、保护资源、爱护环境等内容纳入国民教育和培训体系，纳入群众性精神文明创建活动……形成全社会共同参与的良好风尚”⑤，切实推进生态修复、“保护生物多样性”⑥等举措，解决资源约束趋紧、环境污染严重、生态系统退化的问题，给子孙后代留下蓝天、绿地、净水。

新时代生物安全治理观把马克思主义的“自然界先于人类历史而存在”“人靠自然界生活”“自然界的报复”思想创造性运用于生物安全领域，强调自然生态对人的全面发展的重要性，把生态环境优先性作为维护生物安全必须遵循的前提条件与客观规律，提出“尊重自然、顺应自然、保护自然”的生物安全治理要求，创新发展了马克思主义唯物主义的生态自然观。

四、“人与自然和谐共生”的生物安全治理目标创新发展了马克思主义人与自然和谐统一的新社会思想

（一）马克思主义人与自然和谐统一的新社会思想

马克思、恩格斯认为，维护生态安全必须保持人与自然之间的物质与能量交换的平衡，否则就会引发生态安全问题，进而威胁人类的生存和发展。资本家对剩余价值的强烈追求导致人类掠夺的资源远远多于回馈给自然的能量和物质，由

① 《建设生态文明 增进民生福祉》，《人民日报》2014年10月28日，第1版。

② 《习近平谈治国理政》第三卷，外文出版社2020年版，第360页。

③ 中共中央宣传部：《习近平新时代中国特色社会主义思想三十讲》，学习出版社2018年版，第244页。

④ 《习近平谈治国理政》第二卷，外文出版社2017年版，第396页。

⑤ 中共中央文献研究室：《习近平关于社会主义生态文明建设论述摘编》，中央文献出版社2017年版，第122页。

⑥ 《习近平谈治国理政》第四卷，外文出版社2022年版，第435页。

此引发人与自然之间物质与能量交换的失衡，进而引发生态危机。

马克思、恩格斯认为，资本主义社会不可能真正彻底解决生态危机，资本主义生产方式不仅破坏了人口规模与土地之间的原有平衡循环关系，而且打乱了土地肥力的可持续状态，打破了工人、农民与自然平衡的身体状态和精神状态，“一个国家，例如北美合众国，越是以大工业作为自己发展的起点，这个破坏过程就越迅速。因此，资本主义生产发展了社会生产过程的技术和结合，只是由于它同时破坏了一切财富的源泉——土地和工人”①。

马克思、恩格斯认为，人类可以实现和自然界的和平共处，只要人类“学会估计我们的生产行为在自然方面的较远的影响”②，“对我们的现今的整个社会制度实行完全的变革”③，就能够实现“人类与自然的和解”④及“人和自然界之间、人和人之间的矛盾的真正解决”⑤。解决生态安全问题的根本途径在于推翻私有财产制度，建立共产主义社会，消除了私有制和社会化生产的矛盾，改变掠夺性、扩张性生产所产生的劳动异化现象对自然资源的巨大破坏，克服市场调节的滞后性和盲目性对自然资源造成的巨大浪费，最经济地利用自然资源和生态环境，“这种共产主义，作为完成了的自然主义，等于人道主义，而作为完成了的人道主义，等于自然主义，它是人和自然界之间、人和人之间的矛盾的真正解决”⑥。

（二）“人与自然和谐共生”创新发展了马克思主义人与自然和谐统一的新社会思想

习近平总书记引用“万物各得其和以生，各得其养以成”一语，创造性提出“人与自然和谐共生”⑦的生物安全治理目标，确立了到21世纪中叶“人与自然和

① 《马克思恩格斯全集》第23卷，人民出版社1972年版，第553页。
② 《马克思恩格斯文集》第9卷，人民出版社2009年版，第561页。
③ 《马克思恩格斯文集》第9卷，人民出版社2009年版，第561页。
④ 《马克思恩格斯文集》第1卷，人民出版社2009年版，第63页。
⑤ 《马克思恩格斯文集》第1卷，人民出版社2009年版，第185页。
⑥ 《马克思恩格斯文集》第1卷，人民出版社2009年版，第185页。
⑦ 习近平：《高举中国特色社会主义伟大旗帜　为全面建设社会主义现代化国家而团结奋斗——在中国共产党第二十次全国代表大会上的报告》，人民出版社2022年版，第23页。

谐共生，生态环境领域国家治理体系和治理能力现代化全面实现”①的奋斗目标，要求谋划经济社会发展必须“站在人与自然和谐共生的高度”，“为自然守住安全边界和底线，形成人与自然和谐共生的格局”②，推进高质量发展必须认识到良好的生态环境是“人类生存与健康的基础”③，统筹经济发展和环境保护，“做到人与自然和谐”④。

“人与自然和谐共生”要求科学处理人与自然的关系。长期以来，人类中心主义把人视为价值的中心，认为人是自然的征服者、驾驭者，可以随意、任性对待自然，把自然贬低为只是人满足需要的一种工具；生态中心主义则把自然视为价值的中心，认为自然乃独立于人的、可以“自我实现”的“内在价值”，把人降格为自然物种的普通一员。新时代生物安全治理观认为，“生态系统是一个有机生命躯体”⑤，倡导“人与自然和谐，天人合一，不要试图征服老天爷”⑥，强调：“山水林田湖草是一个生命共同体，人的命脉在田，田的命脉在水，水的命脉在山，山的命脉在土，土的命脉在树。用途管制和生态修复必须遵循自然规律，如果种树的只管种树，治水的只管治水，护田的单纯护田，很容易顾此失彼，最终造成生态的系统性破坏”⑦，主张全面改善和提升人自身、人与人、人与自然的关系，克服人类中心主义和生态中心主义的片面性。

“人与自然和谐共生”要求科学处理“绿水青山”与“金山银山”的关系。人们关于“绿水青山”与“金山银山”的关系的认识经历了三个阶段：“第一个阶段是用绿水青山去换金山银山，不考虑或者很少考虑环境的承载能力，一味索取资源。

---

① 《习近平谈治国理政》第三卷，外文出版社2020年版，第367页。

② 《习近平谈治国理政》第四卷，外文出版社2022年版，第355、356页。

③ 中共中央文献研究室：《习近平关于社会主义生态文明建设论述摘编》，中央文献出版社2017年版，第90页。

④ 中共中央文献研究室：《习近平关于社会主义生态文明建设论述摘编》，中央文献出版社2017年版，第24页。

⑤ 中共中央文献研究室：《习近平关于社会主义生态文明建设论述摘编》，中央文献出版社2017年版，第56页。

⑥ 中共中央文献研究室：《习近平关于社会主义生态文明建设论述摘编》，中央文献出版社2017年版，第24页。

⑦ 中共中央宣传部：《习近平新时代中国特色社会主义思想三十讲》，学习出版社2018年版，第248页。

第二个阶段是既要金山银山，但是也要保住绿水青山，这时候经济发展和资源匮乏、环境恶化之间的矛盾开始凸显出来，人们意识到环境是我们生存发展的根本，要留得青山在，才能有柴烧。第三个阶段是认识到绿水青山可以源源不断地带来金山银山，绿水青山本身就是金山银山，我们种的常青树就是摇钱树，生态优势变成经济优势，形成了一种浑然一体、和谐统一的关系。”①习近平总书记批判了“只要金山银山，不要绿水青山”的错误观点，坚持生态优先原则，在环境污染严重、人们越来越关注生活质量和生命质量、生态需求迅速递增的情况下，主张“宁要绿水青山，不要金山银山”，倡导二者兼容、良性互动，主张“既要金山银山，又要绿水青山”“有了绿水青山，就有金山银山”，要求牢固确立“绿色青山就是金山银山”理念，强调：“绿水青山就是金山银山”②，“让绿水青山就是金山银山的理念在祖国大地上更加充分地展示出来”③。

“人与自然和谐共生”要求科学处理生态环境保护和发展的关系。习近平总书记指出：“正确处理好生态环境保护和发展的关系，也就是我说的绿水青山和金山银山的关系，是实现可持续发展的内在要求，也是我们推进现代化建设的重大原则。”④否则，发展得越快，生态环境的破坏就越严重；人类走得越远，生态环境的代价就会越大。针对人类破坏生态、污染环境、浪费资源的行为，1980年出版的《世界自然资源保护大纲》提出了“必须研究自然的、社会的、生态的、经济的以及利用自然资源过程中的基本关系，以确保全球可持续发展”⑤的思想。习近平总书记结合新时代以高质量发展推进中国式现代化的现实需求，把可持续发展思想进一步转化为绿色发展理念和实践，强调：“绿色发展是生态文明建设

---

①　习近平：《干在实处 走在前列——推进浙江新发展的思考与实践》，中共中央党校出版社2006年版，第198页。

②　中共中央文献研究室：《习近平关于社会主义生态文明建设论述摘编》，中央文献出版社2017年版，第23页。

③　习近平：《在第十三届全国人民代表大会第一次会议上的讲话》，人民出版社2018年版，第10页。

④　中共中央文献研究室：《习近平关于社会主义生态文明建设论述摘编》，中央文献出版社2017年版，第22页。

⑤　全国工程硕士政治理论课教材编写组：《自然辩证法——在工程中的理论与应用》，清华大学出版社2012年版，第104页。

的必然要求”①，倡导“绿色、循环、低碳发展”②，“强化公民环境意识，倡导勤俭节约、绿色低碳消费……推动形成节约适度、绿色低碳、文明健康的生活方式和消费模式”③，明确要求“不能盲目发展，污染环境，给后人留下沉重负担，而要按照统筹人与自然和谐发展的要求，做好人口、资源、环境工作。为此，我们既要 GDP，又要绿色 GDP”④，坚决反对“吃祖宗饭、断子孙路，用破坏性方式搞发展”⑤等行为。

新时代生物安全治理观把马克思主义的“人类与自然的和解”“人和自然界之间的矛盾的真正解决”思想创造性运用于生物安全领域，倡导“绿水青山就是金山银山”及“绿色发展”，致力于实现经济、社会与环境的和谐发展，提出“人与自然和谐共生”的生物安全治理目标，创新发展了马克思主义人与自然和谐统一的新社会思想。

第二节　创新发展马克思主义国家安全学说

新时代生物安全治理观从根本上明确了生物安全的战略定位，从本质上揭示了生物安全的内涵特征，从规律上阐明了生物安全的治理原则，从目标上指明了生物安全的建设方向，从思维上阐明了生物安全与经济社会发展的关系，深化了对国家安全的认识，拓宽了国家安全的理论视阈，扩展了总体国家安全观的内涵与外延，彰显了国家安全的人民性、整体性、全面性，丰富了中国化时代化的马克思主义国家安全学说。

---

① 中共中央文献研究室：《习近平关于社会主义生态文明建设论述摘编》，中央文献出版社 2017 年版，第 34 页。

② 中共中央文献研究室：《习近平关于社会主义生态文明建设论述摘编》，中央文献出版社 2017 年版，第 34 页。

③ 中共中央文献研究室：《习近平关于社会主义生态文明建设论述摘编》，中央文献出版社 2017 年版，第 122 页。

④ 习近平：《之江新语》，浙江出版社 2007 年版，第 37 页。

⑤ 中共中央文献研究室：《习近平关于社会主义生态文明建设论述摘编》，中央文献出版社 2017 年版，第 144 页。

一、明确了生物安全在国家安全体系中的战略地位

生物安全是国家安全的重要组成部分，关系到人民生命健康、经济社会发展、生态环境保护等多方面内容。习近平总书记强调："生物安全……是国家总体安全的重要组成部分……要深刻认识新形势下加强生物安全建设的重要性和紧迫性，贯彻总体国家安全观。"①新时代生物安全治理观把生物安全纳入国家安全战略，出台国家生物安全政策和国家生物安全战略，健全国家生物安全工作组织领导体制机制，明确了生物安全治理的重要地位和现实价值。

（一）从国家安全的战略高度出发，明确生物安全治理的重要性和紧迫性

2001 年美国发生的炭疽事件使人们认识到，生物技术既可被用于造福人类，也可以被用于邪恶目的；既可以用之生产挽救人类生命的疫苗，也可以用之生产毒素和生化武器。2005 年美国成立了国家生物安全科学顾问委员会，负责协助政府评估生命科学研究的潜在风险并提出政策建议。2012 年该委员会颁布了《美国政府对生命科学需关注"两用性"研究监管政策》，随后美国政府颁布了《美国政府对生命科学需关注"两用性"研究监管政策》和《实现生物技术产品监管体系现代化》两份文件，明确界定了具有潜在风险生物研究及相关产品，使得生物技术"两用性"议题进一步概念化与实体化。在美国政府的推动下，生物技术被迅速地贴上了"两用性"标签，并作为一种"存在性威胁"被广泛地接受，生物安全问题日益引起世界各国的普遍关注。

当今世界正经历百年未有之大变局，生物安全成为世界各国特别是大国博弈的重要场域。在强烈的忧患意识、领先意识和控制意识支配下，拜登政府把生物安全上升为国家战略，把防范生物安全风险视为美国至关重要的利益，发布了《新冠应对和大流行防范的国家战略》《国家生物技术和生物制造倡议》和《国家生物防御战略和实施计划》等文件和倡议，积极推行调整国内生物安全治理机制、

① 《习近平在中共中央政治局第三十三次集体学习时强调：加强国家生物安全风险防控和治理体系建设　提高国家生物安全治理能力》，《人民日报》2021 年 9 月 30 日，第 1 版。

加大生物安全领域投资、开展卫生外交等生物安全举措，并高度关注中国生物技术的发展，声称美国在生物安全领域能够应对每一个挑战并超越每一个挑战者，在国际生物安全合作中孤立封锁中国。

“21 世纪或将成为生物安全的时代。”①生物安全问题已成为全世界、全人类面临的重大生存和发展威胁之一。新时代我国正面临着生态环境恶化、生物多样性受到威胁、生物科技不发达、生物安全法治体系和防控体系不健全等多种生物安全风险挑战。对此，习近平总书记指出：“现在，传统生物安全问题和新型生物安全风险相互叠加，境外生物威胁和内部生物风险交织并存，生物安全风险呈现出许多新特点，我国生物安全风险防控和治理体系还存在短板弱项。”②新时代生物安全治理观高度重视我国生物安全面临的严峻形势，清醒认识到我国生物安全治理存在的短板弱项，把生物安全视为党“立党为公、执政为民”的题中之义，从维护人民生命健康安全、国家健康稳定发展、民族伟大复兴的战略高度，把生物安全提升到与政治安全、国土安全同等重要的地位。

（二）从国家安全的战略全局出发，把生物安全纳入国家安全体系

新时代，我国正处于民族复兴的关键时期，国家安全是民族复兴的根基，我国社会政治大局总体稳定，但当今世界正面临前所未有的大变局，我国国家安全也面临着暴力恐怖、宗教渗透和邪教破坏活动、网络政治安全等诸多风险挑战，而且呈现出风险波及范围从境外向境内传导、风险影响空间从网上向网下延伸、风险表现形式从单一向融合转变、风险诱发动力从利益驱动向价值驱动发展等趋势。

面对严峻的风险挑战，习近平总书记运用战略思维、底线思维和系统思维等科学思维方法，提出了总体国家安全观，强调党对国家安全的集中统一领导，明确了以人民安全、政治安全、经济安全、军事科技文化社会安全、国际安全为总体国家安全观的“五大要素”，要求统筹外部安全和内部安全、国土安全和国民

① 王小理：《生物安全时代：新生物科技变革与国家安全治理》，《国际安全研究》2020 年第 4 期，第 109 页。

② 《习近平在中共中央政治局第三十三次集体学习时强调：加强国家生物安全风险防控和治理体系建设　提高国家生物安全治理能力》，《人民日报》2021 年 9 月 30 日，第 1 版。

安全、传统安全和非传统安全、自身安全和共同安全，为新时代国家安全工作指明了方向。

习近平总书记从维护国家安全的战略全局出发，明确了生物安全在国家安全中的重要地位，强调："重大传染病和生物安全风险是事关国家安全和发展、事关社会大局稳定的重大风险挑战"①，要求"构建集政治安全、国土安全、军事安全、经济安全、文化安全、社会安全、科技安全、信息安全、生物安全、资源安全、核安全等于一体的国家安全体系"②，认为生物安全涉及人民、社会、生态、国土等各方面安全，处于"一着不慎、满盘皆输"的重要地位，倘若不筑牢生物安全的"防火墙"，就会让中华民族伟大复兴的历史进程有被迫中断的风险，强调"要从保护人民健康、保障国家安全、维护国家长治久安的高度，把生物安全纳入国家安全体系"③。

（三）从国家安全的总体需要出发，提出生物安全治理的基本要求

习近平总书记认为，生物安全关系到整个社会的稳定和谐及中华民族的繁荣昌盛，是维护国家安全的一道至关重要的防线，强调要全面研究全球生物安全环境形势和面临的挑战、风险，深入分析我国生物安全的基本状况和基础条件，系统规划国家生物安全风险防控和治理体系建设。

习近平总书记从维护国家安全的总体需要出发，要求新时代生物安全治理必须加强组织协调，"健全党委领导、政府负责、社会协同、公众参与、法治保障的生物安全治理机制，强化各级生物安全工作协调机制"④；必须推进法治建设，"从立法、执法、司法、普法、守法各环节全面发力，健全国家生物安全法律法规体系和制度保障体系"；必须完善防控体系，织牢织密生物安全风险监测预警网络，提升末端发现和快速感知识别能力，完善快速应急响应机制，强化生物资

① 习近平：《为打赢疫情防控阻击战提供强大科技支撑》，《求是》2020年第6期，第7页。

② 《习近平关于总体国家安全观论述摘编》，中央文献出版社2018年版，第5页。

③ 《习近平主持召开中央全面深化改革委员会第十二次会议强调：完善重大疫情防控体制机制　健全国家公共卫生应急管理体系》，《人民日报》2020年2月15日，第1版。

④ 《习近平在中共中央政治局第三十三次集体学习时强调：加强国家生物安全风险防控和治理体系建设　提高国家生物安全治理能力》，《人民日报》2021年9月30日，第1版。

源安全监管，加强病原微生物实验室和抗微生物药物管理；必须推进科技创新，加强生物科技研发应用及监管，增强生物科技自主创新能力，打造国家战略科技力量，健全生物安全科研攻关机制，促进生物技术健康发展；必须加强国际合作，搭建国际交流合作平台，完善全球治理体系，提升我国生物安全领域国际话语权，“积极参与全球生物安全治理，同国际社会携手应对日益严峻的生物安全挑战，加强生物安全政策制定、风险评估、应急响应、信息共享、能力建设等方面的双多边合作交流”①。

习近平总书记从国家安全的战略全局出发，坚持系统观念和系统思维，重视对生物安全治理体系的战略性、前瞻性研究谋划，强调加强生物安全建设是一项长期而艰巨的系统工程，需要持续用力、扎实推进，需要统一各级党委和政府的思想认识和行动，从完善政策措施、强化要素保障、优化整合资源等方面，构建生物安全防控体系和长效机制，提高生物安全风险防控和治理体系现代化水平，牢牢掌握国家生物安全主动权。

二、丰富了马克思主义国家安全学说的理论体系

新时代生物安全治理观是在深刻把握国际形势变化和我国国家安全面临的新情况新问题的基础上，运用马克思主义立场观点方法，对国家安全理论进行创新性发展的重要成果，丰富了马克思主义国家安全学说。

(一)明确生物安全在国家安全中的重要地位，丰富了马克思主义国家安全学说的理论视域

在人类社会发展的历史进程中，包括重大传染病在内的生物安全从来都不是历史的配角，而是决定文明发展的基本因素，它既可以影响一个民族的发展繁荣，塑造一个国家的内部结构，也可以影响世界的稳定和谐，塑造世界格局；既需要世界各国从战略层面上统筹谋划，也需要世界各国秉持人类命运共同体理念，加强团结协作。

---

①《习近平在中共中央政治局第三十三次集体学习时强调：加强国家生物安全风险防控和治理体系建设　提高国家生物安全治理能力》，《人民日报》2021年9月30日，第1版。

长期以来，人们把国民安全、国土安全、政治经济文化安全、军事安全视为国家的基本内容，把国民安全视为国家安全的最基本、最核心内容。但是随着基因工程技术的发展给自然环境和人类健康带来的巨大风险和挑战，“随着由自然宿主引发的传染病疫情、动物疫病、食源性疾病的相继爆发，外来有害物种入侵、生物遗传资源流失等问题相继出现，严重影响国家军事安全、经济安全、生态安全，进而影响国家总体安全”①，国际社会日益广泛关注生物安全的立法公正、治理体系、防控能力，生物安全逐渐演变为一个影响国民安全、国土安全、政治经济文化安全、军事安全等传统国家安全的基本问题。

新中国成立后，党和政府一直高度关注生物安全，特别是出现 SARS、禽流感等突发事件后，生物安全被提到一个新的高度，新冠疫情的爆发更是暴露出我国在生物安全治理方面的短板弱项。新时代生物安全观认为，生物安全与人民生命健康安全息息相关，在维护国家主权、安全、发展利益中居于重要地位，把生物安全和国土安全、政治经济文化安全一样视为国家安全的主角，丰富发展了马克思主义国家安全的理论内容。

（二）深化对生物安全的认识，丰富了马克思主义国家安全学说的理论内涵

关于生物安全的本质内涵，学界历来见仁见智，美国 1976 制定的《重组 DNA 分子的研究准则》首次提出“生物安全”概念，指实验室生物安全。“生物安全”的英文表达主要为“biosafety”“biosecurity”，“biosafety”指实验室生物安全、生物技术安全，“biosecurity”比“biosafety”范围更广，指生物技术安全和自然生态安全。有学者认为，生物安全的内涵和外延不断扩展，只有结合“人类安全”，才能完整理解生物安全。

新时代生物安全治理观认为，生物安全是指：“国家有效防范和应对危险生物因子及相关因素威胁，生物技术能够稳定健康发展，人民生命健康和生态系统相对处于没有危险和不受威胁的状态，生物领域具备维护国家安全和持续发

① 黄翔宇、孟宪生：《习近平关于生物安全重要论述的生成逻辑、基本内涵及实践要求》，《湖南社会科学》2021 年第 3 期，第 49~54 页。

展的能力。”①这一论述，全面、系统、科学地揭示了生物安全的主体、涵盖领域、关键要素，适用于新时代中国生物安全具体国情，凸显了国家安全的本质内涵。

新时代生物安全治理观对“生物安全”的理解，取生物安全的广义视角，体现了生态文明社会形态和生态整体主义观念的根本要求，也凸显了总体国家安全观的整体视角；“有效防范和应对危险生物因子及相关因素威胁”把“防范”置于首位，“推动公共安全治理模式向事前预防转型”②，确立了风险防范的中心地位和中心要务，做出了风险防范的一系列制度安排，也凸显了总体国家安全观的基本原则；“生物技术能够稳定健康发展”揭示了生物科技的“两用性”，强调“生命安全和生物安全领域的重大科技成果也是国之重器”③，要求“大力发展生物安全科技，并将之作为国家生物安全治理的重要工具”④，凸显了科学技术在生物安全和国家安全中的关键作用；“人民生命健康和生态系统相对处于没有危险和不受威胁的状态”把“人民生命健康”置于首位，明确了新时代生物安全治理的首要任务，凸显了国家安全的价值准则。

（三）提出生物安全治理的系统要求，丰富了马克思主义国家安全学说的科学方法

新时代，生物安全领域呈现出鲜明的时代特征，生物威胁的源头由单一转为多元，生物威胁的范围由局部地区扩散至全球，生物威胁的影响由单纯的生物领域拓展至政治、经济、文化、军事、科技等传统国家安全各领域。

新时代生物安全治理观认为，生物安全具有专业性、整体性、公共性、风险性等特点，从总体国家安全观的总体性、生物安全问题的系统性及其内在逻辑关

---

① 《中华人民共和国生物安全法》，中国政府网，http://www.gov.cn/xinwen/2020-10/18/content_5552108.htm.

② 习近平：《高举中国特色社会主义伟大旗帜　为全面建设社会主义现代化国家而团结奋斗——在中国共产党第二十次全国代表大会上的报告》，《人民日报》2022年10月26日，第1版。

③ 《习近平在北京考察新冠肺炎防控科研攻关工作时强调：协同推进新冠肺炎防控科研攻关 为打赢疫情防控阻击战提供科技支撑》，《中国信息安全》2020年第3期，第7页。

④ 阙天舒、商宏磊：《全球生物安全治理与中国的治理策略》，《社会主义研究》2022年第2期，第165页。

系的互动性出发，把系统观念和系统思维作为生物安全治理的基本遵循，强调生物安全治理“要强化系统治理和全链条防控，坚持系统思维，科学施策，统筹谋划，抓好全链条治理”①，“加强国家生物安全风险防控和治理体系建设，提高国家生物安全治理能力”②，“完善重点领域安全保障体系和重要专项协调指挥体系”③，统筹生物安全与经济社会发展，重视健全完善生物安全法治体系和防控体系，调动党委、政府、社会、公众各方面力量。

新时代生物安全治理观体现了总体国家安全观在统筹现在和未来中加强战略性前瞻性谋划的基本要求；体现了总体国家安全观完整把握国家安全内容，统筹外部和内部、国土和国民、传统和非传统、自身和共同、维护和塑造等各方面安全，加强政治、经济、文化、社会、科技、信息、生态、资源等各个领域的安全建设，形成安全互动、安全合力的基本要求；体现了总体国家安全观只有发展了才能安全，只有安全了才能真正发展，“统筹发展和安全两件大事，既要善于运用发展成果夯实国家安全的实力基础，又要善于塑造有利于经济社会发展的安全环境”④的基本要求。

（四）重视保护生物多样性，丰富了马克思主义国家安全学说的生态意蕴

习近平总书记强调：“人与自然是生命共同体，无止境地向自然索取甚至破坏自然必然会遭到大自然的报复。”⑤“人类可以利用自然、改造自然……必须呵

---

① 《习近平在中共中央政治局第三十三次集体学习时强调：加强国家生物安全风险防控和治理体系建设　提高国家生物安全治理能力》，《人民日报》2021 年 9 月 30 日，第 1 版。

② 《习近平在中共中央政治局第三十三次集体学习时强调：加强国家生物安全风险防控和治理体系建设　提高国家生物安全治理能力》，《人民日报》2021 年 9 月 30 日，第 1 版。

③ 习近平：《高举中国特色社会主义伟大旗帜　为全面建设社会主义现代化国家而团结奋斗——在中国共产党第二十次全国代表大会上的报告》，《人民日报》2022 年 10 月 26 日，第 1 版。

④ 《全面贯彻落实总体国家安全观　开创新时代国家安全工作新局面》，《人民日报》2018 年 4 月 18 日，第 1 版。

⑤ 习近平：《高举中国特色社会主义伟大旗帜　为全面建设社会主义现代化国家而团结奋斗——在中国共产党第二十次全国代表大会上的报告》，《人民日报》2022 年 10 月 26 日，第 1 版。

护自然，不能凌驾于自然之上”①，认为如果没有生态安全，就没有国家的政治安全、经济安全，生态安全对于国家具有独特价值，是国家安全的关键领域，应把生态要求渗透于国家安全的各领域和全过程。

新时代生物安全治理观认为，生物安全具有命运共同体、生物、生态文明等属性，是生态安全的前提基础和重要标识，保护生物多样性是促进人与自然和谐共生、实现人类可持续发展的必然要求，指出：“保护生物多样性有助于维护地球家园，促进人类可持续发展”②，推出““实施生物多样性保护重大工程”“加强生物安全管理，防治外来物种侵害”③等生物安全治理举措，把国家安全的生态要求真正落实于生物安全领域。

（五）坚持党对生物安全的领导，丰富了马克思主义国家安全学说的政治要求

新时代国家安全工作必须坚持党的绝对领导，加强党对国家安全工作的统筹协调，把党的领导贯穿到国家安全工作的各方面全过程，推动各级党委把国家安全责任制落到实处。

新时代生物安全治理观强调，只有坚持党的绝对领导，才能“实施更为有力的统领和协调”④，有效提升生物安全治理效能，要求不断增强各级党组织和广大党员干部的生物安全忧患、危机、担当意识，主动作为、破解难题；必须建立高效权威的生物安全领导体系，充分发挥党的统筹谋划、协调各方、统一思想的领导核心作用，使各级党组织和广大党员干部听党指挥、服从大局、协调联动，做到生物安全治理的全国一盘棋；必须通过形式多样的培训轮训，不断提升广大党员干部的生物安全治理的现代化能力和水平。

---

① 《习近平谈治国理政》第二卷，外文出版社 2017 年版，第 525 页。

② 习近平：《共同构建地球生命共同体》，《中国青年报》2021 年 10 月 13 日，第 2 版。

③ 习近平：《高举中国特色社会主义伟大旗帜　为全面建设社会主义现代化国家而团结奋斗——在中国共产党第二十次全国代表大会上的报告》，《人民日报》2022 年 10 月 26 日，第 1 版。

④ 《习近平谈治国理政》第三卷，外文出版社 2020 年版，第 218 页。

三、扩展了马克思主义国家安全学说的内涵与外延

习近平总书记指出："当前我国国家安全内涵和外延比历史上任何时候都要丰富，时空领域比历史上任何时候都要宽广，内外因素比历史上任何时候都要复杂。"①总体国家安全观是习近平总书记提出的重要国家安全理论，它强调以人民安全为宗旨，以政治安全为根本，以经济安全为基础，以军事安全为保障，以文化安全为支撑，以社会安全为目标，以生态安全为基石，构建国家安全体系，维护国家安全，不仅凸显了生物安全在国家安全领域中的重要战略地位，而且扩展了总体国家安全观的内涵与外延。

（一）扩展了马克思主义国家安全学说的内涵

总体国家安全观具有开放性特点，随着国家安全实践的深入推进而不断丰富发展。2014 年 4 月 15 日，习近平总书记在中央国家安全委员会第一次会议上提出总体国家安全观，确立了新时代国家安全工作的灵魂，首次构想了以政治安全、国土安全、军事安全、经济安全、文化安全、社会安全、科技安全、信息安全、生态安全、资源安全、核安全为主要内容的国家安全体系。2015 年新的《国家安全法》丰富了总体国家安全观的内涵，把金融安全、粮食安全、海外利益安全、外层空间安全、国际海底区域安全、极地安全纳入国家安全体系。

新冠疫情的爆发迅速对人民生命健康安全造成了严重威胁，全国大部分地区陆续启动了重大突发公共卫生事件一级响应，表明疫情已达到国家安全事件标准，既要求党和政府集中力量来解决燃眉之急，也要求党和政府对国家安全治理进行顶层设计。习近平总书记及时回应社会关切、人民期盼，站在国家安全的高度，把防控重大新发突发传染病与应用生物技术安全、实验室生物安全、生物资源和人类遗传资源安全、防范外来物种入侵与保护生物多样性、生物恐怖袭击、防御生物武器威胁等安全内容融合为有机整体，提出了"生物安全"的概念和理念。

2020 年 2 月 14 日，习近平总书记在中央全面深化改革委员会第十二次会议

① 习近平：《坚持总体国家安全观 走中国特色国家安全道路》，《人民日报》2014 年 4 月 16 日，第 1 版。

上强调："把生物安全纳入国家安全体系"，正式把生物安全纳入国家安全体系，要求健全完善生物安全领导、组织协调、风险防控、监督、法治体系，健全完善国家疾病防控、公共卫生服务、重大疫情防控救治、应急物资保障储备采购供应体系，进一步丰富了国家安全体系的内涵要素。

（二）扩展了马克思主义国家安全学说的外延

21世纪以来，生态环境日益恶化，生物实验室泄露事件频发，生物恐怖袭击危险加大，生物技术误用谬用现象严重，重大突发传染性疾病高发，叠加气候变暖、人口资源跨界流动，导致境外与境内、传统与新型生物安全问题交流交织，严重威胁着人民生命健康安全、生态安全、国土资源安全、政治经济文化安全，威胁着国家总体安全。新时代生物安全治理观从生物安全的新特点出发，认为生物安全兼具自然性和社会性，涵盖生物、生命、生态、社会多领域，把生物安全由过去的单一生物领域拓展为国家安全体系的重要组成部分，扩展了总体国家安全观的外延。

传统国家安全理论认定国家安全事件的标准为：涉及国家利益特别是国家核心利益和重大利益、危险和威胁的存在、官方认可。西方发达国家往往从本国安全优先的原则出发，较多关注本国国家安全，对人类安全的共同需求重视不够。但病毒传播不分国界、种族，传播范围广、传播速度快、社会危害大，生物安全已成为世界各国国家安全的重难点领域。

新时代生物安全治理观具有宽广的全球视野和深切的人类情怀，既谋求本国安全也兼顾他国安全，不以牺牲别国安全为代价发展自己，认为重大传染性疾病是人类共同的敌人，任何一个国家"都不能置身其外，独善其身"①，只有团结协作，携手应对，才能战胜疫情，"加强国际合作"才是"抗疫的人间正道"②，国家不分大小强弱，应该一律平等地参与全球生物安全治理，全面深入参与国际生物安全标准、规范、指南的制定，提升发展中国家在全球卫生治理体系中的影响

① 《习近平同德国总理默克尔通电话》，《人民日报》2020年3月26日，第1版。

② 习近平：《团结合作战胜疫情共同构建人类卫生健康共同体——在第73届世界卫生大会视频会议上的致辞》，《人民日报》2020年5月19日，第2版。

力和话语权，推动《禁止生物武器公约》的重新启动，呼吁构建全球生物安全的核查应对机制和生物武器的核查监督机制，维护国际生物安全治理的公平正义，扩展了总体国家安全观的外延。

四、彰显了马克思主义国家安全学说的鲜明特征

新时代生物安全治理观以马克思主义生态文明和生物安全观为根本指导，把马克思主义世界观和方法论运用于生物安全领域，是马克思主义生态文明思想和生物安全观的新时代创新性发展和应用、马克思主义国家安全观的重要组成部分，具有鲜明的马克思主义理论特征。

（一）彰显了马克思主义国家安全学说的人民性

马克思主义国家安全学说具有鲜明的人民性。马克思、恩格斯高度关注资本主义社会底层劳动人民的生命健康安全，马克思曾指出："热病患者的惊人的死亡率是由他们的居住条件造成的……这里是引起疾病和死亡的中心。连那些听任这种毒疮在我们中间溃烂的境况良好的人也身受其害。"①恩格斯也曾指出："现代自然科学已经证明，挤满了工人的所谓'恶劣的街区'，是不时光顾我们城市的一切流行病的发源地。霍乱、斑疹伤寒、伤寒、天花以及其他灾难性的疾病，总是通过工人区的被污染的空气和混有毒素的水来传播病原菌；这些疾病在那里几乎从未绝迹，条件适宜时就发展成为普遍蔓延的流行病，越出原来的发源地传播到资本家先生们居住的空气清新的合乎卫生的城区去"②，剖析了资本主义社会人民生命健康安全恶化的根源。

习近平总书记总体国家安全观强调："国家安全工作归根结底是保障人民利益，要坚持国家安全一切为了人民、一切依靠人民，为群众安居乐业提供坚强保障"③，把国家安全视为"人民安居乐业的保证"及"全国各族人民根本利益所在"④，把"以

① 《马克思恩格斯文集》第5卷，人民出版社2009年版，第764页。

② 《马克思恩格斯选集》第3卷，人民出版社2012年版，第212~213页。

③ 《习近平谈治国理政》第二卷，外文出版社2017年版，第382页。

④ 中共中央宣传部：《习近平新时代中国特色社会主义思想学习问答》，人民出版社2021年版，第369页。

人民安全为宗旨”①放在首要位置，尊重人民多样化安全需求，增强人民群众的获得感、安全感、幸福感，国家安全的边界随着人民安全需要的提升而不断拓展。

新时代生物安全观认为，生存权和发展权是首要基本人权，强调：“推进健康中国建设，是我们党对人民的郑重承诺”②，“没有全民健康就没有全民小康”③，把“确保人民群众生命安全和身体健康”视为党“治国理政的一项重大任务”④，坚持以人为本，“践行人民至上、生命至上理念”⑤，不惜一切代价保护人民生命健康安全，高度彰显了马克思主义国家安全学说的人民性。

（二）彰显了马克思主义国家安全学说的系统性

马克思主义国家安全学说具有鲜明的系统性。马克思、恩格斯构建了由政治、经济、意识形态、军事、生态、国际安全等要素构成的系统国家安全体系，在政治安全方面，呼吁“铲除全部旧的、一直被利用来反对工人阶级的压迫机器”⑥，要求采取措施巩固无产阶级政权；在经济安全方面，认为“资本的发展程度越高，它就越是成为生产的界限，从而也越是成为消费的界限”⑦，要求推翻资本主义私有制，建立生产资料公有制，大力发展社会主义生产力；在意识形态安全方面，强调：“一定的意识形式的解体足以使整个时代覆灭”⑧，高度重视无产阶级思想政治教育和意识形态建设；在军事安全方面，高度重视无产阶级革命物资的重要性；在生态安全方面，要求人们遵循和利用自然规律，与自然界和谐

---

① 《习近平谈治国理政》第四卷，外文出版社2022年版，第390页。

② 《习近平在全国卫生与健康大会上强调　把人民健康放在优先发展战略地位，努力全方位全周期保障人民健康》，《人民日报》2016年8月21日，第1版。

③ 中共中央、国务院：《“健康中国2030”规划纲要》，http://www.gov.cn/zhengce/2016-10/25/content5124174.htm.

④ 习近平：《全面提高依法防控依法治理能力　健全国家公共卫生应急管理体系》，《求是》2020年第5期，第6页。

⑤ 《习近平在联合国成立75周年系列高级别会议上的讲话》，人民出版社2020年版，第7页。

⑥ 《马克思恩格斯选集》第3卷，人民出版社2012年版，第54页。

⑦ 《马克思恩格斯选集》第2卷，人民出版社2012年版，第723页。

⑧ 《马克思恩格斯文集》第8卷，人民出版社2009年版，第170页。

相处；在国际安全方面，充满信心地预言："同那个经济贫困和政治昏聩的旧社会相对立，正在诞生一个新社会，而这个新社会的国际原则将是和平。"①

习近平总体国家安全观是由人民安全、政治安全、经济安全、军事科技文化社会安全、国际安全五要素内在贯通而构成的有机体系，统筹推进发展与安全、外部安全与内部安全、国土安全与国民安全、传统安全与非传统安全、自身安全与共同安全，科学处理国家安全的各构成要素和风险要素之间的相互关系，谋求世界人民的团结统一和整体安全，注重国家安全问题的多维度解决，是人类历史上国家安全优秀成果的集大成者，"在核心价值、构成要素、安全维度、维护策略上呈现出……'整合性'特征"②，"最鲜明的特征就是'总体'二字"③，形成了理论成系统、理论外延宽广、理论内涵丰富的国家安全战略格局。

新时代生物安全治理观以系统观念和系统思维来科学认识生态环境，科学处理人与自然的关系，秉持"人与自然是生命共同体""绿水青山就是金山银山"理念，强调："人不负青山，青山定不负人"④，克服了生态中心主义与人类中心主义的片面性；重视各治理主体的协同统一，坚持党的集中统一领导，着力构建统一指挥、专常兼备、反应灵敏、上下联动的中国特色应急管理体制，统一领导、权责一致、权威高效的国家应急能力体系，具有"协调发展的全局视野"⑤；秉持人与自然生命共同体、人类卫生健康共同体、全球发展共同体理念，重视多种治理方式的协同一致，强化全链条治理，统筹经济发展与生物安全，完善国家生物安全治理体系，高度彰显了马克思主义国家安全学说的系统性。

（三）彰显了马克思主义国家安全学说的创新性

马克思主义国家安全学说是一个在实践中不断创新发展的理论体系。马克

① 《马克思恩格斯文集》第3卷，人民出版社2009年版，第117页。

② 鞠丽华：《习近平总体国家安全观探析》，《山东社会科学》2018年第9期，第17~22页。

③ 陈文清：《总体国家安全观的生动实践和丰富发展——深入学习贯彻习近平总书记关于疫情防控的重要论述》，《中国信息安全》2020年第4期，第6~10页。

④ 《习近平出席〈生物多样性公约〉第十五次缔约方大会领导人峰会并发表主旨讲话》，《人民日报》2021年10月13日，第1版。

⑤ 邱超奕：《织密灾害事故防控网络，增强防范应对处置能力，推进应急管理体系和能力现代化建设》，《人民日报》2022年2月15日，第2版。

思、恩格斯创立了马克思主义国家安全观；列宁构建了以巩固政权安全为首、以捍卫意识形态领域安全为核心、以维护社会安全和军事安全为主、以争取国家安全为主要内容的国家安全观，推动马克思主义国家安全观发展到一个全新的历史阶段。从新中国成立到20世纪70年代末，毛泽东强调应“建设正规化、现代化的国防部队”①，形成了以军事安全为核心的国家安全观；从20世纪70年代末到80年代末，邓小平强调：“在较长时间内不发生大规模的世界战争是有可能的，维护世界和平是有希望的”②，形成了以经济安全为核心、重视综合安全的国家安全观；从20世纪90年代初到党的十八大，江泽民强调：“和平与发展仍然是当今世界两大主题”③，以互信、互利、平等、协作为核心的国家安全观不断成熟完善。

党的十八大以来，习近平总书记与时俱进地创新马克思主义国家安全观，在准确把握国家安全面临的新形势的基础上，形成了对各种国家安全威胁的新认识，提出了总体国家安全观，历史性拓展了马克思主义国家安全观的内涵和外延，要求整体、全面、系统地维护国家安全。2015年审议通过的《国家安全战略纲要》及新的《国家安全法》，“结束了中国国家安全无明确战略文本的历史”④，将国家安全提升到极其重要的战略高度，将总体国家安全观以法律形式予以确定，2020年又把生物安全纳入国家安全体系，推动马克思主义国家安全学说发展到一个新境界。

生物安全被纳入国家安全体系，是马克思主义国家安全观创新、开放发展的必然结果，彰显了马克思主义国家安全观的创新性。新时代生物安全治理观坚持“人民至上、生命至上”理念，把人民生命健康安全放在首位，将人民在生物安全中的地位和作用提高到了新高度；把新时代面临的各种生物安全内容融合为一个有机整体，坚持总体、开放的生物安全观；秉持人类命运共同体理念，倡导

① 《毛泽东军事文集》编写组：《毛泽东军事文集》第6卷，军事科学出版社1993年版，第315页。

② 《邓小平文选》第3卷，人民出版社1993年版，第127页。

③ 《江泽民文选》第1卷，人民出版社2006年版，第242页。

④ 王新俊：《中国特色国家安全道路六大特点》，《人民日报》2015年1月26日，第1版。

“多边主义，大家的事大家商量着办，推动各方各施所长、各尽所能”①，推动国际生物安全治理合作，高度彰显了马克思主义国家安全学说的创新性理论品格。

（四）彰显了马克思主义国家安全学说的实践性

“人的思维是否具有客观的真理性，这不是一个理论的问题，而是一个实践的问题。”②马克思主义国家安全学说具有鲜明的实践性。作为马克思主义国家安全观的创立者，马克思、恩格斯是从无产阶级夺取政权后如何巩固胜利果实的实践需要出发，深入思考了国家安全问题；作为世界上第一个社会主义国家的创立者，列宁是从帝国主义图谋不轨、国内反动势力蠢蠢欲动的国内外环境下，如何保护十月革命胜利果实的实践需要出发，深入思考了国家安全问题；作为新中国的创立者，毛泽东是从世界处于冷战阴影、武力干涉此起彼伏、反入侵和反武力斗争接续不断的国际政治形态下，如何维护国家主权和独立的实践需要出发，深刻思考了国家安全问题；作为改革开放的总设计师，邓小平是从美苏关系较为缓和、两大阵营内部解体分化、中西关系逐步改善、和平与发展成为时代主题的历史背景下，如何增强中国综合国力和综合安全的实践需要出发，深入思考了国家安全问题；江泽民和胡锦涛是从政治多极化、经济全球化的历史背景下，如何争取中国较长时期的和平环境的实践需要出发，深入思考了国家安全问题。来源于、发展于、检验于、服务于实践需要，是马克思主义国家安全观的显著特点。

党的十八大以来，各种新旧安全威胁相互渗透、相互交织，国际安全形势错综复杂。我国既面临着西方发达国家的战略遏制、意识形态渗透、贸易战、科技战，国土边境纷争不断，各种民族分裂活动猖獗等传统安全威胁，也面临着金融风险、粮食安全、气候变化、能源问题、公共卫生安全、生物多样性遭到破坏、基因信息泄露等非传统安全威胁。维护国家安全的挑战更趋多元化、任务更加艰巨。总体国家安全观是习近平总书记从新时代维护我国国家安全面临的新挑战出发，及时回应实践需要，总体推进维护国家安全实践而形成的理论创新成果。

新时代生物安全治理观把生物安全治理作为一项长期任务，注重持续用力，

---

① 《习近平谈治国理政》第三卷，外文出版社 2020 年版，第 491 页。

② 《马克思恩格斯选集》第 1 卷，人民出版社 2012 年版，第 134 页。

扎实推进，落到实处，抓实抓好抓出成效，着力推进生物技术研发及应用、健康发展，颁布了《中华人民共和国生物安全法》以明确维护生物安全的职责分工、督导检查，加强生物安全普及教育，推动构建包容协调、公正合理的国际生物安全治理新秩序，高度彰显了马克思主义国家安全学说的实践性。

第三节　创新发展马克思主义国家治理学说

随着科技进步和社会发展，生物安全领域面临着日益复杂多变的风险和挑战，需要加强顶层设计和系统治理，提高生物安全治理水平和能力。新时代生物安全治理观把生物安全治理作为国家治理体系和治理能力现代化的组成部分和必然要求，丰富发展了马克思主义国家治理学说的理论内涵和实践路径。

一、马克思主义经典作家的国家治理学说

马克思、恩格斯关于无产阶级专政、人的解放、资本主义批判、群众史观等理论，蕴涵着丰富的国家治理学说。列宁从俄国具体国情出发，对社会主义国家治理进行了理论创新与实践探索。

（一）马克思、恩格斯的国家治理学说

马克思、恩格斯在批判资本主义国家治理的基础上，构想了社会主义国家治理的根本原则、基本要求和价值旨归。

1. 批判资本主义国家治理

马克思、恩格斯认为，资本主义国家治理“在历史上曾经起过非常革命的作用”①，促进了生产力的发展，提出了民主、自由、人权等进步思想，用“三权分立”的资本主义民主政治制度取代了封建专制，给与公民一定的权利和自由，但资本主义国家政权本质上是为维护资产阶级利益服务的，资本主义国家治理的实质是用形式上的民主、自由、平等掩盖实质上的不民主、不自由、不平等。资本主义基本矛盾和主要矛盾的激化，必然会使资本主义国家治理陷入困境，“资产

① 《马克思恩格斯文集》第2卷，人民出版社2009年版，第33页。

阶级的生产关系和交换关系……这个曾经仿佛用法术创造了如此庞大的生产资料和交换手段的现代资产阶级社会，现在像一个魔法师一样不能再支配自己用法术呼唤出来的魔鬼了”①。

马克思、恩格斯在批判资本主义国家治理的基础上，预设了未来的国家治理趋势，认为未来社会的治理会回归到公共服务职能，目的是为了维护人的自由平等权利和社会和谐稳定，指出：“旧政权的纯属压迫性质的机关予以铲除，而旧政权的合理职能则从僭越和凌驾于社会之上的当局那里夺取过来，归还给社会的承担责任的勤务员。”②

2. 社会主义国家治理的基本原则是实施无产阶级专政及坚持无产阶级政党的领导

马克思、恩格斯认为，无产阶级夺取政权后还需要国家存在，之所以需要国家，“不是为了自由，而是为了镇压自己的敌人，一到有可能谈自由的时候，国家本身就不再存在了”③，社会主义国家治理的目标是为实现共产主义创造有利条件，“在资本主义社会和共产主义社会之间，有一个从前者变为后者的革命转变时期……这个时期的国家只能是无产阶级的革命专政”④，在政治上，“利用自己的政治统治，一步一步地……把一切生产工具集中在国家即组织成为统治阶级的无产阶级手里”⑤；在经济上，建立生产资料公有制，大力发展生产力，增加国民经济总量。

马克思、恩格斯强调，社会主义国家治理必须坚持无产阶级政党的领导，指出：“无产阶级……只有把自身组织成为与有产阶级建立的一切旧政党不同的、相对立的政党，才能作为一个阶级来行动。”⑥“共产党人始终代表整个运动的利益”⑦，共产党代表无产阶级和广大人民的整体利益，只有坚持党的领导，才能把无产阶级和广大人民有效组织起来，进行革命、夺取政权、管理国家，无产阶

① 《马克思恩格斯文集》第2卷，人民出版社2009年版，第37页。
② 《马克思恩格斯文集》第3卷，人民出版社2009年版，第156页。
③ 《马克思恩格斯选集》第3卷，人民出版社2012年版，第349页。
④ 《马克思恩格斯文集》第3卷，人民出版社2009年版，第445页。
⑤ 《马克思恩格斯文集》第2卷，人民出版社2009年版，第52页。
⑥ 《马克思恩格斯文集》第3卷，人民出版社2009年版，第228页。
⑦ 《马克思恩格斯文集》第2卷，人民出版社2009年版，第44页。

级政党担负起领导国家治理的重任是马克思主义国家治理的根本原则。

3. 社会主义国家治理的发展趋势是回归社会管理职能

马克思、恩格斯认为，氏族公社只有社会管理职能，国家是阶级社会里阶级统治的工具，资本主义国家是一个“虚幻的共同体”①，是一种“新的桎梏”②，是资产阶级维护本阶级利益的工具，社会管理职能成为“人民大众分离的公共权力”③，但是社会管理职能作为人类社会的一项长久职能仍然存在，只不过覆盖在阶级属性之下。

在共产主义社会，国家退出历史舞台，公共权力回归社会，社会进行自主治理。“国家消亡”并不是要使社会进入无政府的无序状态，而是将政府管理的权力交还给社会，由人民大众管理社会，“政治国家以及政治权威将由于未来的社会革命而消失，这就是说，公共职能将失去其政治性质，而变为维护真正社会利益的简单的管理职能”④。巴黎公社就是社会自主治理的伟大尝试，巴黎公社孕育着社会治理的未来发展方向。只有用社会力量代替政治力量、进行社会管理，才能真正彻底地实现人类解放。

4. 构建社会主义国家治理的法制保障

马克思、恩格斯认为，法制作为上层建筑的组成部分是由经济基础决定的，指出：“法的关系正像国家的形式一样……它们根源于物质的生活关系”⑤，刚刚建立的社会主义社会“它在各方面，在经济、道德和精神方面都还带着它脱胎出来的那个旧社会的痕迹”⑥，因此要以法律的手段来磨灭旧社会的痕迹，掌握、保持、巩固政权，赋予人民参与管理国家的权力。

5. 社会主义国家治理的价值旨归是实现人的自由全面发展

马克思、恩格斯认为，人的发展和解放分为三个阶段：“人之依赖性”阶段，生产资料公有，人们共同劳动和消费，但由于生产力水平低下，人的发展是片面

① 《马克思恩格斯文集》第1卷，人民出版社2009年版，第571页。
② 《马克思恩格斯文集》第1卷，人民出版社2009年版，第571页。
③ 《马克思恩格斯文集》第4卷，人民出版社2009年版，第135页。
④ 《马克思恩格斯文集》第3卷，人民出版社2009年版，第338页。
⑤ 《马克思恩格斯选集》第2卷，人民出版社2012年版，第2页。
⑥ 《马克思恩格斯选集》第3卷，人民出版社2012年版，第363页。

的、不均衡的；“人之独立但被物所奴役”阶段，生产力和人的生活水平得到了提升，形成了普遍性的物质交换关系，人开始独立，但由于资本主义私有制的生产方式，劳动异化现象严重，工人日益成为机器的附庸，人对物的依赖性在增强，人的发展是片面的发展；“人的自由而全面发展”阶段，生产力高度发达，“代替那存在着阶级和阶级对立的资产阶级旧社会的，将是这样一个联合体，在那里，每个人的自由发展是一切人的自由发展的条件”①。社会主义国家治理的目的就是为了使人类彻底地摆脱“人的依赖关系”和“物的依赖关系”，实现自由全面发展。

（二）列宁的国家治理学说

为巩固新生的苏维埃政权，列宁创造性运用马克思主义国家治理学说，采取了一系列治理措施，丰富发展了马克思主义国家治理的理论与实践。

1. 实施无产阶级专政，由人民治理国家

列宁认为，“国家是维护一个阶级对另一个阶级的统治的机器”②，无产阶级在推翻资产阶级统治后，还必须经历一个衰亡着的资本主义与生长着的共产主义彼此斗争的社会主义时期。这一时期，国家并未消亡，无产阶级必须建立自己的政权，实行无产阶级专政，这是因为资产阶级政权虽然被推翻，但资产阶级还没有被完全消灭，国内外资产阶级会联合起来反对无产阶级国家政权，只有实施无产阶级专政，才能维护和巩固广大人民的利益和民主权利。只是到了共产主义高级阶段，人们才不需要强制、不需要服从、不需要国家这种特殊机构，国家才会消亡，权力才会由全体劳动者共享。

列宁强调，在无产阶级专政条件下，“受资本主义压迫的劳动阶级空前广泛地实际享受到民主”③，“过渡到社会主义所必需的计算和监督，只能由群众来实行”④，劳动者是国家治理的主体，享有最高的国家治理权，“只有当我们正

① 《马克思恩格斯选集》第1卷，人民出版社2012年版，第422页。

② 《列宁选集》第4卷，人民出版社2012年版，第31页。

③ 《列宁选集》第3卷，人民出版社2012年版，第699页。

④ 《列宁选集》第3卷，人民出版社2012年版，第379页。

确地表现人民所意识到的东西时，我们才能管理”①，“一个国家的力量在于群众的觉悟”②。他认为，人民群众治理国家有一个从不精通到精通的发展过程，要求苏维埃政权相信人民群众能够学会管理国家，也一定能够管理好国家，要为人民群众治理国家创造有利条件，要求由有觉悟的“工人和士兵来领导学习管理国家的工作”③。

2. 坚持无产阶级政党对国家治理的领导核心作用

列宁强调，无产阶级政权“是通过无产阶级先进阶层来为劳动者实行管理而不是通过劳动群众来实行管理的机关”④，社会主义国家治理必须坚持和发挥无产阶级政党的领导核心作用，只有无产阶级政党才能团结、教育和组织无产阶级和全体劳动群众，领导他们进行联合行动。他认为，坚持无产阶级政党的领导核心作用在于坚持其对国家治理的“总领导”，而不是要党事无巨细管理一切、随意干预具体事项，在坚持党的领导的前提下，还必须发挥共青团、工会等群团组织的作用。

列宁强调，无产阶级政党要承担起在国家治理中的领导重任，必须坚持民主集中制，把“民主集中制”视为“必须无条件服从的组织原则”⑤，指出：“工人的社会民主党组织应当是统一的，但是，在这些统一的组织里，应当对党内的问题广泛地展开自由的讨论”⑥，“民主集中制和地方机关自治的原则所表明的正是充分的普遍的批评自由”⑦，并规定了“少数服从多数”等“民主集中制”的六个基本要求；必须加强党的纯洁性建设，既从正面强调：“维护我们党的坚定性、彻底性和纯洁性”⑧，要求注意党员质量的提高与党组织纯洁性的维护，要求广大党员不仅要在组织上入党而且要在思想上入党，坚定地对党忠诚，又从反面警醒，如果不加强党的纯洁性建设，“它就不可避免地会瓦解，首先在思想上瓦解，然

---

① 《列宁选集》第 4 卷，人民出版社 1972 年版，第 651 页。
② 《列宁全集》第 33 卷，人民出版社 1985 年版，第 16 页。
③ 《列宁选集》第 3 卷，人民出版社 2012 年版，第 305 页。
④ 《列宁选集》第 3 卷，人民出版社 2012 年版，第 770 页。
⑤ 《列宁专题文集·论无产阶级政党》，人民出版社 2009 年版，第 345 页。
⑥ 《列宁专题文集·论无产阶级政党》，人民出版社 2009 年版，第 345 页。
⑦ 《列宁专题文集·论无产阶级政党》，人民出版社 2009 年版，第 346 页。
⑧ 《列宁专题文集·论无产阶级政党》，人民出版社 2009 年版，第 349 页。

后在物质上瓦解”①；必须保持党的一致性，“党的政治行动必须一致”②，无产阶级政党在思想上、行动上必须保持高度一致。③

3. 实行恰当的经济治理政策

在经济文化相对落后的俄国如何建设社会主义，是一项崭新的国家治理难题，要克服许多难以想象的困难。对此，列宁有着清醒认识：“在这里既没有车辆，也没有道路，什么也没有，根本没有什么早经试验合格的东西。”④

苏维埃政权刚刚建立时，就面临着国内反革命暴乱、帝国主义武装入侵的严峻形势，为了集中力量满足战争需要，列宁领导苏联人民实行了战时共产主义政策，采取了工业国有化、余粮收集制、劳动义务制、高度集中的计划管理等举措。战时共产主义政策为举全国之力赢得战争的胜利，保卫新生的社会主义政权提供了物质保障，但高度集权和军事化管理违背了苏联当时的生产力发展水平和价值规律，在一定程度上侵犯了农民权益，影响了人民的生产积极性。

随着战时共产主义政策的负面作用的显现，列宁对经济治理政策进行反思，认为用“强攻”办法来实行社会主义的生产和分配原则的尝试已告失败，决定实行新经济政策。新经济政策用“粮食税”替代“余粮收集制”，允许多种经济成分同时并存，允许农民自由经商、自由贸易，有效调动了农民的生产积极性，提高了人民的生活水平，改善了国家经济状况。

4. 重视科技的作用

列宁高度重视学习和借鉴西方先进技术和管理经验，强调苏维埃共和国的建设离不开各方面的支持，尤其要注重引进西方先进的科学技术。“广泛地和全面地利用资本主义遗留给我们的、在通常情况下必然浸透了资产阶级的世界观和习惯的科学技术专家”⑤，认为“计算”有利于提高社会劳动生产率，推行“计算”和“监督”等经济治理新形式。

---

① 《列宁专题文集·论无产阶级政党》，人民出版社2009年版，第168页。

② 《列宁专题文集·论无产阶级政党》，人民出版社2009年版，第341页。

③ 崔华前：《马克思主义方法论的发展历程与当代创新》，武汉大学出版社2022年版，第125~126页。

④ 《列宁全集》第42卷，人民出版社1987年版，第448页。

⑤ 《列宁选集》第3卷，人民出版社2012年版，第727页。

5. 健全社会主义法制

列宁认为，法律是维护统治阶级利益、体现统治阶级意志和国家权力的一种重要手段，社会主义制度建立后要“以法律(宪法)保证全体公民直接参加国家的管理”①，把法律作为治理国家的重要手段，运用法律来保障人民参与国家管理的权利，由人民选举法官来代表人民行使司法权，每个公民都必须遵守法律，法官要依法保障人民的合法权益。

二、新时代生物安全治理观创新发展了马克思主义国家治理学说

新时代生物安全治理观既是马克思主义国家治理学说在生物安全领域的创造性应用，又丰富发展了马克思主义国家治理学说的理论内涵和实践要求，高度彰显了马克思主义国家治理学说的价值意蕴。

(一)丰富了马克思主义国家治理的主要内容

马克思主义国家治理体系是一个开放体系，马克思主义国家治理的主要内容随着国家治理的实践不断丰富发展，从经济治理、政治治理、文化治理逐步扩展到社会治理、生态治理。

党的十八大以来，习近平总书记把“确保人民群众生命安全和身体健康”视为党“治国理政的一项重大任务”②，清醒认识到生物安全对人民群众生命安全和身体健康构成的严重威胁，强调：“把生物安全纳入国家安全体系，系统规划国家生物安全风险防控和治理体系建设，全面提高国家生物安全治理能力”③，对国家治理的主要内容进行了调整，首次将生物安全纳入其中，丰富了马克思主义国家治理的主要内容。

1. 生物安全治理的内涵

所谓治理是指国家行政部门对公共事务的管理，“是一种内涵更为丰富的现

① 《列宁全集》第2卷，人民出版社1984年版，第90页。

② 习近平：《全面提高依法防控依法治理能力 健全国家公共卫生应急管理体系》，《求是》2020第5期，第6页。

③ 《十九大以来重要文献选编》中，中央文献出版社2021年版，第520页。

象。它既包括政府机制，同时也包括非正式、非政府的机制”①。随着各种生物安全问题的不断涌现，世界各国纷纷重视生物安全问题，开始把生物安全视为国家治理的手段和目标，生物安全治理由此形成。

生物安全治理的治理领域一开始限于农业领域，是指通过规范农业空间技术的研发及应用，促进农业空间技术健康发展，使动植物免受传染病和入侵物种侵害。随着生物安全的内涵和外延的不断延展，生物安全治理的视域也不断拓展，是指“在生物安全领域设定具体目标，通过既定的组织机制与政策规则开展相关活动，从而制定并实施更为广泛的目标和安全战略”②。

生物安全治理的主体主要包括国际组织、主权国家、科研机构、非政府组织等多个主体，我国生物安全治理的主体包括各级党委和政府、各种社会组织、公众等多个主体。生物安全治理的客体主要包括重大新发突发传染病、动植物疫情；生物技术研究、开发与应用；人类遗传资源与生物资源安全管理；外来物种入侵与保护生物多样性；微生物耐药性；恐怖主义袭击与生物武器威胁以及其他与生物安全相关的活动。

2. 生物安全治理的特点

生物安全治理作为新型治理方式，有着与经济治理、政治治理、文化治理等传统治理方式的不同特点。

(1)前瞻性。由于生物技术的发展及应用，生物安全问题的产生是一个动态的发展过程。有些生物技术可能产生负面影响，有些生物威胁的形成难以精准预测，有些生物实验室安全事件的发生难以完全避免，一些外来微生物入侵的危害一时难以认清，如起源于南美洲的水葫芦在刚刚引入我国的时候，人们并没有认识到它的危害，结果在短短几十年的时间里侵入我国华北、华中、华东、华南等十多个省市，“在生产结构、社会稳定、国际贸易和旅游资源等方面对我国产生了严重的影响”③，造成其他水生生物死亡、生态链失衡、生物多样性丧失、生

① 詹姆斯·N. 罗西瑙：《没有政府的治理》，张胜军等译，江西人民出版社 2001 年版，第 5 页。

② 肖晞、郭锐等：《生物安全治理体系与治理能力现代化研究》，世界知识出版社 2020 年版，第 3 页。

③ 刘鸿冉：《从“水葫芦事件”看生物入侵对生态的影响》，2019 年第 6 期(中)，第 80 页。

态灾害频发、水产品质量产量下降、景观的自然性和完整性受到破坏、航运业受到冲击等严重危害。但是这些生物威胁发生的方式、时间、范围，人们无法完全预知。因此，生物安全治理不仅要针对现实发生的生物安全危害，而且要前瞻性预测可能存在的生物安全隐患、风险，未雨绸缪、提前应对，尽力做好前瞻性防范措施，做到有备无患。

(2)系统性。在经济全球化趋势日益明显、各国联系日益密切的时代背景下，人与人之间的交往越来越频繁，人口流动性越来越强，“生物入侵物种作为入侵环境中的外来物种，由于缺乏天敌，通常是大规模繁殖和生长”①，“如果一旦出现未知型传染性病原体，通过国际航班、港口海岸……都有将病毒传播给其他国家的可能，每个国内国外频繁流动的劳动人口都是行走的病毒传播源”②，“新发和烈性传染病传播速度快，传播范围广，无有效的疫苗和药物，致死率高，容易导致社会恐慌，影响社会稳定和经济发展”③，因此，生物安全治理牵涉面广，需要各主体协调一致、各种资源整合利用，才能有效防控生物安全威胁。

(3)复杂性。生物安全涉及经济、政治、军事、生态等领域，包括传染病防治、防止外来物种入侵、保护生物遗传资源等，影响一个国家的生产生活、经济发展、政治实力，而且伴随生物技术的不断进步，生物安全呈越来越复杂的发展态势，加之生物安全和其他安全、国内生物安全和国际生物安全往往交流交织，生物安全治理的复杂性和难度不断加大。

3. 生物安全治理的演变

人类很早就有生物安全治理的相关实践。古罗马在 165 年到 265 年间发生五次大规模传染性疾病，主要病原体为鼠疫，且严重程度逐次升高，100 年来因鼠疫而丧失生命的人数占总人口数的三分之一。除了鼠疫，罗马城内还爆发过天花，因天花症状非常恐怖，造成民众极度恐慌。④ 我国历史上的霍乱、天花和鼠

① 刘鸿冉：《从“水葫芦事件”看生物入侵对生态的影响》，2019 年第 6 期(中)，第 81 页。

② 杨熙琳：《全球生物安全治理的中国路径探索》，吉林大学 2022 年硕士学位论文，第 17 页。

③ 关武祥、陈新文：《新发和烈性传染病的防控与生物安全》，《中国科学院院刊》2016 第 4 期，第 423~424 页。

④ 张迪：《古罗马瘟疫对公共卫生事业的影响》，《文存阅刊》2018 年第 21 期，第 1 页。

疫等重大传染性疾病也曾造成大量人员死亡，严重威胁社会稳定。为了人类的生存和发展，人类不得不加强生物安全治理。

生物安全问题真正引起人类的重视，始于1971年现代生物技术的发展。人们发现生物技术是把“双刃剑”，如果不加控制，会产生严重后果。

我国对生物安全问题的重视始于2003年爆发的非典型肺炎，之后新冠疫情的爆发，给我国带来了严重危害。习近平总书记把生物安全纳入国家安全，把生物安全治理纳入国家治理体系，顺应了时代发展和人民期盼，丰富完善了马克思主义国家治理的主要内容。

(二)完善了马克思主义国家治理的法律体系

习近平总书记高度重视我国生物安全领域的“补短板、强弱项”工作，大力推进生物安全法治建设，要求“健全国家生物安全法律法规体系”①，进一步完善了马克思主义国家治理的法律体系。

1. 西方发达国家的生物安全法律

西方发达国家一直高度重视生物安全法治建设，美国陆续发布《21世纪生物防御》《应对生物威胁国家战略》《国家生物防御战略》《国家卫生安全战略实施计划2019—2022》《新冠应对和大流行防范的国家战略》《美国大流行防范：转变我们的能力》《国家生物技术和生物制造倡议》《国家生物防御战略和实施计划》等，为生物安全治理提供法律支撑，《国家生物防御战略和实施计划》指出：“管理生物事件的风险，无论是自然发生的、意外发生的还是蓄意发生的，都是美国至关重要的利益”，“美国必须通过与多边机构、外国政府、公共和私营部门合作伙伴以及社区合作，采取协调一致的全社会行动，加强全世界的卫生安全体系，以继续发挥积极的全球领导力”。

英国发布了《国家安全战略和战略防务与安全评估》《国家生物安全战略》《全球卫生战略2014—2019》《全球卫生战略2020—2025》，为应对生物安全威胁提供宏观指导和法律支持；2016年，澳大利亚全新修订了《生物安全法》，详细

① 《习近平在中共中央政治局第三十三次集体学习时强调：加强国家生物安全风险防控和治理体系建设 提高国家生物安全治理能力》，《人民日报》2021年9月30日，第1版。

规定了生物安全的定性、管理细则、司法与卫生部门的工作职责等；新西兰的《生物安全法》详细规定了农业、园艺、林业等领域的生物安全风险防范措施。西方发达国家的生物安全法律包含一些合理因素和成功经验，为我国生物安全法治建设提供了借鉴参考。

2. 我国生物安全法治体系的发展过程

我国生物安全法治建设真正起步于20世纪90年代。我国于1993年加入《生物多样性公约》，1994年发布《中国生物多样性保护行动计划》，1997年发布《中国生物多样性国情研究报告》，1998年发布《中国履行生物多样性公约国家报告》2000年发布《中国国家生物安全框架》，2005年核准《生物多样性公约卡塔赫纳生物安全议定书》，2019年8月中国生物技术发展中心汇编出版《中华人民共和国生物安全相关法律法规规章汇编》，2019年10月《生物安全法(草案)》提交全国人大常委会审议，2020年十三届全国人大常委会第十六次会议通过《全国人大常委会关于全面禁止非法野生动物交易、革除滥食野生动物陋习、切实保障人民群众生命健康安全的决定》，2020年10月17日中华人民共和国第十三届全国人民代表大会常务委员会第二十二次会议通过《中华人民共和国生物安全法》，该法自2021年4月15日起施行。

在《中华人民共和国生物安全法》通过之前，我国生物安全法律法规和政策文件多为行业主管部门制定的行政规章，在系统性、全面性、协调性方面与西方发达国家存在一定差距，“由于我国生物物种资源管理法规制度尚不完善，在许多方面存在漏洞，致使国外机构和个人通过合作研究、旅游采集、合法贸易、边境走私、市场无序买卖、外资产业开发等多种方式，从中国获取大量生物材料，造成我国生物物种和基因资源的大量流失”①。

3. 我国生物安全法治体系的不断完善

针对我国生物安全法治建设薄弱的现状，习近平总书记强调要从立法、执法、司法、普法、守法各环节全面加强生物安全法治建设，为国家生物安全法治建设提供坚强保障，主要举措有：

① 薛达元：《新形势下应着重防范生物物种资源流失》，《学术前沿》2020年第10期，第70页。

(1)加强生物安全立法。我国生物安全立法与西方发达国家相比有较大差距，在新冠疫情之前甚至没有一部系统性、权威性的国家生物安全法律。针对这种情况，习近平总书记明确指出："要尽快推动出台生物安全法，加快构建国家生物安全法律法规体系、制度保障体系。"①他推动《中华人民共和国生物安全法》的制定和审议通过，构建了以《生物安全法》为统领，以《传染病防治法》《病原微生物实验室生物管理条例》《动物防疫法》等具体法律为支干的国家生物安全法制体系。

(2)加强生物安全执法。执法必严、违法必究是法治建设的基本要求。科学研究表明，很多病原体或病毒来自野生动物。实践表明，生物安全风险重在防控，一旦发生了生物安全风险，就要付出沉重代价。为此，习近平总书记强调："有关部门要加强法律实施，加强市场监管"，"从源头上控制重大公共卫生风险"②，要求依法严惩一切违反生物安全法律法规的团体或个人。

(3)加强生物安全司法。公正司法是党依法执政的必然要求，也是社会主义法治的本质要求。对此，习近平总书记强调："公平正义是司法的灵魂和生命"③，要求生物安全案件审理必须秉持公正司法要求、公正价值准则，强化奖惩执行，对违反法律法规的执法人员要依法依规处理。

(4)加强生物安全守法。加强普法教育、营造遵纪守法的良好社会氛围是倡导全民守法的基本前提。习近平总书记强调："深入开展国家安全宣传教育，切实增强全民国家安全意识。"④相对于国家安全方面的其他法律法规而言，社会大众对生物安全法律法规了解相对较少，因此更要加强生物安全普法教育，使老百姓养成自觉遵守国家生物安全法律法规的良好习惯。对此，习近平总书记专门强调要"加强生物安全法律法规和生物安全知识宣传教育，提高全社会生物安全风险防范意识"⑤。

---

① 中共中央党史和文献研究院：《习近平关于统筹疫情防控和经济社会发展重要论述选编》，中央文献出版社2020年版，第102页。

② 中共中央党史和文献研究院：《习近平关于统筹疫情防控和经济社会发展重要论述选编》，中央文献出版社2020年版，第47页。

③ 习近平：《坚定不移走中国特色社会主义法治道路 为全面建设社会主义现代化国家提供有力法治保障》，《求是》2021年第5期，第13页。

④ 《习近平关于总体国家安全观论述摘编》，中央文献出版社2018年版，第10页。

⑤ 《习近平在中共中央政治局第三十三次集体学习时强调：加强国家生物安全风险防控和治理体系建设 提高国家生物安全治理能力》，《人民日报》2021年9月30日，第1版。

（三）完善了马克思主义国家治理的制度体系

国家治理离不开制度建设，中国之治的基石是制度。习近平总书记将生物安全议题置于治理制度的整体框架之中，要求构建国家生物安全制度保障体系，完善了马克思主义国家治理的制度体系。

1. 完善公共卫生治理制度

完善重大疫情应对机制，要坚持政府主导、公益性主导、公立医院主导原则，建立以预防为主、医防结合的公共卫生体系，健全医疗服务体系，健全生物安全应急制度、一体化公共卫生救治体系、军民融合体系。

完善公共卫生监管制度，建立信用信息数据库，构建由政府主导、社会组织密切配合、社会公众主动参与的联合惩戒监督管理机制；转变政府职能，提升行政效率，强化政府服务意识，构建管理刚性与执法柔性相结合的监督模式，建立公共卫生质量控制与执法工作衔接机制、执法监督与行业指导良性互动机制，完善监督部门、市场经营者、社会组织、社区群众等多主体、全方位监督机制。

完善公共卫生学科建设制度，坚持预防与应急、教学与科研相统一的学科发展导向，完善医学机构与科研项目整合机制、“技术型+研究型”和“中医+西医”复合型预防医学人才培养模式、多学科多领域的交叉融合发展模式，建立健全学科人才培养体系和评估反馈机制。

2. 完善生物安全情报制度

加强生物安全情报工作的顶层设计，树立大情报观，加强对情报工作的前瞻布局和战略谋划，明确情报工作定位，整合生物安全信息资源的专门情报机构，健全完善生物安全信息情报工作体系。

加强生物安全情报工作的制度保障，立足生物安全，坚持系统思维，发挥《生物安全法》对生物安全情报工作的统领作用，建立《反间谍法》《国家安全法》《反恐怖主义法》《国家情报法》《传染病防治法》《进出境动植物检疫法》《转基因食品安全管理条例》《科学技术进步法》《国境卫生检疫法》等生物安全相关法律法规在情报内容上的衔接机制，构建生物安全情报工作的法律保障体系。

加强生物安全情报信息数据库建设，把习近平总书记的“要鼓励运用大数据、人工智能、云计算等数字技术，在疫情监测分析、病毒溯源、防控救治、资源调配等方面更好发挥支撑作用"①的重要指示落实到生物安全情报工作中，发挥数据库在存储生物遗传资源、数据分析、大数据应用等方面源头保障作用，推动国家数据存储安全和使用标准建设、生物信息数据国际交流合作，健全区域性生物信息数据机制。

3. 完善生物科技伦理制度

完善生物医学伦理审查制度，提高《涉及人的生物医学研究伦理审查办法》的立法层级，扩大其适用范围，制定其配套准则和适用指南；完善伦理委员会监管方式，明确其法律地位、职权职责、监管体制，构建伦理委员会准入与认证制度。

完善生物技术损害赔偿责任制度，《民法典》《食品安全法》《消费者权益保护法》等法律关于民事责任的划分中，可引入"惩罚性赔偿"制度，强化民事赔偿责任，有效补偿受害人，加重惩罚侵权人。

完善生物科技伦理道德建设机制，加强广大青年学生的道德伦理教育，引导他们树立科学的技术伦理价值观；强化生物技术研究人员的道德责任意识，引导他们严格遵守职业道德规范，严格履行社会责任；加强生物技术伦理知识普及力度，构建由政府引导、社会参与的生物技术伦理宣传教育模式，引导社会公众进行客观公正的生物科技伦理评价。

（四）增强了马克思主义国家治理的科技支撑

党的十八大以来，习近平总书记高度重视科学技术在国家发展全局中的核心驱动和关键支撑作用，尤其重视生物技术的研发应用和自主创新能力，增强了马克思主义国家治理的科技支撑。

1. 生物技术的特点

生物技术作为生物安全治理能力的重要支撑，有着不同于其他技术的鲜明特点：

（1）应用广泛性。生物技术可以广泛应用于食品工业、农业、医药、环境保

① 央视新闻：《习近平：把生物安全纳入国家安全体系 尽快推动出台生物安全法》，http://news.china.com.cn/2020-02/14/content_75706038.htm.

护等领域。人们可以应用基因工程、细胞工程、酶工程、发酵工程等生物技术，根据自己的意愿、目的，实现不同物种、动物与植物、细菌与动植物之间的杂交，打破不同物种之间的界限；定向改造生物遗传特性，影响人类自身的进化过程；改变生物遗传基因，加快生物类型更新速度。

人们可以运用基因工程技术、微生物发酵技术、基因编辑技术，生产食品添加剂，提高食品的产量和质量，改善食品的口感和营养价值，提升食品生产的效率；可以运用转基因技术、杂交技术，增强农作物的抗虫性、抗草害性，实现农作物产量的倍速增长，改善农作物的外形、口感和营养；运用细胞培养技术、蛋白质合成技术、克隆技术，支持药物研发及应用；应用现代生物技术，加强环境生物监测，有效处理污水、土壤污染、白色污染、化学农药，降低生态环境保护和修复成本，提升生态环境保护能力。

(2)手段多样性。生物技术经过上千年特别是最近几十年的发展，已由最初的动植物选种育种技术、微生物发酵技术发展到现在重组 DNA 技术、细胞融合技术、转基因技术等，种类繁多，主要包括基因工程、细胞工程、发酵工程和酶工程四大类技术。

基因工程，亦称 DNA 重组技术，是生物技术的核心，包括转基因作物和杂交技术；细胞工程，是对细胞生物学和分子生物学的原理和方法的应用，包括克隆、体细胞杂交、试管婴儿和干细胞技术；发酵工程，亦称微生物工程，包括发酵技术及其产业化应用；酶工程，是对酶进行分离、提纯、固化以及加工改造，包括食品工程技术、医药工程技术。生物技术被广泛运用于现实生活中，便利了人们的生活，提升了人们的生活质量。

(3)效果双重性。生物技术是一把“双刃剑”，收益和风险并存。如果生物技术健康发展、使用适当，可以造福人类；如果生物技术被滥用、误用、谬用，也可能严重危害人类。

试管婴儿、人工授精等生物技术的应用，既是不孕不育群体的福音，但同时“地下代孕”“贩卖婴儿”等现象也带来了道德与法律层面的双重挑战；转基因技术的应用虽然有利于解决人类粮食危机、改善人类食品质量，但同时也给人类生物多样化保护带来了严峻挑战；生化武器使用、生物恐怖主义、生物实验室泄漏等也严重威胁着人类安全。

2. 生物技术与国家安全息息相关

现代生物技术不仅关乎人类生产生活，而且关系国家利益和国家安全，影响着一国的社会稳定和人民健康。生物技术水平正成为一国的生物安全乃至国家安全的核心竞争力。

(1)生物科技滥用严重威胁人类安全。克隆技术和转基因技术等生物科技的发展，虽然有利于人类抗击疾病和延年益寿，但也给人类伦理和基因安全带来严重威胁，国际科学界呼吁要高度警惕克隆技术，《联合国关于人的克隆的宣言》强调："注意到人的克隆可能对所涉及的人产生医学、身体、心理和社会方面的严重危险，也认识到必须防止对妇女的剥削，深信必须紧急防止人的克隆可能对人类尊严造成的危险。"①转基因技术虽然提升了食品的产量和质量，但也存在着食品安全、生态环境和生物多样性问题等隐患。

(2)生化武器使用严重威胁人类安全。生化武器的开发与微生物学和免疫学的发展高度关联，由当初的细菌制剂不断向病毒类、毒素类和真菌类制剂拓展，在一战中被德国使用后，各帝国主义国家纷纷将之投入实战，造成了大量人员伤亡。美国曾遭受到"炭疽邮件"的袭击，2018 年叙利亚东古塔战事中也曾出现了生化武器袭击。为了防止生化武器的威胁，《禁止生物武器公约》于 1972 年开放签署并于 1975 年生效，《禁止化学武器公约》于 1992 年由联合国大会通过并于 1997 年正式生效，但有些缔约国仍秘密研发生化武器，而非缔约国则不受限制。

(3)生物实验室泄露严重威胁人类安全。生物实验室是研发生命科技、贮存细菌和病毒样本的特殊场所，生物实验室如果发生泄露，会因致命性病毒的死灰复燃和传播而给人类安全带来严重威胁。2014 年美国两家生物实验室分别发生了炭疽菌事故和天花病毒事故，2019 年储藏着天花、埃博拉和炭疽等病毒的俄罗斯国家病毒学与生物技术研究中心发生实验室爆炸并引发火灾。在残酷的事实面前，美国疾病控制和预防中心主任托马斯·弗里登指出："需要审视我们所有的实验室安全问题了。"②

① 《联合国关于人的克隆的宣言》，https://www.un.org/zh/documents/view_doc.asp?Symbol=A/RES/59/280.

② 林小春：《美国政府生物实验室连曝安全事故》，http://www.xinhuanet.com/world/2014-07/12/c_1111582866.htm.

3. 新时代我国生物技术的发展

21世纪以来，我国生物技术发展取得了长足进步，“自‘十一五’伊始，生物技术产业在我国以大约30%的年均速度递增，其中2011年生物技术产业总产值达到2万亿元，尤其在2013年至2015年间，我国生物技术产业总产值的年均增速全部超过了20%”①，但在生物合成、药物研发、人工智能、农牧育种等领域，与西方发达国家仍存在较大差距。

生物安全带有明显的技术性特征，生物安全风险的防范、产生、应对、消除等环节都离不开生物技术的支持，传染病防治、生物多样性保护都离不开生物技术的帮助。因此，习近平总书记强调：“生命安全和生物安全领域的重大科技成果也是国之重器”②，要求加大卫生健康领域的科技投入，提高疫病防控与公共卫生领域的战略科技力量和战略储备能力，加强生命科学领域的基础研究与医疗健康关键技术突破，要求“加快推进生物科技创新和产业化应用，推进生物安全领域科技自立自强，打造国家生物安全战略科技力量，健全生物安全科研攻关机制，严格生物技术研发应用监管，加强生物实验室管理，严格科研项目伦理审查和科学家道德教育。……在尊重科学、严格监管、依法依规、确保安全的前提下，有序推进生物育种、生物制药等领域产业化应用。要把优秀传统理念同现代生物技术结合起来，中西医结合、中西药并用，集成推广生物防治、绿色防控技术和模式，协同规范抗菌药物使用，促进人与自然和谐共生”③。

在习近平总书记的战略谋划和关心重视下，我国生物安全领域的投入不断加大，不断加强动物学、植物学、微生物学、病毒学等生物安全基础学科建设，不断加强生命科学、基础医学、临床医学、护理学、传染病学、重症医学、流行病学、预防医学、康复医学等生物安全基础研究，不断加强生物安全实验室建设和管理，加强公共卫生和疾病防控等生物安全前沿问题研究，不断降低生物技术的

① 李何：《中国生物技术产业的现状与发展趋势探微》，《农村经济与科技》2018年第24期，第113页。

② 中共中央党史和文献研究院：《习近平关于统筹疫情防控和经济社会发展重要论述选编》，中央文献出版社2020年版，第102页。

③ 《习近平在中共中央政治局第三十三次集体学习时强调：加强国家生物安全风险防控和治理体系建设　提高国家生物安全治理能力》，《人民日报》2021年9月30日，第1版。

对外依赖程度，尤其是新冠疫苗的开发、使用和对外援助获得了国际社会的一致好评。

（五）加强了马克思主义国家治理的要素整合

习近平总书记在党的十九大报告中强调要“构建一体化的国家战略体系和能力”①，在中央全面深化改革委员会第十二次会议上强调要“系统规划国家生物安全风险防控和治理体系建设，全面提高国家生物安全治理能力”②，在中共中央政治局第三十三次集体学习时强调“要强化系统治理和全链条防控，坚持系统思维，科学施策，统筹谋划，抓好全链条治理”③，以系统思维谋划生物安全治理，加强了马克思主义国家治理的要素整合。

1. 加强了生物安全的主体要素整合

生物安全是一种复合交叉的国家安全，所涉单位众多，涉及自然资源、卫生健康、科学技术、军事机关等单位部门。新时代生物安全治理观强调，要健全国家生物安全工作组织领导体制机制，强化各级生物安全工作协调机制，加强党中央的集中统一领导与统筹协调，加强党政部门、企业、各类社会组织等多元主体之间的通力合作，各级党组织和行政单位、各企事业单位和社会组织团体都要增强大局意识，“各地区各部门要各司其职、各负其责，密切配合、通力合作，勇于负责、敢于担当，形成维护国家安全和社会安定的强大合力”④，做到多元主体间边界清晰、平衡互动，有效增强了国家治理的主体要素整合。

2. 加强了生物安全治理的环节要素整合

生物安全治理由风险监测预警、快速感知识别、快速应急响应等环节构成，各环节相互衔接，共同影响着生物安全的治理效能。新时代生物安全治理观强

① 《习近平著作选读》第2卷，人民出版社2023年版，第45页。

② 《习近平主持召开中央全面深化改革委员会第十二次会议强调：完善重大疫情防控体制机制　健全国家公共卫生应急管理体系》，《人民日报》2020年2月15日，第1版。

③ 《习近平在中共中央政治局第三十三次集体学习时强调：加强国家生物安全风险防控和治理体系建设　提高国家生物安全治理能力》，《人民日报》2021年9月30日，第1版。

④ 《切实维护好国家安全和社会安定　为实现奋斗目标营造良好社会环境》，《人民日报》2014年4月27日，第1版。

调，生物安全要进行全链条防控、全链条治理，完善各环节体系，提升各环节能力，增强早期监测预警能力，关口前移、从源头上预防和控制，做到早发现、早预警、早应对，有效提升生物安全治理的效率，有效增强了国家治理的环节要素整合。

3. 加强了生物安全治理的资源要素整合

生物安全包括生物武器攻击、生物恐怖袭击、生物技术误用滥用、生物资源流失、传染病疫情等多方面内容，涉及政治、经济、社会、军事、人口等多个领域。新时代生物安全治理观强调，要充分发挥社会主义集中力量办大事的制度优势，统一指挥，统一调配人力、物力、财力等各种资源，提升生物安全资源的使用效率，有效增强了国家治理的资源要素整合。

（六）推进了马克思主义国家治理体系和治理能力的现代化

习近平总书记非常重视国家治理体系和治理能力的现代化，他在党的十八届三中全会上把推进国家治理体系和治理能力现代化视为全面深化改革的总目标，在党的十九届四中全会上把推进国家治理体系和治理能力现代化视为党的一项重大战略任务，在党的十九届五中全会上把基本实现国家治理体系和治理能力现代化视为中国式现代化的愿景目标之一。在推进国家治理体系和治理能力的现代化落实于国家安全领域方面，他提出了推进国家安全体系和能力现代化的战略要求，并于党的二十大报告中专章论述了“推进国家安全体系和能力现代化，坚决维护国家安全和社会稳定”①等问题。

21 世纪，随着生物科技与生物安全在治国理政中的地位和作用日益显著，习近平总书记明确提出了“全面提高国家生物安全治理能力”②的要求。生物安全治理体系是一个综合全面的治理体系，事关整个国家治理体系的完善和治理能力的提升，深刻影响和推动国家治理的改革创新。推进生物安全治理能力的现代化，对于推进国家治理能力的现代化具有重要意义。

① 习近平：《高举中国特色社会主义伟大旗帜　为全面建设社会主义现代化国家而团结奋斗——在中国共产党第二十次全国代表大会上的报告》，人民出版社 2022 年版，第 52 页。

② 《习近平主持召开中央全面深化改革委员会第十二次会议强调：完善重大疫情防控体制机制，健全国家公共卫生应急管理体系》，《人民日报》，2020 年 2 月 15 日，第 1 版。

1. 推进生物安全信息监测预警能力的现代化

新时代生物安全治理观主张，健全完善生物安全信息数据库，通过数据库的网络共享，畅通生物安全信息传递，提升生物安全应急反应速度和能力，推动公共卫生与医疗服务等生物安全治理主体之间的高效协同；推进生物安全电子政务建设和信息系统的整合共享，打通医疗、工信、交通、科技等部门间的生物安全信息数据壁垒，确保在突发生物安全事件时政务数据资源能够发挥最大价值；运用大数据、人工智能、云计算等现代信息技术，建立健全生物安全信息监测预警机制，提升传染病监测分析、病毒溯源、防控救治、资源调配能力和效率，做到及时追根溯源、第一时间做出反应。

2. 推进生物安全事件应急响应能力的现代化

加强对广大民众的生物安全知识和法律教育，提高公众生物安全风险防范意识和能力，使他们掌握必要的应对生物安全威胁基本技能，确保在发生生物安全事件时，人们能沉着冷静、积极配合、有效应对，消除社会恐慌；组织生物安全知识培训，邀请法学、医学专家对相关部门和机构进行生物安全法律和医学知识讲座，提升生物安全治理主体的应急响应能力；开展企业、学校、社区的生物安全演练，组织交通、物流、后勤保障等部门的生物安全应急能力提升培训，提升民众、社会、国家的生物安全应急响应联动力。

3. 推进生物安全建设能力的现代化

新时代生物安全治理观主张，要从本国国情出发，借鉴西方发达国家的有益经验和做法，制定我国生物安全战略，提供生物安全治理能力现代化建设的理论指导；成立生物安全专门领导机构，负责处理生物安全治理问题，统筹协调生物安全治理各部门行动、各环节联动、各资源调配；完善以《中华人民共和国生物安全法》为核心的生物安全法律体系，提供生物安全治理能力现代化的法律保障；加强生物安全信息管理能力建设，做好生物安全舆情分析及应对，提升政府相关部门人员特别是新闻发言人的生物安全信息发布和公众沟通能力，满足公众的生物安全知情权和监督权，提升政府的公信力；综合运用传统媒介和新兴传媒，加强对新闻媒体的监管，加大中国速度、中国力量、中国形象的宣传力度。

第四节　创新发展马克思主义世界历史理论

新时代生物安全治理观以马克思主义的“无产阶级只有在世界历史意义上才能存在”①的世界历史理论为指导，秉持人类命运共同体理念，倡导“守望相助，携手应对风险挑战，共建美好地球家园”②，提供了世界生物安全治理的中国方案，拓展了人类命运共同体的内涵，彰显出胸怀天下的理论品格，创新发展了马克思主义世界历史理论。

一、马克思主义世界历史理论

作为唯物史观的重要组成部分，马克思主义世界历史理论高度概括了世界各国家各民族走向“一体化”的时代背景和内在动力，揭示了人类历史发展的有机整体性，为人类命运共同体理念和国际生物安全治理观提供了理论基础。

（一）世界历史的形成前提

马克思、恩格斯认为，世界历史是指世界各国家各民族相互联系、相互影响而形成为一个有机整体的历史，世界历史发端于15世纪中叶的世界地理大发现，以交通运输业的快速发展为形成前提。

马克思、恩格斯认为，在世界地理大发现之前，人们的交往范围狭窄，世界各民族各国家处于相对隔离状态，世界地理大发现开辟了新航路，开始了资本主义殖民化过程，促进了交通运输业的快速发展，打破了世界各民族各国家的地域隔绝状态，推动了历史向世界历史的转变，“随着美洲和通往东印度的航线的发现，交往扩大了，工场手工业和整个生产运动有了巨大的发展。从那里输入的新产品，特别是进入流通的大量金银完全改变了阶级之间的相互联系，并且沉重地打击了封建土地所有制和劳动者；冒险的远征，殖民地的开拓，首先是当时市场已经可能扩大为而且日益扩大为世界市场——所有这一切产生了历史发展的一个

① 《马克思恩格斯文集》第1卷，人民出版社2009年版，第539页。

② 《习近平同联合国秘书长古特雷斯通电话》，《人民日报》2020年3月13日，第1版。

新阶段”①。

马克思、恩格斯认为，人员的世界范围流动、信息的世界范围传播、商品的世界范围交换、世界市场和世界历史的形成，都离不开交通运输业的发展，不仅需要大力发展铁路、远洋轮船等交通运输工具，“近 50 年来，交通方面已经发生了革命，只有 18 世纪下半叶的工业革命才能与这一革命相比……在海上，缓慢的不定期的帆船已经被快捷的定期的轮船航线排挤到次要地位，并且整个地球布满了电报网。苏伊士运河才真正开辟了通往东亚和澳洲的轮船交通。1847 年，运往东亚的商品的流通时间，至少还需要 12 个月，现在已经减少到 12 个星期左右”②，“1848—1866 年英国贸易的空前繁荣(通常这只是被归功于自由贸易，其实更多地应归功于铁路、远洋轮船以及全部交通工具的巨大发展)”③，需要大力发展电报等信息传输工具，“电报已经把整个欧洲变成了一个证券交易所；铁路和轮船已经把交通和交换扩大了百倍”④。

马克思、恩格斯认为，交通运输业的快速发展节省了商品的运输时间和生产成本，使得人际交往的空间由地中海拓展为大西洋进而拓展到太平洋，最终形成了商品生产和销售全球化，促成了世界市场和世界历史的形成，他们并指出：“资产阶级社会的真正任务是建成世界市场(至少是一个轮廓)和确立以这种市场为基础的生产。因为地球是圆的，所以随着加利福尼亚和澳大利亚的殖民地化，随着中国和日本的门户开放，这个过程看来已完成了。”⑤

(二)世界历史的形成动力

马克思、恩格斯认为，资本主义生产方式打破了世界各民族各国家的封闭、隔绝状态，使东方落后国家从属于西方资本主义国家，使世界联结为一体，促成了世界历史的形成。

① 《马克思恩格斯文集》第 1 卷，人民出版社 2009 年版，第 562 页。
② 《马克思恩格斯文集》第 7 卷，人民出版社 2009 年版，第 84 页。
③ 《马克思恩格斯文集》第 3 卷，人民出版社 2009 年版，第 519 页。
④ 《马克思恩格斯全集》第 14 卷，人民出版社 2013 年版，第 43 页。
⑤ 《马克思恩格斯文集》第 10 卷，人民出版社 2009 年版，第 166 页。

1. 资本主义大工业的发展推动

生产力是人类社会发展的根本动力，决定着人类社会的发展阶段和发展状态，“历史向世界历史的转变，不是‘自我意识’、世界精神或者某个形而上学幽灵的某种纯粹的抽象行动，而是完全物质的、可以通过经验证明的行动”①。在资本主义生产方式发生前，生产力发展水平低下，“小农人数众多，他们的生活条件相同，但是彼此间并没有发生多种多样的关系。他们的生产方式不是使他们互相交往，而是使他们互相隔离。这种隔离状态由于法国的交通不便和农民的贫困而更为加强了”②。资本主义生产方式促进了分工的扩大、地域性局限的消失、市场范围的不断扩大，进而形成世界市场，推动历史开始向世界历史转变。世界历史是一个历史范畴，是资本主义大工业发展的产物，资本主义大工业“创造了交通工具和现代的世界市场，控制了商业，把所有的资本都变为工业资本，从而使流通加速(货币制度得到发展)、资本集中……它首次开创了世界历史，因为它使每个文明国家以及这些国家中的每一个人的需要的满足都依赖于整个世界，因为它消灭了各国以往自然形成的闭关自守的状态”，“大工业到处造成了社会各阶级间相同的关系，从而消灭了各民族的特殊性”③。

2. 资本的扩张推动

现代资本有着无限扩张的本性，分割成各个部分的世界市场、各国之间竞争的消除、生产本身的不灵活等限制了流通，限制了资本的扩张速度，于是“资本一方面要力求摧毁交往即交换的一切地方限制，征服整个地球作为它的市场，另一方面，它又力求用时间去消灭空间，就是说，把商品从一个地方转移到另一个地方所花费的时间缩减到最低限度。资本越发展，从而资本借以流通的市场，构成资本流通空间道路的市场越扩大，资本同时也就越是力求在空间上更加扩大市场，力求用时间去更多地消灭空间”④。资本的扩张本性推动了世界历史的形成。

3. 资产阶级的利益推动

资产阶级作为资本的人格化主体，利用经济上、军事上的优势地位，为了追

① 《马克思恩格斯文集》第1卷，人民出版社2009年版，第541页。
② 《马克思恩格斯文集》第2卷，人民出版社2009年版，第566页。
③ 《马克思恩格斯文集》第1卷，人民出版社2009年版，第566、567页。
④ 《马克思恩格斯文集》第8卷，人民出版社2009年版，第169页。

求利润的最大化，总是想方设法地在全世界推行资本主义生产方式，把落后国家纳入世界市场，瓦解它们的自然经济基础，使它们变成资本主义的原料产地和商品倾销地，“它迫使一切民族——如果它们不想灭亡的话——采用资产阶级的生产方式；它迫使它们在自己那里推行所谓的文明，即变成资产者。一句话，它按照自己的面貌为自己创造出一个世界”①。资产阶级在追求自身利益的驱动下，消灭了世界各民族各国家的闭关自守状态，使整个世界的生产和消费紧密联系为一体，推动世界历史的不断发展。

（三）世界历史的形成机理

马克思、恩格斯认为，生产力、分工和交往的发展促进了世界历史的形成，他们指出：“各民族之间的相互关系取决于每一个民族的生产力、分工和内部交往的发展程度。这个原理是公认的。”②

1. 世界历史是生产力发展的结果

在自然经济状态下，人们自给自足，只是在狭窄的范围内和孤立的地点上发展着，“每一个农户差不多都是自给自足的，都是直接生产自己的大部分消费品，因而他们取得生活资料多半是靠与自然交换，而不是靠与社会交往”③。随着生产力发展水平的不断提高，人们开始有了剩余产品，于是有了通过交换来满足多样化需求的动机，促进了商品经济的发展。随着生产力的进一步发展，开始出现了社会分工，商品交换越来越频繁，社会交往越来越普遍，“只有随着生产力的这种普遍发展，人们的普遍交往才能建立起来”④。工业革命后，资本主义生产方式大大促进了生产力的发展，进而促进了世界历史的形成，“某一个地域创造出来的生产力，特别是发明，在往后的发展中是否会失传，完全取决于交往扩展的情况……只有当交往成为世界交往并以大工业为基础的时候，只有当一切民族都卷入竞争斗争的时候，保持已创造出来的生产力才有了保障”⑤。

---

① 《马克思恩格斯文集》第2卷，人民出版社2009年版，第35~36页。
② 《马克思恩格斯文集》第1卷，人民出版社2009年版，第520页。
③ 《马克思恩格斯文集》第2卷，人民出版社2009年版，第566页。
④ 《马克思恩格斯文集》第1卷，人民出版社2009年版，第538页。
⑤ 《马克思恩格斯文集》第1卷，人民出版社2009年版，第559~560页。

2. 世界历史是分工深化的结果

“分工是迄今为止历史的主要力量之一。”①分工深化使得每个人都必须现实地依赖于他人，促进了普遍交往的扩大化和世界性交往的形成，分工深化的结果是消除了不同民族之间的分工，形成了国际分工体系，“由于机器和蒸汽的应用，分工的规模已使脱离了本国基地的大工业完全依赖于世界市场、国际交换和国际分工”②，国际分工体系的形成使得各国之间的联系日益紧密，相互依赖的程度越来越高，“这些工业所加工的，已经不是本地的原料，而是来自极其遥远的地区的原料；它们的产品不仅供本国消费，而且同时供世界各地消费。旧的、靠本国产品来满足的需要，被新的、要靠极其遥远的国家和地带的产品来满足的需要所代替了。过去那种地方的和民族的自给自足和闭关自守状态，被各民族的各方面的互相往来和各方面的互相依赖所代替了”③。分工的国家化、世界性促进世界历史的形成，“各民族的原始封闭状态由于日益完善的生产方式、交往以及因交往而自然形成的不同民族之间的分工消灭得越是彻底，历史也就越是成为世界历史”④。

3. 世界历史是交往扩大的结果

生产力的发展、分工的深化使得人类交往由普遍性交往发展为世界性交往，使得世界各国之间的交往越来越频繁，经济交往的日益频繁促进了各国之间的文化交往，“资产阶级，由于一切生产工具的迅速改进，由于交通的极其便利，把一切民族甚至最野蛮的民族都卷到文明中来了”⑤。“大工业国工人的不断‘过剩’，大大促进了国外移民和外国的殖民地化，而这些外国变成宗主国的原料产地，例如澳大利亚就变成羊毛产地。”⑥国际生态交往问题是伴随着国际商品生产、商品贸易往来而产生的，“大土地所有者使农业人口减少到一个不断下降的最低限量，而同他们相对立，又造成一个不断增长的拥挤在大城市中的工业人

① 《马克思恩格斯文集》第1卷，人民出版社2009年版，第551页。
② 《马克思恩格斯文集》第1卷，人民出版社2009年版，第627页。
③ 《马克思恩格斯文集》第2卷，人民出版社2009年版，第35页。
④ 《马克思恩格斯文集》第1卷，人民出版社2009年版，第540~541页。
⑤ 《马克思恩格斯文集》第2卷，人民出版社2009年版，第35页。
⑥ 《马克思恩格斯文集》第5卷，人民出版社2009年版，第519页。

口。由此产生了各种条件，这些条件在社会的以及由生活的自然规律所决定的物质变换的联系中造成一个无法弥补的裂缝，于是就造成了地力的浪费，并且这种浪费通过商业而远及国外”①。世界交往是世界市场形成的基础，是历史转变为世界历史的最后环节。

（四）世界历史的演进特征

世界历史是在资本扩张和殖民掠夺的基础上形成和发展的，必然会造成一部分民族、一部分地区依附于由西方发达国家和西方文明营建的不平等、不平衡的结构模式，这种依附性结构模式既表现为东方落后国家与西方发达国家之间的不平等、不平衡，“正像它使农村从属于城市一样，它使未开化和半开化的国家从属于文明的国家，使农民的民族从属于资产阶级的民族，使东方从属于西方”②，也表现为资本主义国家之间的不平等、不平衡，“国家之间可以不断进行交换，甚至反复进行规模越来越大的交换，然而双方的赢利无须因此而相等。一国可以不断攫取另一国的一部分剩余价值而在交换中不付任何代价”③。

这种民族及地区之间的不平等、不平衡到了帝国主义阶段表现得更加明显，“整个说来，资本主义的发展比从前要快得多，但是这种发展不仅一般地更不平衡了，而且这种不平衡还特别表现在某些资本最雄厚的国家（英国）的腐朽上面”④，发展不平衡是“资本主义的绝对规律”⑤，这种民族、地区之间的不平等、不平衡是世界历史发展的产物，也必将随着资本主义基本矛盾的世界性反应、所有国家向着“自由人联合体”的方向发展、世界历史与共产主义的融汇而消亡。

（五）世界历史的未来图景

马克思、恩格斯认为，资本主义不能终结世界历史，资产阶级虽然开创了世界历史进程，促进了世界历史进步，“资产阶级在它的不到一百年的阶级统治中

---

① 《马克思恩格斯文集》第7卷，人民出版社2009年版，第918~919页。

② 《马克思恩格斯文集》第2卷，人民出版社2009年版，第36页。

③ 《马克思恩格斯全集》第46卷下，人民出版社1980年版，第402页。

④ 《列宁选集》第2卷，人民出版社2012年版，第685页。

⑤ 《列宁专题文集·论社会主义》，人民出版社2009年版，第4页。

所创造的生产力，比过去一切世代创造的全部生产力还要多，还要大”①，但“资本来到世间，从头到脚，每个毛孔都滴着血和肮脏的东西”②，“资产阶级撕下了罩在家庭关系上的温情脉脉的面纱，把这种关系变成了纯粹的金钱关系”③。资本主义制造了两极分化和对立，产生了普遍而严重的劳动异化，形成了世界范围内的不平等，“一种与机器生产中心相适应的新的国际分工产生了，它使地球的一部分转变为主要从事农业的生产地区，以服务于另一部分主要从事工业的生产地区”④，“英国应当成为‘世界工厂’，其他一切国家对于英国应当同爱尔兰一样，成为英国工业品的销售市场，同时又供给它原料和粮食。英国是农业世界的伟大的工业中心，是工业太阳，日益增多的生产谷物和棉花的爱尔兰（在德译本中不是‘爱尔兰’，而是‘卫星’）都围绕着它运转”⑤，“在印度人自己还没有强大到能够完全摆脱英国的枷锁以前，印度人是不会收获到不列颠资产阶级在他们中间播下的新的社会因素所结的果实的”⑥。资本主义的固有矛盾与劳动异化必然会在世界范围内蔓延开来，将会阻碍世界历史的开放与公平，世界历史必然会受到异己力量的支配。

马克思、恩格斯认为，世界历史的未来图景是共产主义，二者可以相互成就。一方面，共产主义只有在世界历史中才能完成，只有在世界历史中，单个人才能获得利用这种全面生产的能力，“每一个单个人的解放的程度是与历史完全转变为世界历史的程度一致的”⑦，只有在世界历史中，共产主义才能消灭资本主义的矛盾和异化，实现人的自由而全面发展，凸显其作为一种“世界历史性的共同活动”⑧的深邃历史内涵。另一方面，世界历史的未来属于共产主义。西方发达国家主导的不平等、不平衡性的世界历史模式，使占人口绝大多数的无产阶级处于异化状态，使世界上大部分民族和地区依附于西方发达国家和西方文明，

---

① 《马克思恩格斯文集》第2卷，人民出版社2009年版，第36页。
② 《马克思恩格斯文集》第5卷，人民出版社2009年版，第871页。
③ 《马克思恩格斯文集》第2卷，人民出版社2009年版，第34页。
④ 《马克思恩格斯文集》第5卷，人民出版社2009年版，第519~520页。
⑤ 《马克思恩格斯全集》第21卷，人民出版社1965年版，第225页。
⑥ 《马克思恩格斯文集》第2卷，人民出版社2009年版，第690页。
⑦ 《马克思恩格斯文集》第1卷，人民出版社2009年版，第541页。
⑧ 《马克思恩格斯文集》第1卷，人民出版社2009年版，第542页。

与世界历史的开放与平等的价值旨归背道而驰，只有在共产主义社会，才能实现人的自由全面发展。

二、新时代生物安全治理观创新发展了马克思主义世界历史理论

新时代生物安全治理观强调："世界上不存在绝对安全的孤岛，普遍安全才是真正的安全"①，"要积极参与全球生物安全治理，同国际社会携手应对日益严峻的生物安全挑战"②，倡导构建人类卫生健康共同体、人与自然生命共同体、全球发展共同体，与时俱进地拓展了马克思主义世界历史理论的内涵，推动了马克思主义世界历史理论的实践创新。

（一）拓展了马克思主义世界历史理论的内涵

1. 新冠危机提供了"市民社会"反世界历史的确凿证据

旧唯物主义以"市民社会"为立脚点，"市民社会"以私人等级为本质特征，形式上宣称所有市场主体都是平等的，实质上又依据各主体的差异性和特殊性来肯定等级结构的合理性，因此资本主义全球化并没有带来民主化、法治化和合理化，反而形成了等级结构鲜明的经济发展、政治建设和文明观，形成了殖民性、等级性鲜明的世界市场，形成了只满足"资本"主体利益而不是全人类利益的片面发展观，致使人类发展随着资本主义全球化的纵深发展而日益变得不平等、不合理。

公平正义的治理秩序，是国际生物安全治理合作顺利开展的必要条件。令人遗憾的是，西方发达国家置人类福祉于不顾，在生物安全问题上以意识形态划线，推行霸权主义和双重标准。它们对亚非种族的歧视和排斥行为日益增多，美国黑人群体的疫苗接种率远低于白人，死于新冠病毒的风险"是白人的2.3~2.5倍"③；它们在世界各地建立生物实验室，为它们的生化武器、基因武器试验寻找借口，将生物安全问题作为地缘政治问题对待，把科学问题政治化，蓄意挑起

① 《习近平谈治国理政》第四卷，外文出版社2022年版，第442页。

② 《习近平在中共中央政治局第三十三次集体学习时强调：加强国家生物安全风险防控和治理体系建设 提高国家生物安全治理能力》，《人民日报》2021年9月30日，第1版。

③ Levine R S, et al. Racial Inequalities in Mortality from Coronavirus: The Tip of the Iceberg[J]. *The American Journal of Medicine*, 2020(133): 1151-1153.

生物安全领域的集团对抗，打压包括中国在内的发展中国家的生物安全技术创新、产业发展、相互合作，凭借在生物安全领域的话语主导权，对中国进行各种污蔑和攻击；截留、囤积疫苗，遣返感染新冠的他国非法移民，对疫情在世界范围内的蔓延负有不可推卸的责任。

新冠危机深刻揭示了资本主义“市民社会”的反世界历史本质，提供了马克思主义世界历史的未来图景是共产主义的有力证据，引起了世界人民改革世界生物安全治理体系，用更加公正合理多元的全球生物安全治理新秩序代替西方中心主义的生物安全治理秩序的普遍渴望。

2. 新时代生物安全治理观超越了“市民社会”，丰富了马克思主义世界历史理论的内涵

新时代生物安全治理观以马克思主义的“人类社会或社会的人类”①为立脚点，积极回应经由“自然形成的共同体”发展而来的“虚假的共同体”向“自由人联合体”过渡过程中的世界难题，倡导“人类解放”的价值诉求，强调“国家安全工作归根结底是保障人民利益”②，人民生命健康安全是“人类发展进步的前提”③，既致力于造福中国人民，也致力于造福世界人民，“既对本国人民生命安全和身体健康负责，也对全球公共卫生事业尽责”④，加强同“一带一路”国家疫苗合作，向非洲提供 10 亿剂疫苗，其中 6 亿剂为无偿援助，与墨西哥、阿联酋、埃及、塞尔维亚等国共建疫苗生产线，打破了疫苗本地化生产的瓶颈，造福于世界人民生命健康⑤，“始终站在守护全人类生命健康的高度，推动构建习近平主席倡导的人类卫生健康共同体”⑥，向世界宣布“中国共产党将履行大国大党责任，为增

① 《马克思恩格斯文集》第 1 卷，人民出版社 2009 年版，第 502 页。

② 《牢固树立认真贯彻总体国家安全观 开创新形势下国家安全工作新局面》，《人民日报》2017 年 2 月 18 日，第 1 版。

③ 习近平：《携手迎接挑战，合作开创未来——在博鳌亚洲论坛 2022 年年会开幕式上的主旨演讲》，《人民日报》2022 年 4 月 22 日，第 1 版。

④ 《习近平谈治国理政》第四卷，外文出版社 2022 年版，第 417 页。

⑤ 俞懿春等：《中国疫苗，为人类健康构筑“免疫长城”（命运与共）》，《人民日报》2022 年 1 月 20 日，第 3 版。

⑥ 王毅：《把脉时代之变 擘画人间正道——国务委员兼外长王毅谈习近平主席出席 2022 年世界经济论坛视频会议并发表演讲》，https://www.mfa.gov.cn/wjbzhd/202201/t20220118_10629684.shtml.

进人类福祉作出新贡献"①，致力于提升人类整体性利益的"共同性"水平，构建了一种满足人类共同利益的生物安全治理新图景。

新时代生物安全治理观以马克思主义的"社会……是人们交互活动的产物"②"这种共同利益……存在于现实之中"③的"共同利益"理论为依据，强调："公共卫生危机是人类面临的共同挑战，团结合作是最有力武器"④，"在经济全球化时代，(新冠疫情)这样的重大突发事件不会是最后一次，各种传统安全和非传统安全问题还会不断带来新的考验。国际社会必须树立人类命运共同体意识，守望相助，携手应对风险挑战，共建美好地球家园"⑤，基于"合作共赢"理念，寻求真正合理、平等、多元的普遍交往和利益交叉点的扩大，"坚定不移推进国际抗疫合作，坚定不移推动构建人类卫生健康共同体"⑥，提出了坚持人与自然和谐共生、绿色发展、系统治理、以人为本、多边主义、共同但有区别等构建人与自然生命共同体的基本原则，坚持人民至上、生命至上、科学施策、统筹系统应对、同舟共济、团结合作、公平合理、弥合"免疫鸿沟"、标本兼治、完善治理体系等构建人类卫生健康共同体的基本原则，坚持以人民为中心、普惠包容、创新驱动、人与自然和谐共生、推动多边发展合作协同增效等构建全球发展命运共同体的基本原则，认识到"人类卫生健康共同体这一低政治领域反而更容易实现国与国之间交往"⑦，主张人类在生物安全面前是一个利益共同体，低级政治领域的世界生物安全合作可以先行先试，强调："终结这场疫情大流行是当务之急。根据木桶理论，木桶能装多少水由最短的一块木板决定"⑧，主张病毒传播没有

---

① 《习近平在中国共产党与世界政党领导人峰会上的主旨讲话》，新华网，http://jhsjk.people.cn/article/32150529.

② 《马克思恩格斯文集》第10卷，人民出版社2009年版，第42页。

③ 《马克思恩格斯文集》第1卷，人民出版社2009年版，第536页。

④ 中共中央党史和文献研究院：《习近平关于统筹疫情防控和经济社会发展重要论述选编》，中央文献出版社2020年版，第23页。

⑤ 《习近平同联合国秘书长古特雷斯通电话》，《人民日报》2020年3月13日，第1版。

⑥ 《坚定人类走出疫情阴霾的必胜信心——共创后疫情时代美好世界》，《人民日报》2022年1月20日，第3版。

⑦ 曾向红、罗金：《共建"人类卫生健康共同体"：中国卫生外交的新倡议》，《教学与研究》2021年第12期，第80页。

⑧ 《2022年1月19日外交部发言人赵立坚主持例行记者会》，外交部，https://www.mfa.gov.cn/web/fyrbt_673021/jzhsl_673025/202201/t20220119_10630363.shtml.

国界，没有国家、种族、民族之别，必须维护全人类的生物安全才能维护每个人的生命健康安全，倡导开放包容、求同存异、公正平等，积极推动满足人类生物安全共同需要的“共同发展”，拓展了马克思主义“交往”“共同利益”理论的丰富内涵。

新时代生物安全治理观以马克思主义的“共产主义……只有作为‘世界历史性的’存在才有可能实现”①的世界历史理论为依据，以历史的眼光全面地辩证地审视经济全球化进程，批判性看待资本主义经济全球化的负面效应，着眼于人类整体发展和人类共同利益，追求更高层次、更为全面、更加公正的全球生物安全治理秩序，提供了一种理解世界历史进程的新视角，赋予历史唯物主义以批判资本主义经济全球化和建构“真正的共同体”的双重功能。

(二)创新了马克思主义世界历史理论的实践

1. 搭建世界生物安全治理的合作平台

生物安全是全球性课题。“一个木桶的盛水量，是由最短的那块板决定的”②，如果一国的生物安全出现了问题，全世界都将面临威胁。新冠疫情成为人类历史上最严重的全球公共卫生突发事件之一，使得21世纪的人类社会面临着一场真正的全球性危机，“生物安全问题已成为全世界、全人类面临的重大生存和发展威胁之一”③，世界各国普遍认识到加强生物安全治理的必要性和紧迫性。

面对生物安全威胁，世界各国的生物安全治理能力有高有低，呈不平衡状态。西方发达国家生物安全治理资金充足，生物安全治理人才素质较高，生物安全法治体系较为完善，生物技术研发及应用能力较强。广大发展中国家的生物安全治理则较为普遍地存在着资金、技术、人才等方面的薄弱环节，尤其非洲各国的生物安全治理存在着严重的短板。长期以来，非洲人民的生命健康安全面临着艾滋病、疟疾、肺结核等诸多传染病疫情的严重威胁，但非洲的医疗卫生人才和

---

① 《马克思恩格斯文集》第1卷，人民出版社2009年版，第539页。

② 《习近平谈治国理政》，外文出版社2014年版，第255页。

③ 中共中央党史和文献研究院：《习近平关于统筹疫情防控和经济社会发展重要论述选编》，中央文献出版社2020年版，第52页。

医疗卫生资源严重短缺，医疗设施和服务水平落后。

面对全球性生物安全威胁，西方发达国家出于意识形态偏见，不断挑拨矛盾，大搞单边主义、霸凌主义、技术封锁、“民主”输出、种族歧视。美国作为经济实力和生物技术最发达的国家、国际生物安全治理规则的制定者，至今没有批准《生物多样性公约》，独家反对《禁止生物武器公约》核查议定书谈判，① 任性退出《巴黎气候协定》等生物安全领域至关重要的组织或条约，强行将传染病溯源问题政治化，“污名化”中国抗疫行动，“从全球治理形势看，当今世界并不太平，煽动仇恨、偏见的言论不绝于耳，由此产生的种种围堵、打压甚至对抗对世界和平安全有百害而无一利”②。

新时代生物安全治理观切实践行马克思主义世界历史理论倡导的开放原则，大力推动多边主义。2020 年 11 月 17 日，习近平总书记在金砖国家领导人第十二次会晤上强调：“环顾全球，疫情使各国人民生命安全和身体健康遭受巨大威胁，全球公共卫生体系面临严峻考验，人类社会正在经历百年来最严重的传染病大流行……单边主义、保护主义、霸凌行径愈演愈烈，治理赤字、信任赤字、发展赤字、和平赤字有增无减”，倡议金砖国家“要坚持多边主义，维护世界和平稳定。历史昭示我们，恪守多边主义，追求公平正义，战乱冲突可以避免；搞单边主义、强权政治，纷争对抗将愈演愈烈”③。2021 年 1 月 25 日，习近平总书记在世界经济论坛“达沃斯议程”对话会上强调：“世界上的问题错综复杂，解决问题的出路是维护和践行多边主义”，倡议世界各国“要坚持开放包容，不搞封闭排他。多边主义的要义是国际上的事由大家共同商量着办，世界前途命运由各国共同掌握。在国际上搞‘小圈子’、‘新冷战’，排斥、威胁、恐吓他人，动不动就搞脱钩、断供、制裁，人为制造相互隔离甚至隔绝，只能把世界推向分裂甚至对抗。一个分裂的世界无法应对人类面临的共同挑战，对抗将把人类引入死胡同”④。

为了推动多边主义，中国发出“一带一路”疫苗合作伙伴关系倡议，提出“把

---

① 王小理：《国际生物安全未来几多期许》，《学习时报》2021 年 1 月 20 日。

② 《凝聚起战胜困难和挑战的强大力量——论习近平主席在 2022 年世界经济论坛视频会议的演讲》，《人民日报》2022 年 1 月 20 日，第 1 版。

③ 《习近平谈治国理政》第四卷，外文出版社 2022 年版，第 455 页。

④ 《习近平谈治国理政》第四卷，外文出版社 2022 年版，第 461~462 页。

‘一带一路’打造成团结应对挑战的合作之路、维护人民健康安全的健康之路、促进经济社会恢复的复苏之路、释放发展潜力的增长之路”①，向“一带一路”共建国家提供了近20亿剂疫苗，帮助它们初步形成超过10亿剂年产能；② 积极搭建生物安全国际合作的创新市场平台，提出“以点带面，从线到片，逐步形成区域大合作”③方案，推动国际生物安全合作领域“从最初聚焦基础设施互联互通，逐渐拓展至‘软联通’，如促进规则标准对接、加强海关合作、提升数字互联互通、提高旅行便利程度、增进人文交流等”④，“构建互利合作网络、新型合作模式、多元合作平台”⑤。英国知名学者马丁·雅克表示：“中国以实际行动践行人类命运共同体理念，这体现在‘一带一路’合作上，也体现在中国向其他国家提供抗疫支持上。”⑥

2. 完善世界生物安全治理的合作模式

国际生物安全治理效果取决于“短板”，有效应对人类生物安全威胁必须提升全球生物安全整体水平，需要世界各国在相互尊重、相互平等的基础上团结协作，尤其需要西方发达国家加强对发展中国家的生物安全治理援助。

面对人类面临的生物安全威胁，西方发达国家在资本逻辑和“本国利益优先”原则的支配下，不仅不支持发展中国家，反而一味谋求生物安全领域的霸权，致使国际生物安全治理秩序变得不公正和不合理、国际生物安全治理成效不佳。

新时代生物安全治理观切实践行马克思主义世界历史理论倡导的公正原则，倡导“公道正义、共建共享的安全格局”⑦，主张国家不分大小强弱，应该一律平

---

① 《习近平向“一带一路”国际合作高级别视频会议发表书面致辞》，《人民日报》2020年6月19日，第1版。

② 《王毅国务委员在2021年度“一带一路”国际合作高峰论坛咨询委员会会议上的致辞》，外交部，https://www.mfa.gov.cn/web/ziliao_674904/zyjh_674906/202112/t20211218_10471342.shtml.

③ 《习近平谈治国理政》，外文出版社2014年版，第289页。

④ 《“一带一路”国际合作高峰论坛咨询委员会发布2019—2020年度研究成果和建议报告》，外交部，https://www.mfa.gov.cn/web/ziliao_674904/1179_674909/202112/t20211218_10471359.shtml.

⑤ 《习近平谈治国理政》第二卷，外文出版社2017年版，第503页。

⑥ 李嘉宝：《2022达沃斯：为全球治理把脉》，《人民日报·海外版》2022年1月20日。

⑦ 《十八大以来重要文献选编》中，中央文献出版社2016年版，第696页。

等地参与全球生物安全治理，平等参与国际生物安全标准、规范、指南的制定，提升发展中国家在全球卫生治理体系中的影响力和话语权，推动《禁止生物武器公约》的重新启动，构建全球生物安全的核查应对机制和生物武器的核查监督机制，维护国际生物安全治理的公平正义。针对广大发展中国家生物安全基础设施和技术落后、资源短缺等现状，我国首先开展全球紧急人道主义救援，截至2021年12月，已向国际社会提供了约3720亿只口罩，超过42亿件防护服，84亿人份检测试剂，支持中国企业向发展中国家转让生物技术，同20个国家合作生产疫苗。① 中国的实际行动大大缓解了发展中国家在生物安全领域的供需矛盾，有效改变了国际生物安全治理领域的不公正、不合理现象。

3. 提供世界生物安全治理的中国方案

面对日益严峻的生物安全风险，习近平总书记强调："要积极参与全球生物安全治理，同国际社会携手应对日益严峻的生物安全挑战，加强生物安全政策制定、风险评估、应急响应、信息共享、能力建设等方面的双多边合作交流。要办好《生物多样性公约》第十五次缔约方大会，推动制定'2020年后全球生物多样性框架'，为世界贡献中国智慧、提供中国方案。"②新时代生物安全治理观切实践行马克思主义世界历史理论倡导的"自由人联合体"思想，秉持人类命运共同体理念，积极为世界生物安全治理提供中国方案。

广泛凝聚全球生物安全治理共识。习近平总书记强调："要全面深入参与相关国际标准、规范、指南的制定，分享中国方案、中国经验，提升我国在全球卫生治理体系中的影响力和话语权。"③目前推进全球生物安全治理的重要共识与支柱是《禁止生物武器公约》（以下简称《公约》）。中国始终维护《公约》的权威性和有效性，积极推动核查机制的建立。2016年，向《禁止生物武器公约》第八次审议大会提交了关于制定《禁止生物武器公约》生物科学家行为准则范本的工作文

① 王毅：《中国完成了习近平主席作出的宣示，成为对外提供疫苗最多的国家》，外交部，https://www.mfa.gov.cn/web/wjbzhd/202112/t20211230_10477265.shtml.

② 《习近平在中共中央政治局第三十三次集体学习时强调：加强国家生物安全风险防控和治理体系建设 提高国家生物安全治理能力》，《人民日报》2021年9月30日，第1版。

③ 中共中央党史和文献研究院：《习近平关于统筹疫情防控和经济社会发展重要论述选编》，中央文献出版社2020年版，第178页。

件，受到世界各国的普遍好评，提出的“制定生物科学家行为准则范本”和“生物防扩散出口管制与国际合作机制”两项倡议，受到世界各国的普遍认可。2017年，负责向《禁止生物武器公约》第八次审议大会提交规范文件的中国天津大学生物安全战略研究中心，获批联合国《禁止生物武器公约》中国首家非政府组织。2021年，中国天津大学、美国约翰斯·霍普金斯大学以及来自20多个国家的科学家达成《科学家生物安全行为准则天津指南》，提供了加强世界生物安全治理和国际合作的中国方案。2022年，中国向《禁止生物武器公约》第九次审议大会全体成员介绍的负责任生物科研的十大准则，获得一致好评。此后，《科学家生物安全行为准则天津指南》被作为第76届联合国大会三个议题项下散发，被纳入《青年生物安全宣言》，被世界卫生组织发布的《负责任地使用生命科学的全球指导框架》列为其高级别原则。此外，我国自主研制的认证认可标准《实验室生物安全通用要求》获得广泛好评并被其他生物安全强国所采用，我国在生物安全领域的国际影响力和话语权不断增强。

积极参与全球生物安全双边治理。习近平总书记强调：“要实施生物多样性保护重大工程，强化外来物种管控。”①中国已与德国、意大利、挪威、美国、加拿大等多个国家和地区开展了生物多样性保护的双边合作，与法国创立了“中法环境月”、启动了“中法环境年”、签署了《中法生物多样性保护和气候变化北京倡议》，共同举办了“第二届巴黎和平论坛”及“共建地球生命共同体部长圆桌会”，启动了“中德农业生物多样性可持续管理项目”“中挪生物多样性与气候变化项目”等多个双边生物安全合作项目，与越南、老挝等多个“一带一路”国家开展绿色发展和生物多样性保护的双边合作。

积极推进全球生物安全多边治理。2021年10月12日，习近平总书记在《生物多样性公约》第十五次缔约方大会领导人峰会上宣布：“中国将率先出资15亿元人民币，成立昆明生物多样性基金，支持发展中国家生物多样性保护事业。中国呼吁并欢迎各方为基金出资。”②中国与日本、韩国共同启动“生物多样性政策

---

① 《保持生态文明战略定力 努力建设人与自然和谐共生的现代化》，《人民日报》2021年5月2日，第2版。

② 《习近平谈治国理政》第四卷，外文出版社2022年版，第437页。

对话”，加强在生物多样性保护、生态系统服务、遗传资源获取与惠益分享、外来入侵物种管理等多个领域的对话交流。

面对生物安全威胁，新时代生物安全治理观倡导共商共建共享，发出中国声音，提出中国倡议，分享中国经验，不断深化生物安全国际合作，推动构建公正合理、各尽所能、普遍安全、共同发展的世界生物安全治理新秩序。

第六章　新时代生物安全治理观的实践路径

2014年4月15日，习近平总书记在主持召开中央国家安全委员会第一次会议时深刻指出，当前我国国家安全内涵和外延比历史上任何时候都要丰富，时空领域比历史上任何时候都要宽广，内外因素比历史上任何时候都要复杂，必须坚持总体国家安全观，以人民安全为宗旨，以政治安全为根本，以经济安全为基础，以军事、文化、社会安全为保障，以促进国际安全为依托，走出一条中国特色国家安全道路。党的十八大以来，以习近平同志为核心的党中央从保护人民健康、维护国家长治久安的高度，把生物安全纳入国家安全体系，出台了有关政策，规划了国家生物安全风险防控和治理体系建设，提高了国家生物安全治理能力。

新时代生物安全治理观是应对日益严峻的生物安全挑战，维护国家生物安全基础，推进国家生物安全治理体系和治理能力现代化的重要思想资源与行动指南。践行新时代生物安全治理观必须坚持党对生物安全的全面领导，发挥生物安全治理能力的制度优势；加强顶层设计，推动风险防控和治理体系建设，筑牢国家生物安全屏障；制定完善生物安全领域法律，提升生物安全法治水平；推进生物安全科技研发，打造生物安全领域的“国之重器”；推进生物安全领域的国际合作，构建生物安全命运共同体。

第一节　加强生物安全治理体制机制建设

一、居安思危，把加强生物安全建设摆上更加突出的位置

习近平总书记在庆祝中国共产党成立100周年大会上指出：“新的征程上，

我们必须增强忧患意识、始终居安思危，贯彻总体国家安全观，统筹发展和安全，统筹中华民族伟大复兴战略全局和世界百年未有之大变局，深刻认识我国社会主要矛盾变化带来的新特征新要求，深刻认识错综复杂的国际环境带来的新矛盾新挑战，敢于斗争，善于斗争，逢山开道、遇水架桥，勇于战胜一切风险挑战！”①党的十八大以来，中国特色社会主义事业取得了举世瞩目的成就，我国的综合国力持续增强，国际地位不断提升，但也面临着诸多风险与挑战，其中“传统生物安全问题和新型生物安全风险相互叠加，境外生物威胁和内部生物风险交织并存，生物安全风险呈现出许多新特点，我国生物安全风险防控和治理体系还存在短板弱项”②，我国面临的生物安全形势较为严峻。近年来，生物安全领域的“黑天鹅”“灰犀牛”事件频频发生，给我们的生产生活和社会稳定带来不少负面影响。这些情况一再警示我们：“生物安全是当今世界人类面临的最大的安全问题”③，没有生物安全，就没有国家总体安全，生物安全出问题，势必会影响社会大局的稳定，延缓中华民族伟大复兴的步伐。

“备豫不虞，为国常道。”进入新时代，面对更加艰巨的历史重任和波谲云诡的国际形势，我们必须始终保持高度警惕，做好防范和抵御风险的充分准备，打好化险为夷、转危为机的战略主动战。“生物安全关乎人民生命健康，关乎国家长治久安，关乎中华民族永续发展，是国家总体安全的重要组成部分，也是影响乃至重塑世界格局的重要力量”④，我们必须把加强生物安全建设摆上更加突出的位置，纳入国家安全战略，加强对生物安全的战略性、前瞻性研究谋划。

把加强生物安全建设摆上更加突出的战略位置，是有效应对日益严峻的生物安全形势的必然要求。生物安全威胁具有跨国性、难防扩散性、影响潜伏性、内

① 习近平：《在庆祝中国共产党成立100周年大会上的讲话》，《人民日报》2021年7月2日，第2版。

② 《习近平在中共中央政治局第三十三次集体学习时强调：加强国家生物安全风险防控和治理体系建设　提高国家生物安全治理能力》，《人民日报》2021年9月30日，第1版。

③ 王宏广：《中国生物安全：战略与对策》，中信出版社2022年版，第1页。

④ 《习近平在中共中央政治局第三十三次集体学习时强调：加强国家生物安全风险防控和治理体系建设　提高国家生物安全治理能力》，《人民日报》2021年9月30日，第1版。

容交叉性等特征，① 生物危害可以通过空气、土壤、水源、动物、人类等多种途径传播，动植物疫情可能演变为严重威胁人类生命健康安全的重大传染性疾病，生物多样性流失会直接影响人类遗传资源，生物科技的过度应用会引发新型生物武器、网络生物安全问题。面对多样化、复杂性的生物安全危害，人类维护生物安全的需求更为强烈。据英国专家统计，世界范围内44%的口蹄疫疫情是由实验室和疫苗生产企业的病毒泄露引发的。② 根据美国疾控中心研究报告，在美国每年感染耐药菌200万人中，死亡人数达2.3万人。③ 自2003年发生SARS疫情以来，国内外又陆续爆发了甲型H1N1流感、H7N9禽流感、埃博拉病毒、新型冠状病毒等重大疫情。我国外来植物入侵占比高于入侵动物和病原微生物占比，分别是两者的1.4倍和4.4倍，对我国的动植物遗传资源、生态平衡、经济发展、社会稳定都产生了很大的负面影响。面对严峻的生物安全形势，我们必须把生物安全摆上更加突出的位置，纳入国家安全体系，对生物安全进行战略谋划和系统规划。

把加强生物安全建设摆上更加突出的位置，必须坚持与时俱进。纵观人类历史，生物安全始终都与文明延续、国家安危存亡息息相关。古埃及文明、古巴比伦文明等诸多古文明消逝在历史长河中的根源就在于人与自然的矛盾尖锐从而导致环境恶化与资源减少。中华文明之所以能维系五千年而未中断，与中华民族秉持居安思危、尊崇"道法自然""天人合一"的文化传统息息相关。生物安全的内涵和外延都随着人类文明的发展而不断扩展。面对国家安全面临的新形势、新特点、新要求，加强生物安全治理必须在根本理念、体制机制、方法手段等方面与时俱进。

把加强生物安全建设摆上更加突出的位置，必须坚持以人民为中心。中国共产党自成立以来，就与人民血肉相连，把为人民服务视为自身的根本宗旨，把满足人民的美好社会需求视为自身的奋斗目标，把坚持以人民为中心视为自身的工

---

① 中国社会科学院武汉情报中心、生物安全战略情报研究中心：《生物安全发展报告——科技保障安全》，科学出版社2015年版，第7页。

② 顾秀林：《转基因战争：21世纪中国粮食安全保卫战》，知识产权出版社2011年版，第130页。

③ 博客中国：《CDC："超级细菌"每年杀死三万美国人 我们已进入"后抗生素时代"》，http://net.blogchina.com/blog/article/964850305.

作导向。生命健康安全是人民美好生活需求的最重要指标和最起码要求，只有生命健康安全了，人民才能通过创造财富来满足美好生活需要。加强新时代生物安全治理，必须站稳人民立场、回应人民期待，从人民的所思、所想、所急、所盼出发，回应人民对生物安全的高度关注，满足人民的生物安全需要，保证人民的生命健康安全；必须坚持人民至上、生命至上的价值追求，把习近平总书记强调的"人民安全是国家安全的基石"①，坚持"面向世界科技前沿、面向经济主战场、面向国家重大需求、面向人民生命健康"②的科技发展方向，"坚持以民为本、以人为本，坚持国家安全一切为了人民、一切依靠人民，真正夯实国家安全的群众基础"③，"坚持人民至上、生命至上理念"④等重要指示精神，真正落到实处，把国民安全放到最重要的位置上，确立维护人民安全利益的生物安全治理的根本宗旨和根本目的。

把加强生物安全建设摆上更加突出的位置，必须提升生物安全治理能力，着力补齐生物安全治理的短板弱项，强化基层防控能力建设，"把基层一线作为公共安全的主战场，坚持重心下移、力量下沉、保障下倾"⑤，"健全防治结合、联防联控、群防群治工作机制"⑥，补齐生物安全基层治理的短板弱项；必须增强生物安全自主创新能力，加强生物技术的研发应用，"加快补齐我国在生命科学、生物技术、医药卫生、医疗设备等领域的短板"⑦；必须完善生物安全法治体系，"全面加强和完善公共卫生领域相关法律法规建设，认真评估传染病防治法、野生动物保护法等法律法规的修改完善"⑧，补齐生物安全法治的短板弱项；必须

① 习近平：《构建起强大的公共卫生体系　为维护人民健康提供有力保障》，《求是》2020年第18期，第6页。

② 习近平：《在科学家座谈会上的讲话》，《人民日报》2020年9月12日，第2版。

③ 《习近平谈治国理政》，外文出版社2014年版，第201页。

④ 习近平：《在第三届巴黎和平论坛的致辞》，《人民日报》2020年11月13日，第3版。

⑤ 《习近平关于社会主义社会建设论述摘编》，中央文献出版社2017年版，第156页。

⑥ 《全面提高依法防控依法治理能力 健全国家公共卫生应急管理体系》，《人民日报》2020年3月1日，第1版。

⑦ 《构建起强大的公共卫生体系 为维护人民健康提供有力保障》，《人民日报》2020年9月16日，第1版。

⑧ 《全面提高依法防控依法治理能力 健全国家公共卫生应急管理体系》，《人民日报》2020年3月1日，第1版。

推进生物安全治理体系和治理能力的现代化，增强生物安全的信息监测预警能力、感知识别能力、应急响应能力、防控能力，健全完善生物安全治理的体制机制，补齐生物安全治理能力的短板弱项。

二、提高站位，加强党对生物安全治理的集中统一领导

党的二十大报告指出："我们全面加强党的领导，明确中国特色社会主义最本质的特征是中国共产党领导，中国特色社会主义制度的最大优势是中国共产党领导，中国共产党是最高政治领导力量，坚持党中央集中统一领导是最高政治原则。"①办好中国的事情，关键在党。加强生物安全治理，必须坚持党的集中统一领导。

（一）中国共产党领导是中国特色社会主义最本质的特征

坚持党的领导是中国革命、建设和改革开放历史经验的总结，是中国人民的选择，是新时代历史性成就、历史性变革的重要组成部分，是顺利推进中国式现代化的根本保证。

1. 中国共产党的领导是中国最大的国情

中国共产党的领导地位不是自封的，而是在长期的历史奋斗中形成的。近代以来，中华民族面临着亡国灭种的危险，危急关头，中国共产党担起了为人民谋幸福、为民族谋复兴的历史使命，率领全国人民，开展了新民主主义革命，推翻了"三座大山"，建立了人民当家做主的新中国，彻底结束了中华民族内忧外患、积贫积弱的悲惨境遇，实现了中华民族"站起来"的历史飞跃。新中国成立后，面临着一穷二白、百废待兴、人口众多、经济基础薄弱、帝国主义的敌视和封锁等内忧外患，我们建立了社会主义基本制度，发挥了社会主义集中力量办大事的制度优势，建立了独立的比较完整的工业体系和国民经济体系，奠定了社会主义现代化建设的政治经济文化基础。党的十一届三中全会后，中国共产党坚持拨乱反正，确立坚持四项基本原则和改革开放的基本国策，开创了中国特色社会主义道路，提升了我国的生产力发展水平、人民生活水平、综合国力，实现了中华民族"富起来"的历史飞跃。党的十八大以来，以习近平同志为核心的党中央锐意

① 《习近平著作选读》第1卷，人民出版社2023年版，第6页。

进取，解决了许多长期想解决而没有解决的难题，办成了许多过去想办而没有办成的大事，党和国家事业取得历史性成就、发生历史性变革，谱写了新时代中国特色社会主义新篇章，开启了中华民族"强起来"的历史新征程。近代以来中国历史发展的实践证明，坚持中国共产党的领导，是近代以来中国历史发展的必然，是中国人民的理性选择，是维护人民当家做主地位、决定中国特色社会主义前途命运、实现中华民族伟大复兴的根本保证。中国共产党在中国人民中有着高度的政治、思想、理论、情感认同。

2. 中国共产党的领导是中国特色社会主义制度的最大优势

中国共产党领导优势的形成具有内在必然性。习近平总书记强调："我们党是按照马克思主义建党原则建立起来的，形成了包括党的中央组织、地方组织、基层组织在内的严密组织体系。这是世界上任何其他政党都不具有的强大优势。"①中国共产党始终坚持思想理论建设，坚持理论联系实际，善于研究新情况、总结新经验、解决新问题，在实践中不断丰富和发展马克思主义，不断推进马克思主义中国化时代化，使党的创新理论能够顺应时代发展潮流、社会发展进步要求、人民利益愿望，并注重用中国化时代化的马克思主义武装全党，提高全党思想理论水平，坚定全党的马克思主义理想信念，提供了中国特色社会主义制度的强大理论优势；中国共产党有着科学严密的组织体系，使全党团结成为一个为实现共同目标而奋斗的统一整体，集中了中华儿女中的先进分子和优秀人才，纪律严明，能够发挥各级党委的领导核心作用、基层党组织的战斗堡垒作用、党员的先锋模范作用、领导干部的骨干带头作用，提供了中国特色社会主义制度的强大组织优势；中国共产党始终坚持以人民为中心、服务人民，坚持群众路线，重视自我革命，不断加强党的政治、思想、组织、作风、纪律建设，能够集中全党全国人民的共同意志和强大力量，在各项事业中发挥着总揽全局、协调各方的作用，保证了全国一盘棋、集中力量办大事的社会主义制度优越性，提供了中国特色社会主义制度的强大领导优势。

3. 中国共产党的领导是党和国家事业发展的坚强保证

党的十八大以来，以习近平同志为核心的党中央坚持和加强党的全面领导，

① 《习近平谈治国理政》第三卷，外文出版社2020年版，第86页。

强调："坚持党的领导是方向性问题，必须旗帜鲜明、立场坚定，决不能羞羞答答、语焉不详，决不能遮遮掩掩、搞自我麻醉。"①坚持党的领导是中国式现代化的本质要求，关乎中国式现代化的前途命运，是中国式现代化的"指南针""压舱石""助推器"，只有坚持党的领导，才能确保中国式现代化不会偏离航向，平稳有序推进，不断拓展，焕发出强大生命力；坚持党的领导是推进强国建设、民族复兴的必然要求，"要实现经济发展、政治清明、文化昌盛、社会公正、生态良好，要顺利推进新时代中国特色社会主义各项事业，必须完善坚持党的领导的体制机制，更好发挥党的领导这一最大优势"②，只有坚持党的领导，才能有效组织广大党员干部和各方面人才，广泛凝聚广大人民群众，凝聚起强国建设、民族复兴的磅礴伟力。

（二）坚持党对一切工作的领导

习近平总书记强调："在当今中国，没有大于中国共产党的政治力量或其他什么力量。党政军民学，东西南北中，党是领导一切的，是最高的政治领导力量。"③"哪个领域、哪个方面、哪个环节缺失了弱化了，都会削弱党的力量，损害党和国家事业"④，党的领导是全面的、系统的、整体的，必须贯穿治国理政的方方面面。

1. 坚持党对一切工作的领导才能推动中国特色社会主义事业不断取得胜利

毛泽东曾强调："工、农、商、学、兵、政、党这七个方面，党是领导一切的。党要领导工业、农业、商业、文化教育、军队和政府。"⑤正是始终坚持党对一切工作的领导，中国共产党才能领导人民完成新民主主义革命和社会主义革命，推进社会主义建设和改革开放新的伟大革命，实现了中华民族从站起来到富起来、强起来的伟大飞跃，迎来了实现民族复兴的光明前景。习近平总书记强

① 《习近平谈治国理政》第三卷，外文出版社2020年版，第85页。

② 《习近平谈治国理政》第三卷，外文出版社2020年版，第89页。

③ 《习近平著作选读》第1卷，人民出版社2023年版，第192页。

④ 《习近平谈治国理政》第三卷，外文出版社2020年版，第166页。

⑤ 中共中央文献研究室：《建国以来毛泽东文稿》第10册，中央文献出版社1996年版，第36页。

调："在国家治理体系的大棋局中，党中央是坐镇中军帐的'帅'，车马炮各展其长，一盘棋大局分明。如果中国出现了各自为政、一盘散沙的局面，不仅我们确定的目标不能实现，而且必定会产生灾难性后果。"①只有坚持党对一切工作的领导，中华民族才能成功应对前进道路上的各种重大挑战和重大风险，成功解决各种未知的重大阻力和重大矛盾，推动中国特色社会主义事业不断取得胜利。

2. 坚持党对一切工作的领导必须增强"四个意识"

一要增强政治意识，坚定理想信念，补足精神之钙，树立正确的世界观、人生观、价值观，守好政治纪律规矩底线，坚定"四个自信"，统一全党的意志和行动，自觉维护党中央的权威和集中统一领导；二要增强大局意识，服从核心、维护核心，服从大局、维护大局，凡事从国家、民族的整体利益出发，从民族复兴的战略全局出发；三要增强核心意识，坚决维护习近平总书记党中央的核心、全党的核心地位，在思想上、政治上、组织上、行动上自觉与党中央保持高度一致，做到坚决拥护、跟随、捍卫核心；四要增强看齐意识，在思想上、政治上、组织上、行动上自觉向党中央看齐，向习近平总书记看齐，向党的理论和路线方针政策看齐，与党中央同心同德、步调一致，不折不扣地把党的各项路线方针政策贯彻落实到位。

3. 坚持党对一切工作的领导必须发挥党总揽全局、协调各方的作用

习近平总书记强调："中国共产党是中国特色社会主义事业的领导核心，处在总揽全局、协调各方的地位……我国社会主义政治制度优越性的一个突出特点是党总揽全局、协调各方的领导核心作用，形象地说是'众星捧月'，这个'月'就是中国共产党。"②坚持党对一切工作的领导，并不是说党要包揽包办一切、事无巨细什么都去管，而是说党要在各级各种组织中发挥领导核心作用，善于把方向、谋大局、定政策、协调各方。各级党委要集中主要精力抓好全局性、战略性、前瞻性问题，统筹协调和处理好与其他部门之间的关系，统筹安排好各方面工作，协调各种利益关系。党的各个部门都要对党委负责，在党委统一领导下，各司其职，各尽其责，相互配合。

---

① 《习近平著作选读》第1卷，人民出版社2023年版，第192页。

② 《习近平著作选读》第1卷，人民出版社2023年版，第192页。

4. 坚持党对一切工作的领导必须健全完善党的领导的体制机制

一要健全集体领导制度，做到“四个服从”，确保政令畅通，有效衔接各项制度。二要完善个人分工负责机制，明确各个领导成员的具体职责，增强领导班子成员的责任意识，鼓励他们在职权范围内创造性工作、团结性协作，做到事事有人管、人人有专责，分工不分家、补台不拆台；完善民主集中制，既要充分发扬民主，尊重党员的主体地位，保障党员的民主权利，调动广大党员的积极性、主动性和创造性，又要实行必要的集中，保证全党的团结统一和行动一致，提高党的凝聚力和战斗力。

（三）坚持党对生物安全工作的领导

生物安全是国家安全的重要组成部分，是一个国家、民族发展的根本前提，任何一个国家的生物安全工作都是由执政党来负责的，坚持党对生物安全工作的领导是一项不可动摇的根本政治准则。

1. 坚持党对安全工作的领导

国家安全是国家发展的基础，坚持党对一切工作的领导必须坚持党对安全工作的领导，在纵向上，从中央到地方“各地区要建立健全党委统一领导的国家安全工作责任制”①，层层落实，保证党对国家安全工作的绝对领导；在横向上，各级党组织应协调好各部门、各区域、各领域的安全工作，推动各主体、各资源的协调高效运转，从而充分调动各方面积极性，形成维护国家安全的合力。

2. 坚持党对生物安全工作的领导

生物安全治理需要多主体、多层次协同合作，需要加强生物多样性保护、推动生物科技创新、完善生物安全法治体系和防控体系，需要增强生物安全信息识别预警能力、防控能力，需要“与政法系统一道做好应对生物恐怖主义的工作，与外事系统一道做好参与全球生物安全治理的工作，与军事系统一道做好应对生物战争的工作”②，只有坚持党对生物安全工作的领导，才能做好专业性和复杂

---

① 《习近平关于总体国家安全观论述摘编》，中央文献出版社 2018 年版，第 13 页。

② 张云飞：《全面提高国家生物安全治理能力的创新抉择》，《人民论坛》2021 年第 8 期，第 39 页。

性极强的生物安全工作。正是因为有党的领导，“我们才能成功战洪水、防非典、抗地震、化危机、应变局，才能打赢这次抗疫斗争”①。

三、夯实基础，健全完善公共卫生制度体系

生物安全和公共卫生安全是一种整体与部分、相互转化的关系。一方面，公共卫生安全是生物安全的一部分。把生物安全纳入国家安全体系，意味着把各类疫情等公共卫生安全事件纳入生物安全、国家安全的战略高度，把防控重大新发突发传染病、维护生物技术应用安全和生物资源安全等安全内容融合为有机整体；另一方面，二者相互转化、不可分割。经济全球化时代，生物安全和公共卫生安全都具有“跨国性、难防扩散性、影响潜伏性、内容交叉性”②等特点，生物技术的应用既会影响自然界，也会影响人类社会，重大传染性疾病等既是生物安全问题，也是公共卫生安全问题，动植物疫情、动植物遗传资源流失等生物安全危害会严重威胁人类公共卫生安全，且往往是由公共卫生管理不善引起的。维护人民生命健康安全是生物安全治理的价值旨归，公共卫生制度体系是加强生物安全治理、维护生物安全的基础。

（一）我国公共卫生制度体系的现状

多样化的生物安全危害正严重威胁着公共卫生安全。SARS 疫情、甲型 H1N1 流感、H7N9 禽流感、埃博拉病毒、新型冠状病毒等全球流行性重大疫情，给人民生命健康造成严重危害，造成了民众的恐慌；实验室病菌、病毒的泄露使公共卫生安全面临着难以估量的风险。

面对日益严峻的生物安全威胁，我国公共卫生制度体系仍然存在诸多短板弱项。重大突发公共卫生事件的医疗救治支撑保证机制不够健全，存在着病原监测能力、医疗资源供给、医院收治能力不足等问题；医疗机构和公共卫生机构职责不明确，相互之间协作性较差；医疗资源分布不平衡，基层医疗卫生机构服务能

---

① 《习近平谈治国理政》第四卷，外文出版社 2022 年版，第 101 页。

② 中国社会科学院武汉情报中心、生物安全战略情报研究中心：《生物安全发展报告——科技保障安全》，科学出版社 2015 年版，第 7 页。

力较为薄弱；医务人员的应急救治能力较低，技能储备普遍不足，公共卫生人员的医疗技能较差，复合型人才明显缺乏；公共卫生领域存在着市场失灵和政府失灵等问题，在服务质量、服务成本、诚信意识和责任意识、监管体系等方面问题突出。

（二）我国公共卫生制度体系的健全措施

公共卫生安全治理需要从制度层面加以检思，健全完善相关制度体系，全面提升公共卫生安全治理能力。

1. 健全完善重大疫情救治体系

习近平总书记强调："政府主导、公益性主导、公立医院主导的救治体系是应对重大疫情的重要保障"①，要全面加强公立医院传染病救治能力建设，完善综合医院传染病防治设施建设标准，提升应急医疗救治储备能力。

习近平总书记强调："要优化医疗资源合理布局。要立足平战结合、补齐短板，统筹应急状态下医疗卫生机构动员响应、区域联动、人员调集，建立健全分级、分层、分流的传染病等重大疫情救治机制"②，要"立足平战结合"，既着眼于平时需要，又着眼于战时需要，既增加医疗资源的量，又提升医疗资源的质，优化医疗资源配置；要"补齐短板"，提升医疗服务的公平性、均衡性、全面性，明确医疗机构的功能定位，提升医疗机构的服务效率；要统筹规划、谋划长远，健全完善预防为主、医防结合的公共卫生体系，畅通人才流动、信息传输渠道，增强医疗人才、医用物资的统筹调配和综合管理能力；要打造基层医疗共同体，构建层级有序的医疗服务体系；要充分调动民营医院、社会医疗组织参与公共卫生治理的积极性，积极引导它们健康发展。

习近平总书记强调："要加强国家医学中心、区域医疗中心等基地建设"③，

① 习近平：《构建起强大的公共卫生体系　为维护人民健康提供有力保障》，《奋斗》2020年第18期，第8页。

② 习近平：《构建起强大的公共卫生体系　为维护人民健康提供有力保障》，《奋斗》2020年第18期，第8页。

③ 习近平：《构建起强大的公共卫生体系　为维护人民健康提供有力保障》，《奋斗》2020年第18期，第8页。

要加强医疗基础设施、产品装备与救援设备建设，建立应急医学和战略储备中心，缓解医疗资源和医疗设备紧缺问题；要健全完善由政府组织、军队协同配合的国家生物安全应急制度，实行与军队规模和结构相适应的层级合理、方向明确的公共卫生防控体系；要加强军地医院建设，发挥军地医院的引领作用，打破军地体制壁垒，加强军地在医疗人才、技术、资源等方面的深度融合；要加强综合性医院与基层卫生机构的联建联动，健全完善多层次、一体化公共卫生救治体系。

2. 健全完善公共卫生监管制度

要健全完善公共卫生惩戒机制，对医院、医疗机构等各类主体的失信行为进行全覆盖、差异性监管；实行事前、事中、事后的全过程监管；健全完善联合惩戒监督管理机制，引导多元主体共建共享信用信息数据库；建立记分处罚和黑名单制度，采用记录、公示方式，保证信息公开透明，构建社会组织、社会公众广泛参与的综合监管模式；通过行政复议和行政诉讼等形式，保证各主体的异议权和信用修复权。

要健全公共卫生监管体系，既大力推进服务型政府建设，转变政府职能，提升行政效率，改变过去的一味处罚式执法模式，推行柔性和刚性相结合的公共卫生监督执法模式，发挥公共卫生领域的专家督查作用，实现执法监督与专业指导的良性互动，从把握证据、事实、程序、法律等环节加强对行政执法的监督，又大力推进信息公开，利用大数据手段，建设“互联网+医疗信息”“互联网+医疗服务”等平台，实现医疗信息的实时更新、科学管理和数据共享，形成全员监督执法的合力。

3. 健全完善公共卫生学科建设体系和人才培养体系

要健全完善公共卫生学科建设体系，学科建设是公共卫生事业发展的学理化、科学化支撑。美国国家疾病预防控制中心人员来自流行病学、微生物学、临床医学、化学、环境工程、工业卫生等 192 个专业种类，临床医学和公共卫生相关工作均需要 8 年大学和医学院的专业学习，从事公共卫生工作者必须达到医学博士学历。我国应该加大对公共卫生学科建设的投入力度，着力建设高水平公共卫生学院，大力加强生物安全与公共卫生交叉学科研究，建好建强公共卫生学科。

要健全完善公共卫生人才培养体系，大力培养技术研究、技术管理、中西医结合的复合型预防医学人才，健全完善公共卫生学科教育质量监督体系，健全医学人才培养体系，不断提升医学人才专业能力，健全完善医疗卫生人才的奖励激励机制和储备制度，对医疗卫生人才的待遇、科研经费、职称晋升等方面采取倾斜性政策。

四、擦亮眼睛，健全完善生物安全信息情报制度体系

信息情报是生物安全治理的“眼睛”，是提升生物安全治理能力的必要支撑和做出生物安全决策的基本依据。因此，发达国家均高度重视生物安全信息情报工作。美国通过“生物盾牌计划”法案，设立专门机构，负责生物安全信息情报的搜集、侦测、分析。英国发布了《英国生物安全战略》，高度重视生物安全信息情报的收集、评估和源头监测。

（一）我国生物安全信息情报制度体系的现状

相对于其他安全领域，我国生物安全信息情报工作在战略决策、法律体系、技术支撑等方面相对薄弱。

1. 生物安全信息情报的法律体系不完善

生物安全涉及政治、经济、社会、生态、军事、科技等诸多方面，生物安全信息情报具有高度敏感性和涉密性，生物安全信息情报工作需要国安、外交、科技、环保等多部门协同配合。但我国《生物安全法》未对生物安全信息情报工作做出专门规定，造成生物安全信息情报工作存在法律定位不明确、部门职能定位模糊、融合度较差等状况，制约了生物安全信息情报工作的有序推进，增加了生物安全情报工作的难度。

2. 生物安全信息情报的技术支撑力度不强大

生物技术是获取、识别生物安全信息技术的核心依托。目前，我国生物技术自主创新能力相对薄弱，生物安全关键设备相对落后，生物安全标准体系建设相对滞后，生物安全全覆盖、全过程、全链条式技术支持能力不足，生物信息情报的数字化处理与应用能力不足，从而严重影响了我国生物安全治理的效能。

(二)我国生物安全信息情报制度体系的健全措施

健全我国生物安全信息情报制度体系，需要系统谋划、统筹推进，加强顶层设计，完善法律体系，发展生物技术。

1. 加强生物安全信息情报工作的顶层设计

我国于2013年成立国安委，于2020年通过了《生物安全法》，但其不是生物安全信息情报工作的专门机构和专门法律，因此，我国必须明确生物安全信息情报工作在生物安全治理中的战略地位，在国安委下设立专门的生物安全情报机构，负责生物安全信息情报的搜集、识别、分析，负责生物安全信息资源的整合、标准流程的制定、保障政策的落实、部门之间的协调；《生物安全法》应补充完善生物安全信息情报工作的内容，明确生物安全信息情报工作的法律地位、职能定位、权利义务等，构建系统高效的生物安全信息情报工作体系。

2. 加强生物安全信息情报工作的法律衔接

生物安全信息情报工作必须坚持系统观念，“系统规划和构建生物安全信息情报相关立法体系和制度保证体系”①，发挥好《生物安全法》对生物安全信息情报工作的统领作用，落实好《反间谍法》《国家安全法》《反恐怖主义法》《国家情报法》中关于信息情报工作的法律规定，衔接好《生物安全法》与《传染病防治法》《进出境动植物检疫法》《转基因食品安全管理条例》《科学技术进步法》《国境卫生检疫法》等法律中关于信息情报的内容，使它们在目标、任务、举措等方面协调一致、相互补充、相得益彰。

3. 加强生物安全信息情报工作的技术支撑

习近平总书记强调：“要鼓励运用大数据、人工智能、云计算等数字技术，在疫情监测分析、病毒溯源、防控救治、资源调配等方面更好发挥支撑作用。”②我国应该加强生物识别技术的自主创新能力，将生物识别核心技术牢牢掌握在自己的手中；加强生物安全信息数据存储安全和使用标准建设，打造衔接国际生物

① 郝艺清：《我国生物安全治理制度完善研究》，内蒙古财经大学2021年硕士学位论文，第27页。

② 央视新闻：《习近平：把生物安全纳入国家安全体系 尽快推动出台生物安全法》，http://news.china.com.cn/2020-02/14/content_75706038.htm.

识别技术标准、具有中国特色的生物识别技术标准体系。

第二节　加强生物安全法治体系建设

习近平总书记在党的二十大报告中强调，要坚持全面依法治国，推进法治中国建设。全面依法治国是国家治理的一场深刻革命，关系人民幸福安康及国家长治久安，必须围绕保障和促进社会公平正义，坚持法治国家、法治政府、法治社会一体化建设，全面推进科学立法、严格执法、公正司法、全民守法，更好发挥法治固根本、稳预期、利长远的保障作用。生物安全治理现代化是国家治理现代化的重要内容，加强生物安全法治体系建设是提升国家生物安全治理现代化能力的重要保障。

一、科学立法，完善生物安全法律法规体系

法治化是生物安全治理现代化建设的重要方向，是提高国家生物安全治理能力的重要途径。完善生物安全法律法规体系建设，是维护国家安全，防范和应对生物安全风险，保障人民生命健康，保护生物资源和生态环境，促进生物技术健康发展，推动构建人类命运共同体，实现人与自然和谐共生的重要保障；是回应人民群众热切关注、加强生物安全领域国际合作的需要。

我国生物安全立法进程，经历了从针对生物安全单一领域的单项立法阶段到全方位覆盖生物安全的全面立法阶段。① 涉及生物安全的正式法律法规包括涉及传染病防控的《中华人民共和国传染病防治法》和生物资源保护的《中华人民共和国野生动物保护法》，国家层面的行政法规如涉及转基因生物安全管理的《农业转基因生物安全管理条例》，各政府部门颁布的生物技术伦理管理法律文件如《涉及人的生物医学研究伦理审查办法》。可见我国对生物安全各领域的单项立法已经较为充分。由于涉及领域多、部门多，相关生物安全法律法规难免存在重复、遗漏等问题，欠缺一部具有统领性的生物安全基本法。

① 肖晞、郭锐：《生物安全治理体系与治理能力现代化研究》，世界知识出版社 2022 年版，第 89 页。

2020年10月17日，第十三届全国人民代表大会常务委员会第二十二次会议通过了《中华人民共和国生物安全法》，国家主席习近平签署第五十六号主席令予以公布，自2021年4月15日起施行。这是我国生物安全领域第一部综合性法律，是生物安全领域的基础性、综合性、系统性和统领性的法律。《生物安全法》的正式施行，标志着我国已经建成了比较完善的生物安全法律法规体系。

《生物安全法》共计十章八十八条。第一章为总则，明确了生物安全的重要地位、基本原则和适用范围；第二章为生物安全风险防控体制，建立完善了生物安全风险防控的11项基本制度；第三章至第七章分别规制防控重大新发突发传染病、动植物疫情，生物技术研究、开发与应用安全，病原微生物实验室生物安全，人类遗传资源与生物资源安全，防范生物恐怖与生物武器威胁等方面的生物安全；第八章为生物安全能力建设，第九章为法律责任，第十章为附则。

《生物安全法》的颁布和实施，对推进生物安全治理体系和治理能力建设有重大意义。一是有利于保障人民生命安全和身体健康。《生物安全法》将保障人民生命健康作为立法宗旨，明确维护生物安全应当坚持以人为本的原则，在防范和应对各类生物安全风险时，始终坚持人民至上、生命至上，把维护人民生命安全和身体健康作为生物安全治理的出发点和落脚点。二是有利于维护国家安全。《生物安全法》坚持总体国家安全观，明确生物安全是国家安全的重要组成部分，把生物安全纳入国家安全体系进行谋划和布局，明确生物安全管理体制机制，完善风险防控体系，有效防范和应对各类生物安全风险，维护国家安全。三是有利于提升国家生物安全治理能力。《生物安全法》针对生物安全领域暴露出来的问题，着力固根本、强弱项、补短板，设专章规定生物安全能力建设，要求政府加强生物安全治理，鼓励生物科技创新和生物产业发展，加强人才培养和物资储备，统筹布局生物安全基础设施建设，加强国家生物安全风险防控和治理体系建设，提升国家生物安全治理能力。四是有利于完善生物安全法律体系。生物安全涉及领域广、发展变化快，现有的相关法律法规比较零散和碎片化，有的效力层级较低，有的已经不能完全适应实践需要。《生物安全法》有效弥补了我国生物安全法律体系的短板弱项。

完善以《生物安全法》为核心，相关法律、法规、规章制度以及行政文件为辅的生物安全法律法规体系，必须坚持以习近平总书记关于生物安全的重要论述为指导思想，坚持总体国家安全观，走中国特色国家安全道路，适应生物安全治理的层次性、关联性和整体性。

长期以来，我国在生物安全立法方面缺少系统性、全面性的研究，实际立法工作也仅出于现实的紧迫性而非法理的自觉，① 目前生物安全领域法律体系系统性欠佳，相关法律之间衔接度不高，法律体系有待进一步系统完善。② 出台《生物安全法》只是构筑生物安全法律法规体系的基础，健全完善生物安全法律法规体系、筑牢生物安全法律之网，仍需做好以下四个方面的工作。

一是在立法理念上，要充分考虑生物安全与资源安全、环境安全、生态安全、核安全等相关安全的内在关联，形成统筹这些安全的法律规定，将生物安全治理置于国家总体安全的整体视域下进行。

二是以《生物安全法》为核心，做好生物安全法律法规体系的内部协调。以《生物安全法》为生物安全领域的基本法律，全面梳理审查现有与生物安全相关的法律法规，及时修订现行法律法规中与《生物安全法》不一致的内容，统筹推进立法修法工作，实现生物安全领域法律法规的统一性、协调性，形成维护生物安全的法律合力。

三是以《生物安全法》为基础，做好生物安全法律法规体系的外部衔接。同时根据《生物安全法》的原则与要求，各级政府部门抓紧制定颁布更为细化、更具可执行性的相关规章制度，体现《生物安全法》的立法目的。同时做好与其他国家安全立法的协调工作。

四是及时回应社会关注的热点领域与突发风险问题，围绕基因技术等生物技术的研发、市场化与产业应用、医学应用、军事应用等风险热点形成专门的法律、法规、标准。同时尽快建立《生物安全法》与《刑法》之间有效衔接，加强预防和打击制裁生物安全领域的违法犯罪问题。

完善生物安全法律法规体系，必须始终坚持党对生物安全工作的领导，明确生物安全的重要地位，坚持以人为本，坚持风险预防原则，坚持分类管理、实事

---

① 李萌：《中国生物安全治理体系建构：权责与协同》，中国社会科学出版社 2022 年版，第 149 页。

② 赵天红：《生物安全刑事立法保护势在必行》，《人民论坛》2021 年第 22 期，第 40~43 页。

求是原则，坚持协调配合，坚持科学立法、民主立法、依法立法。

二、严格执法，扎实推进生物安全法律法规落地生根

严格规范公正文明执法，事关人民群众切身利益，事关党和政府形象。严格生物安全法律法规的执行是加强生物安全法治体系建设的重要一环，要牢固树立执法为民的理念，把握好执法的功能和目标，不断完善执法制度体系，规范执法程序，对群众深恶痛绝的事零容忍，对群众急需急盼的事零懈怠，确保规范严格执法。

一要明确各级政府部门和各类社会主体的生物安全法律责任与职权范围，尤其是直接涉及生物安全的各个部门和单位负有维护生物安全的法律责任和义务。要依法履行好法律赋予的职责，严格落实生物安全工作主体责任、监督责任、领导责任，实行问责机制，谁管理、谁负责。出现生物安全问题时，要严肃追究相关管理者与责任人的责任。

二要持续加强生物安全执法队伍建设，打造一支生物安全执法与管理的专精队伍。强化相关执法管理部门人员的生物安全专业知识技能培训，开展生物法律知识宣传讲座，提高执法人员法律意识。同时提升生物安全执法队伍的专业性，吸收更多生物安全行业的专业人士充实执法队伍。

三要完善运行高效、权责明确、程序规范、执行有力的执法机制，加大生物安全领域案件的执法监督的力度。强化事中事后监管，坚决依法查处生物安全违法违规行为，一旦发现任何有关生物安全的违法违规违纪行为，必须严肃问责，从严从快从重处理，追究法律责任。同时延长执法链条，形成执法闭环，尽最大可能降低生物安全事件的发生概率与危害。

四要健全监督检查机制，完善处罚制裁措施，对涉及生物安全的领域进行定期检查和评估，确保相关单位和个人遵守法律法规。监督机构应当有权对实验室、生产场所、运输环节等进行随时检查，以发现和纠正违法行为。确保生物安全法律法规中设定严格的处罚和制裁措施，以惩治违法行为，包括罚款、吊销许可证、刑事处罚等，从而对违法者形成威慑作用，促使其遵守法律。

五要推进跨部门合作与信息共享。生物安全涉及卫生、农业、环保等多个领域和部门，必须建立跨部门合作机制，促进信息共享、资源整合和协同行动，提

高执法效能和效果。建立信息共享平台，使执法机构能够及时获取生物安全领域的信息和数据，有助于监测潜在风险，追踪违法行为。

六要形成公众参与和舆论监督的良好社会氛围，鼓励公众参与生物安全执法的过程，建立违法线索举报渠道，通过建立生物安全违法犯罪线索举报渠道、加强各类信息披露、引导社会舆论等手段，敦促有关部门履职尽责，使执法活动更加透明、公正、有效，防止滥用权力和不当行为，维护社会公共利益和生物安全。

三、公正司法，切实保障生物安全领域公平正义

习近平总书记强调，努力让人民群众在每一个司法案件中都能感受到公平正义。这一重要论述，为新时代生物安全司法实践提供了根本遵循。

一是做好对生物安全领域案件审理的指导工作。加强对生物安全领域所涉及的民事、刑事、行政、执行等各类案件法律适用与政策把握等问题的研究，通过发布明确的司法指导意见，对生物安全领域的司法实践进行规范；建立司法人员的科学顾问机制，协助他们准确理解和评估生物安全的专业问题，确保他们能够科学处理法律和科学交叉问题。

二是提高生物安全相关法律法规的明确性和透明度。生物安全法律法规应当通过明确的定义、具体的条文，确保在生物安全案件审理中能够准确适用。法律的明确性有助于消除模糊性和争议，为法官、律师和案件当事人提供明确的指引。同时，法律的透明度可以通过合理的立法过程、公开的解释和指导意见来实现，以确保各方对法律内容有清晰的认识。

三是增强专业化培训与跨学科合作。生物安全领域的复杂性要求法官和律师具备相关的专业知识，需要为法官、检察官与律师等司法从业人员提供专业化培训，使其熟悉生物安全科学、技术和政策，掌握处理复杂案件所需的专业知识和技能，从而更准确客观地评估案件证据，保障司法公正和社会公共安全。

四是加强对司法的监督。坚持依法依规、公平公正、量刑适当地审理生物安全案件；设立严格的司法审查程序，确保判决基于准确、客观的科学依据；设立权益保护机制，充分保障当事人的合法权益。

五是围绕生物风险热点问题开展生物安全司法工作。可在人民法院设立生物

安全法庭，加大对造成生物风险、破坏生物安全行为的审判力度；让具有生物安全知识背景和专门技能的法医深度、全面参与生物安全司法工作。

四、全民守法，广泛开展生物安全普法宣传

推进全民守法是全面依法治国的基础性工作。共建法治国家，必须进一步加强普法工作，让法治信仰根植于人民心中，形成全民守法的良好社会氛围。① 在中央全面依法治国工作会议上，习近平总书记特别指出，普法工作要在针对性和实效性上下功夫，特别是要加强青少年的法治教育，不断提升全体公民的法治意识和法治素养。

要大力推进生物安全领域的法治宣传和法律普及工作。各级政府部门和各类社会组织机构要加强生物安全法律法规的宣传普及，打通各类传播渠道，创新利用多样化传播手段，以公众喜闻乐见的形式使生物安全法律法规入脑入心。

一要制定综合宣传策略，开展多样化宣传。针对生物安全领域的法律法规涉及面广特点，应出台包括目标受众、传播渠道、宣传内容等方面的详细规划，以确保宣传工作能够精准地传达生物安全法律法规的核心内容和要求。生物安全主题的法治宣传可以采用宣传册、文章、海报、视频、动画、网站、社交媒体、文章、短视频等新媒体新技术提升普法的覆盖面和便捷性。在全媒体传播平台上定期发布法律法规解读、案例分析等内容，以更生动形象的方式向公众解释复杂的法律概念，引起公众的兴趣和关注，让普法宣传触手可及。

二要突出重点领域，结合热点问题展开宣传。针对生物领域中的重点领域，如生物安全实验室管理、生态保护、入侵物种防控等，应加强针对性的法治宣传，详细介绍相关法律法规的内容，强调公众在这些领域中的义务和责任。同时生物领域的法治宣传材料应当聚焦公众关心的社会前沿和热点问题，增强科普属性，以便广大公众能够轻松理解。可通过图文并茂的方式，解释法律法规的背景、意义和适用情景，以提高公众的法律素养。

三要合作联动与持续宣传。政府要加强与学校、科研机构、社会组织等合

① 刘炤：《坚持全面推进科学立法、严格执法、公正司法、全民守法》，《人民日报》2021年3月18日，第16版。

作，共同开展生物安全领域的法治宣传活动。可利用多方资源，将法治宣传融入教育、科研和社会服务中，形成宣传合力。邀请生物安全领域法律专家、科学家等为公众进行专业权威的法律法规解读和普法讲座、培训，以生动活泼的形式深入解释生物安全法规的背景、原理和实施细节，解答公众关心的问题，提升公众对法律的认识和信任。法治宣传不应是一次性的活动，而是一个持续的过程，要在全社会深入持久地开展宣传教育活动。政府有关部门和社会组织应当持续不断地开展普法宣传，实时评估宣传效果，根据公众需求和反馈进行动态调整和优化，确保普法工作取得良好效果。

第三节　推进生物安全领域科技创新

科技是国家强盛之基，创新是民族进步之魂。坚持创新在我国现代化建设全局中的核心地位，把科技自立自强作为国家发展的战略支撑，是以习近平同志为核心的党中央把握大势、立足当前、着眼长远做出的战略布局，对于我国关键核心技术实现重大突破，促进创新能力显著提升，进入创新型国家前列具有重大意义。

当今世界正经历百年未有之大变局，我国发展面临的国内外环境发生深刻复杂变化，我国“十四五”时期以及更长时期的发展对加快科技创新提出了更为迫切的要求。科技创新已经成为国家间竞争的关键要素，也是维护国家安全稳定的重要基础。加快科技创新是推动高质量发展的需要，是实现人民高品质生活的需要，是构建新发展格局的需要，是顺利开启全面建设社会主义现代化国家新征程的需要。

生物安全关乎人民生命健康、国家长治久安、中华民族永续发展，是国家总体安全的重要组成部分，也是影响乃至重塑世界格局的重要力量。实现国家生物安全治理体系和治理能力现代化，切实筑牢国家生物安全屏障，就必须高度重视科技创新发展的关键作用。

一、优化生物科技发展的战略规划

2020 年 9 月，习近平总书记在科学家座谈会上指出，希望广大科学家和科技工作者肩负起历史责任，坚持面向世界科技前沿、面向经济主战场、面向国家重大需求、面向人民生命健康，不断向科学技术广度和深度进军。习近平总书记把生物安全领域的重大科技成果喻为国之重器，强调一定要把生物安全核心技术掌握在自己手中，要求"加强疫病防控和公共卫生科研攻关体系和能力建设"①，推进生物科技的自立自强，抢占前沿生物技术领域的先机。加强生物安全治理，必须进一步提高政治站位，从国家发展的总体战略的全局思考生物安全领域科技创新的地位与作用，加强顶层设计，制定完善我国生物安全科技发展的总体战略规划，解决重大科研问题。

优化国家生物安全战略科技力量的总体规划，必须立足我国生物安全国情，全方位厘清生物安全治理全过程、各环节，借鉴国际经验，找准不足、弄清薄弱点。统筹发展和安全两个方面，针对我国生物安全领域的重点问题和风险挑战，明确重大科学技术攻关的需求，做好总体设计、战略谋划，制定体现生物安全发展趋势、反映国家战略需求的战略规划方案。

优化国家生物安全战略科技力量的总体规划，必须做到"四个坚持"。坚持"四个面向"，明确围绕国家使命和战略利益的问题导向，加强教育、科技、人才重点工作与资源统筹；坚持基础与前沿相结合，应适时补充布局相关基础研究，开辟新赛道，确立未来竞争新优势；② 坚持统筹发展和安全，加快核心技术攻关和产品推广应用，提升创新链、产业链、供应链、资金链和人才链的韧性和安全水平，加强场景创新驱动，为新产品新技术迭代创新提供现实应用场景；③ 坚持推进科技创新考核评估机制，完善优先领域选拔机制、重大项目产生机制、科学分类评价机制等，形成关键核心技术的体系化布局。

优化国家生物安全战略科技力量的总体规划，必须注重顶层战略和落地政策引导，充分调动生物安全领域各类主体的创新积极性。将新型举国体制与我国人力资本、市场需求和产业体系及产业链优势相结合，建立长周期的科教资源协同

---

① 习近平：《为打赢疫情防控阻击战提供强大科技支撑》，《求是》2020 年第 6 期，第 8 页。

② 吴善超：《如何理解新型举国体制》，《学习时报》2023 年 3 月 27 日，第 2 版。

③ 丁明磊、黄琪轩：《健全新型举国体制 拓宽中国式现代化道路》，《光明日报》2023 年 2 月 6 日，第 2 版。

机制，推动创新链、产业链、资金链、人才链深度融合，依靠改革激发科技创新活力，通过深化科技体制改革把巨大创新潜能有效释放出来。

二、加快实现生物科技自立自强

近年来，我国面临着生物安全等领域关键技术“卡脖子”“技术封锁”等严峻挑战，严重威胁我国的发展安全。同时，国际上出现了“技术保护主义”“技术脱钩”等与市场经济原则和经济全球化大势相悖的逆流，一些西方国家采取各种手段打压遏制我国科技发展。因此，实现高水平科技自立自强，对我国构建高质量发展的安全体系，具有重大战略意义。

党的二十大报告强调加快实现高水平科技自立自强，提出要在2035年实现跻身创新型国家前列的战略目标。实现这一战略目标和推进生物安全领域科技自立自强，必须在中国共产党的领导下，充分发挥社会主义“集中力量办大事”的制度优势，以政府为主导，激发市场主体的动力，建立自主可控的生物安全科技国家创新体系，进一步释放科技创新活力。

世界已经进入大科学时代，基础研究组织化程度越来越高，制度保障和政策引导对基础研究产出的影响越来越大。党的二十大报告强调要完善党对科技工作统一领导的体制，健全新型“举国体制”，赋予了“举国体制”新的时代使命和内涵。“举国体制”是在特定领域实现国家意志、完成国家目标任务的一种特殊制度安排，世界主要科技强国在战略高技术领域都采取过集全国之力的做法。当前，党中央提出要健全新型“举国体制”，对于把创新发展主动权牢牢掌握在自己手中，拓宽中国式现代化道路，加快构建新发展格局和全面建设社会主义现代化国家意义深远。

因此，健全新型“举国体制”需要重点关注以下几方面内容：

一要突出科技创新统筹布局。坚持国家战略目标导向，将新型举国体制与我国经济社会发展紧密结合起来，瞄准事关我国生物安全的若干重点领域及重大任务，明确主攻方向和核心技术突破口，重点研发具有先发优势的关键技术和引领未来发展的基础前沿技术。

二要完善科技创新体系组织机构。可设立专门牵头负责生物安全领域科技创新的新型举国体制项目的相关机构，政府要在新型举国体制中扮演好规划者、组织者、协调者、供给者和维护者的角色，推进新型举国体制行稳致远。成立专门的机构，牵头负责进行新型举国体制项目的甄别、分类、资源调配、市场调度、项目推进等，制定和利用各种产业政策、法律法规、财政金融等，凝聚协同攻关所必需的各种人力、财力、物力，调动和激发各参与主体的积极性和创造力，强化跨领域跨学科协同攻关，形成关键核心技术攻关强大合力。

三要明确新型“举国体制”的适用边界。正确处理政府与市场的关系，将“集中力量办大事”与“激发全社会创新创造活力”进行有机结合。要推动有效市场和有为政府更好结合，强化企业技术创新主体地位，加快转变政府科技管理职能，营造良好创新生态，激发创新主体活力。因此必须更有效地协同政府与市场的关系，更高效地推动相关项目的攻关和协同。政府要做好战略领域重大创新活动和基础研究的组织工作，充分发挥市场在新型举国体制资源配置中的决定性作用，构建“看得见的手”和“看不见的手”相互协调、相互促进的发展格局。

三、加强生物技术基础研究与核心技术攻关

新一轮科技革命和产业革命体现为国与国之间的科技实力和创新能力竞争，只有独立自主地攻克、掌握关键核心技术才能在日趋激烈国际竞争中赢得发展权和主动权，为维护国家安全与经济高质量发展提供稳定支撑。

加强生物技术基础研究与核心技术攻关，必须完善生物安全基础研究的项目评估机制。基础研究要坚持目标导向和自由探索“两条腿走路”。一要从国家重大安全需求和学科发展前沿中凝练基础科学问题，针对国家战略导向型基础研究，强化目标导向，加强战略研究和技术预见，精准研判制约国家安全和经济社会发展的关键瓶颈中存在的基础科学问题。二要瞄准重大前沿科学问题，加大对颠覆型、变革型创新研究的支持力度。以生物安全领域的重大技术和工程问题等应用目标倒逼基础研究进展，进而探索科学规律，以基础研究促进应用发展，从源头和底层解决生物安全的关键核心技术问题，为高质量生物安全治理提供基础科学支撑。三要把握科技发展趋势和国家战略需求，明确我国生物安全领域基础研究方向和发展目标，加强基础研究重大生物安全科技项目可行性论证和遴选评估，强化战略性基础研究部署。此外，还要加大基础研究投入，在财政、金融、税收等方面给予必要政策支持，创造有利于基础研究的良好科研生态，建立健全

科学评价体系、激励机制。

加强生物技术基础研究与核心技术攻关，必须推进生物安全基础研究的系统优化。生物科学领域的科技革命和产业变革日新月异，科学技术和经济社会发展加速渗透融合，基础研究发展趋势已经出现深刻变革，深刻影响和改变了基础研究的组织模式。习近平总书记指出，世界已经进入大科学时代，基础研究组织化程度越来越高。这就要求我们优化基础研究的组织模式，开展有组织的大科学研究。对此，一要发挥高水平研究型大学在生物安全领域的基础作用，打造一批生物安全领域的重点高校。在新时期，涉及生物科技研究与人才培养的高校，要把服务国家战略需求作为最高追求，以自身学科优势为基础，全面对接国家战略需求，瞄准生物科技领域的重大前沿科学问题，围绕“四个面向”，把相关科技创新纳入学校整体发展目标与规划，组织和承担重大生物科技研发任务，加快建成有世界影响力的生物科学研究创新高地与人才团队。二要强化国家科研机构在生物安全领域的引领作用。国家科研机构要把围绕国家战略需求和科学前沿重大问题的定向性、体系化基础研究作为主要任务，充分利用基础研究相关重大任务，构建中国特色国家实验室体系，加强我国高等级生物安全实验室体系建设，设立全国重点实验室和国家实验室，合理规划和完善布局高等级生物安全实验室和研究平台。瞄准未来生物安全科技的可持续发展，形成一批国内领先、国际一流的研究技术平台，打造国家级生物安全科研创新基地，充分发挥国家科研机构大平台和综合性优势。三要发挥企业的科技创新主体作用。目前，我国企业基础研究投入不够，能力和水平不高，成为制造业等领域关键核心技术攻关进展缓慢的原因之一。① 要从制度层面采取切实有效的激励措施，增加企业在基础研究项目中的技术创新、成果转化、产业孵化等方面参与度、话语权，进一步发挥科技领军企业尤其是国有企业，在生物安全基础研究、成果转化和产业化应用等全链条创新中的主体作用。

四、搭建生物安全治理人才支撑体系

人才是衡量一个国家综合实力的重要指标。高水平科技自立自强归根结底要

---

① 张杰、康红普、黄维：《切实加强基础研究，夯实科技自立自强根基》，《红旗文稿》2023年第6期，第19~23页。

靠高水平创新人才。推进生物安全领域科技创新必须充分发挥高水平人才的关键性作用。

提升生物安全治理能力，必须建设一支由战略科学家、一流科技领军人才和创新团队、青年科技人才和大国工匠、卓越工程师、高技能人才等所构成的“立体性”“梯次化”“顶天立地”的生物安全人才队伍。

一要大力培养使用战略科学家。战略科学家是能够提出和解决全局性、根本性、前瞻性的科学问题，攻克经济社会发展和国家安全的重大科技难关，提出科学技术未来发展方向、发展思路和发展重点的科学家。生物安全人才培养要坚持实践标准和目标导向，在国家重大生物科技任务担纲领衔者中发现具有深厚科学素养、长期奋战在科研第一线，视野开阔，富有前瞻性判断力、跨学科理解能力、大兵团作战组织领导能力强的科学家。高校特别是“双一流”高校和国家级科研院所要发挥主力军作用，要坚持长远眼光，有意识地发现和培养更多具有战略科学家潜质的高层次复合型人才，形成战略科学家成长梯队。

二要打造一批一流科技领军人才和创新团队。生物安全人才培养要建立生物安全领域的“卡脖子”关键核心技术攻关人才的特殊调配机制，制定实施专项行动计划，跨部门、跨地区、跨行业、跨体制调集领军人才，组建攻坚团队。要发挥国家实验室、国家科研机构、高水平研究型大学、科技领军企业的国家队作用，加速集聚、重点支持一流科技领军人才和创新团队。要围绕国家生物安全的重点领域、重点产业，组织产学研协同攻关，在重大科研任务中培养人才。要优化领军人才培养发现机制和项目团队遴选机制，探索新的项目组织方式，实行人才梯队、科研条件、管理机制等方面配套政策的倾斜，夯实生物安全科技领军人才成长的政策保障，优化生物安全科技领军人才成长的外部环境。

三要造就一支高素质的青年科技人才队伍。青年人才是国家战略人才力量的重要组成部分。要把培育国家战略人才力量的政策重心放在青年科技人才上，培养具有国际竞争力的青年科技人才后备军，给予青年人才更多的信任、更好的帮助、更有力的支持。大胆使用青年人才，激发创新活力，支持青年人才挑大梁、当主角。要重视解决青年科技人才面临的担纲机会少、成长通道窄、生活压力大等实际困难，在职称评审、项目申报等方面给予公平待遇，让青年科技人才安居乐业。要完善优秀青年人才全链条培养制度，从高校、科研院所、企业中选拔一批高端人才担任青年人才导师，更好地发挥他们在青年科技人才培养中的提携后学、铺路搭桥、带动引领作用。

四要培养一大批卓越工程师、大国工匠、高技能人才。技能是强国之基、立业之本。生物安全涉及领域广、行业多，不光要有尖端科技的创新人才，也需要大量高技术技能型人才在一线实践中发挥本领。只有培养造就更多生物安全领域的高技能人才，才能为全面建设社会主义现代化国家提供有力生物安全人才保障和坚实技能支撑。应贯彻落实《关于加强新时代高技能人才队伍建设的意见》，健全完善有利于高技能人才成长发展的制度体系，营造有利于高技能人才成长的社会氛围，探索形成中国特色的工程师培养体系，努力建设一支爱党报国、敬业奉献、具有突出技术创新能力、善于解决复杂工程问题的生物安全工程师队伍。

五要夯实生物安全人才培养的学科支撑。积极推动建立生物安全二级学科，完善本硕博一体化人才培养创新机制，进一步推进专业人才的培养，努力打造一批高水平的优秀高校人才和学科团队。积极开展国际国内学术交流，注重引进国外高素质人才，吸引大批优秀的海外学者与青年人才回国，充实和壮大队伍力量，为国家生物安全建设注入新的动力。尽快搭建中国生物安全学术交流组织与平台，促进生物安全领域的同行开展学术交流，提高我国生物科技创新能力，协调科学研究和技术转化，为国家战略和政策定向提供智力支持。

六要厚植生物安全人才培养沃土。营造真心爱才、诚心待才、贴心育才、宽心容才的制度环境、文化环境、保障环境，形成育才、识才、选才、用才的良好社会风尚，激发各类人才创新活力和创造潜力，做到人尽其才、才尽其用。坚持尊重知识和尊重人才的方针，完善生物安全人才的发现、培养、激励机制，放心大胆地使用生物安全领域人才。按照“革命化、年轻化、知识化、专业化”的方针，选好和用好生物安全科技人才和管理人才，尤其是要在坚持严格的政治标准的前提下让生物安全专业人才管理专业事务。

第四节　创建全员参与的生物安全文化(宣传教育)体系

文化是民族生存和发展的重要力量。随着科技的进步、文明的发展，文化已经与经济、政治以及社会生活方方面面融合在一起，成为直接影响国家经济社会发展水平的重要因素。文化软实力正日益成为综合国力的重要组成部分，在国际竞争中发挥着举足轻重的作用。负责调查切尔诺贝利核电站事故的国际原子能组织在其调查报告中认为，安全文化的缺失是造成该事故的根本原因。推进生物安全治理体系和治理能力现代化，必须重视生物安全文化建设。

生物安全文化是人类利用生物技术从事生命科学研究和生产应用中各项活动所创造的安全生产及安全生活的精神、观念、行为、环境和物态的总和，是组织成员共享的生物安全价值观、统一的道德和行为规范。① 生物安全文化作为一种文化软实力，能够从根本上有效规范调整人的生物风险意识和行为活动。生物安全关系到国家长治久安，涉及全体国民的切身利益，构建全员参与的生物安全文化体系，是加强生物安全治理的题中应有之义。

一、构建维护生物安全的价值理念体系

生物安全概念近些年来才为社会民众接触认识，绝大多数民众对生物安全及其影响仍是一知半解，这一方面是因为生物安全问题与生物技术有一定的超前性和风险性、未知性，另一方面是因为人们对生物安全的思想认识仍存在分歧，维护国家生物安全的价值理念体系尚未真正建构。因此，构建全员参与的生物安全文化体系，首先要解决的是价值理念问题，要对生物安全的基本概念和价值意义有基本的认识。无论从保障民众生命安全健康还是从维护国家安全和社会稳定的角度，都需要树立概念清晰、逻辑严密、系统完备的国家生物安全价值理念体系，坚持以人为本、维护国家安全、合作与可持续等价值原则。

(一)坚持以人为本原则

生物安全是事关人类与国家生存发展的大事。近年来以新冠疫情为主的国际重大生物安全事件不断提醒我们：完善生物安全治理体系和治理能力建设，维护国家生物安全，必须坚持面向人民生命健康，始终贯彻以人为本理念；必须始终坚持以人民安全为宗旨，构筑人民生命健康的生物安全防线，有效化解生物威

① 贾晓娟：《我国生物安全文化建设的对策研究》，《中国科学院院刊》2016 年第 4 期，第 445~451 页。

胁。“以人为本”是实现现代生物技术可持续发展的核心，关注生物安全既要保障人民群众生命健康安全的根本性利益，还要兼顾支持“有益于人民的”创造性生物技术所能带来的长远利益。①

（二）坚持维护国家安全原则

没有生物安全就没有国家安全。生物安全关乎人民生命健康、经济社会发展、社会大局稳定和国家长治久安，事关国家和民族生存与发展，是国家安全的重要组成部分。新冠疫情爆发产生的各种问题证明，生物安全问题并不只在局部范围内影响公共安全，而是影响着整个国家安全。加强生物安全治理，必须深刻认识生物安全在国家安全中的重要地位，从维护国家安全的高度认识生物安全治理的重要性，知晓生物安全治理的法律底线和政策红线，做好生物安全风险的系统防范和生物安全的全链条治理。

（三）坚持平衡可持续原则

生物安全实际上是生物生态的安全，生物安全治理不能只考虑某个、某种、某类别的生物，而必须统筹整个生态系统，将生物安全治理纳入生态安全的整体视域来进行整体考虑。因此，建构国家生物安全价值理念体系，必须打破“主客体二元化的思路”②，走“共存共建”的生态平衡可持续发展新路线，关注和关心人与生物资源、生态环境的关系，坚持人与自然界有机统一、和谐共生的价值观，促进人与自然的和谐互动、良性循环，实现人类的可持续发展。

（四）坚持共同合作原则

相较于其他安全，生物安全超越国界，是一个全球性问题，直接关系到整体“人类”的生存发展利益。面对日益严峻的生物安全挑战，国际社会必须携手应对，共同推动全球生物安全治理。习近平总书记多次提出，国际社会应同心协力

---

① 王景云、齐枭博：《总体国家安全观视域下的生物安全法治体系构建》，《学习与探索》2021 年第 2 期，第 69~73 页。

② 莫纪宏：《关于加快构建国家生物安全法治体系的若干思考》，《新疆师范大学学报（哲学社会科学版）》2020 年第 4 期，第 42 页。

加强生物安全领域的合作，应对各种风险挑战，中国应当积极参与全球生物安全治理。

二、加快实现全民参与的生物安全治理新局面

习近平总书记指出，要坚持群众观点和群众路线，拓展人民群众参与公共安全治理的有效途径。要把公共安全教育纳入国民教育和精神文明建设体系，加强安全公益宣传，健全公共安全社会心理干预体系，积极引导社会舆论和公众情绪，动员全社会的力量来维护公共安全。生物安全治理是为了人民群众，生物安全治理离不开人民群众，要广泛动员人民群众参与维护国家生物安全。《中华人民共和国生物安全法》规定，基层群众性自治组织应当协助地方人民政府以及有关部门做好生物安全风险防控、应急处置和宣传教育等工作。有关单位和个人应当配合做好生物安全风险防控和应急处置等工作。

公众参与生物安全治理有助于国家有关生物安全法律法规和政策的执行与实施，有助于普及各类生物安全法律法规和生物安全知识，有助于全社会生物安全意识的提升。当前，我国生物安全公众参与方面还存在公众参与度低、专业引导少，政府主导的专家决策过程、公众参与渠道不畅通等现象。建立和完善人民群众参与国家生物安全治理机制，当前应重点做好以下几个方面的工作。

一是维护公众参与生物安全的基本权利。生物安全知情权是公众参与的前提和基础，生物安全参与权是公共参与的应有之义，生物安全监督权是公众参与的重要途径和保障。加强生物安全治理，必须维护公众的生物安全信息知情权、生物安全法律法规与政策制定的参与权、生物安全行政执法的监督权和法律诉讼权。

二是畅通生物安全信息发布渠道。有关部门应及时向公众提供生物安全相关的信息，使公众充分了解生物安全对环境、健康、社会、经济和生活的影响。同时帮助公众了解我国当前生物安全立法、决策的情况与进展以及相应措施，了解国际生物安全的动态热点。比如国家卫生健康主管部门和疾病预防控制等机构，承担了法律赋予的各类生物安全尤其是传染病等的监测、预测、预警、诊断、诊疗、预防、控制等信息的收集和分析工作，应当及时、准确、全面发布生物安全相关信息。相关科研院校和医疗机构等应该发挥自身专业优势，及时对生物安全

领域的热点问题给出专业性解释与回应。

三是建立公众参与生物安全管理机制。政府有关部门在制定生物安全政策和实施过程中，要广泛征求社会意见，吸收公众代表和专业机构专家参与和监督决策制定实施过程。同时保障公众有关生物安全领域意见和建议有畅通的反馈渠道，听取公众提出的建议和批评，及时传递民意、反馈民情，保证生物安全治理得民心、顺民意、助民利。将生物安全基本和专业知识纳入国防教育、公共卫生和医疗专业人员在校和继续教育内容，形成多部门组织、多媒体配合，科技专家、医疗卫生人员、民众等多层次的教育体系培训系统，集技术培训、演练评估和咨询帮助于一体。

四是打好生物安全治理的人民战争。保障生物安全，尤其是应对突发重大公共卫生事件，需要人人参与、全民动员。加强生物安全治理，必须夯实联防联控、群防群控的群众基础，引导广大人民群众牢固树立生物安全风险意识，掌握生物安全基本知识与科学防护技能，形成良好的生活卫生习惯，提高自身身体健康素质；必须坚守风险底线，具备法治观念，熟悉理解国家有关生物安全法律法规，保护各类野生动植物，不出入有危险生物活动的场所，不开展不符合法律、伦理的各类生物利用活动，抵制破坏生态环境的行为；积极开展广泛性群众爱国卫生运动，探索科学有效的生物安全治理的社会动员方式，坚持生物安全治理的群众路线。

三、加强生物安全文化宣传

党的十八大以来，习近平总书记高度重视科普工作，把“科学普及”放在与“科技创新”同等重要的地位，视为创新发展的两翼。生物安全问题的解决与生物风险的防控往往带有很强的专业性，如各类传染病的防治、生物多样性的保护、生物资源的利用等，覆盖面广，涉及多个学科领域的专业知识，但目前我国民众较为普遍地缺乏对生物安全专业知识的了解，生物风险防控意识较为薄弱，究其原因，我国生物安全科普工作的相对滞后是其中的一个重要因素。我国目前的生物安全教育往往是在生物安全实际危害已经发生并产生较为广泛的社会影响时，才被动式展开，前瞻性、长效性的生物安全科普工作机制尚未真正完全建立。因此，加强生物安全文化宣传教育、引导公众培育科学的生物安全价值观，是加强生物安全治理的必然要求。

（一）加大生物安全科普力度

2021年颁布实施的《中华人民共和国生物安全法》规定，各级人民政府及其有关部门应当加强生物安全法律法规和生物安全知识宣传普及工作，引导基层群众性自治组织、社会组织开展生物安全法律法规和生物安全知识宣传，促进全社会生物安全意识的提升。

加强生物安全科普工作，可以利用各类现代化的传媒技术与平台，开展多样化、立体化的科普宣传，丰富、创新生物安全文化科普形式，如利用微信公众号、抖音短视频、拍摄宣传片、开展专题讲座等，制作适合各类人群的科普内容，提高科普的接受度；可以联合各大科研院所、高校、政府部门，邀请生物安全领域专家学者共同参与科普内容设计和制作，确保生物安全科普工作与现代生物技术、生物安全热点问题同步开展；可以加强生物安全科普团队建设，将科普工作业绩纳入科研能力和职称评定的指标体系，表彰有突出贡献的生物安全科普工作者，调动专业人员参与科普工作的积极性；建议成立全国生物安全科普日，以全民参与的形式提高公众对生物安全科普工作的重视和参与意识，不断提高生物安全文化宣传的影响力、传播力和实效性，增强生物安全知识宣传的实效，使生物安全人人有责的观念深入人心，将生物安全工作的各项要求转化为广大人民群众的自觉行动。

（二）发挥从业人员的示范引领作用

提高从业人员的安全意识与职业操守，重视加强生物安全学科建设和培训体系的建立和完善，通过高等教育和职业培训等方式将生物安全知识、技能普及于从业人员；创建有资质的生物安全培训机构，统一生物安全术语、规范教材使用方案；通过定期组织生物安全培训，加强生物安全案例学习，形成固定的生物安全知识培训制度；将生物安全知识与技能纳入相关从业人员的年度考核、职称评定考核体系中，形成生物安全准入制度；确保每一位相关从业人员掌握基本的生物安全知识与技能，形成正确的科研价值观，能够在利用和创造现代生物技术的过程中，具备较高的风险意识和社会责任感。

（三）推进生物安全法治宣传

推进生物安全法治宣传教育是贯彻落实习近平总书记关于生物安全建设的重要讲话精神，推动生物安全法各项规定全面落实的重要手段。全面加强领导干部生物安全普法教育，把生物安全相关法律法规作为国家工作人员学法用法的重要内容，纳入各级党组织理论学习的重要内容，纳入“谁执法谁普法”普法责任制清单，强化考查考核；① 面向广大青少年开展生物安全法治宣传教育活动，从小培养青少年的生物安全意识、生态道德意识与生态法治意识；充分运用各类媒体开展生物安全法治宣传教育，加强典型案例宣传，增强生物安全法治宣传的实效。

（四）强化生物安全保密意识

生物安全具有很强的敏感性。随着国际形势日益复杂，各国在生物安全领域的竞争日趋激烈，生物安全保密工作的重要性日渐凸显。生物技术的研发应用离不开国际合作交流，在对外交流过程中要时刻绷紧生物安全保密这根弦。为此，要认真做好生物安全保密宣传教育，切实提高有关人员尤其是涉及生物安全的工作人员和科研人员的保密意识，增强政治意识、大局意识、责任意识，严守生物安全领域的国家秘密，在国际交流中严防泄露涉及生物安全的国家秘密，自觉维护国家安全和利益。

（五）做好卫生宣传和健康教育

卫生宣传和健康教育是影响人民对公共卫生健康的认知、情感、态度、思想和行为的重要途径。卫生宣传和健康教育要着眼于普及卫生健康知识，引导民众养成健康文明的生活方式；要针对重大新发传染病，根据传染病的传播特征、临床表现、个人预防、疫苗接种、防控政策和法律法规等方面，引导民众掌握必要的卫生防护健康知识，掌握必要的防控措施如洗手、预防性消毒、注射疫苗、佩

① 孙佑海：《坚决贯彻党中央战略部署，进一步加强生物安全建设》，《保密工作》2022年第2期，第8~9页。

戴口罩等。

(六)提高公众防范生物入侵和生态安全意识

充分利用各种媒体，加强外来生物入侵危害的社会宣传教育，普及外来生物入侵管理的科学知识，提高公民生态安全意识和环保意识，引导民众广泛地、自觉地开展防范外来生物入侵危害行动。

四、完善生物安全学校教育体系

《中华人民共和国国民经济和社会发展第十四个五年规划和2035年远景目标纲要》提出要提升国民素质、促进人的全面发展，把提升国民素质放在突出重要位置，重视构建全方位全周期的高质量健康教育体系，要求在学校教育中开展生物安全教育，让学生掌握基本的生物安全知识与技能。上述规定，有利于提高我国高等教育人才培养质量，提高全民的生物安全意识和科学素质，夯实我国生物安全治理体系和治理能力现代化建设的人才储备和群众基础。

(一)促进生物安全学科发展

建议独立设置生物安全学科，研究方向包括生命科学、医药卫生、农林牧渔、食品、生态、环境等多个领域；加大生物安全学科建设的支持力度，在一流大学和一流学科建设中加大生物安全及其相关学科的布局，并在财政、人才等方面给予必要的政策倾斜；完善以生物安全行业需求为导向的人才培养体系，促进文理、医工、医理、医文等生物安全相关学科交叉融合；完善本硕博一体化人才培养创新机制，进一步推进专业人才的培养，努力打造一批高水平的生物安全领域优秀人才和学科团队；加强与国际高水平大学、科研机构的交流合作，培养具有国际视野的高层次拔尖创新医学人才。

(二)完善生物安全课程设置

高校可以采取专业必修课或通识选修课等多种形式，设置生物安全课程，全面覆盖农学、理学和医学等专业学生，并针对不同专业学生采取不同的教学内容和教学方法；做好生物安全课程的推广，建好相关在线课程，加强课程资源共享；完善生物安全课程开设的师资培训、课时保障和硬件设施等配套工作。

（三）加强生物安全培训工作

重视和加强高校和科研机构的生物安全培训，将培训工作规范化、专业化和常态化；组建和认定有资质的培训机构，拓展培训对象范围，由具体的从业人员拓展至相关管理层乃至社会公众；促进培训内容和形式多样化，采取专业培训和科普教育等形式，内容囊括生物安全法律法规与标准、专业知识与技能、实际操作、生物安全风险防控应急演练、生物安全伦理道德、国内外研究发展动态、社会热点问题分析等。

（四）做好义务教育阶段和高中阶段的生物安全教育

在义务教育阶段，教授基本的生物学常识，形成中小学生对生物的初步认识，培养对生物、生态和自然科学的兴趣与探索精神，辨别危险病原体，知晓简单的生物风险防护方法，树立热爱生命和热爱自然的观念意识；在高中阶段，针对文理科学生做好分层教学，让学生熟悉日常生活中的生物安全相关内容，掌握一定的生物安全防护措施，并向身边的家人同学宣传所学的生物安全知识，培养学生思考和解决生活学习中遇到的生物安全现实问题的能力。

第五节　积极推动生物安全治理国际合作

安全是人类最基本需求，也是最重要的国际公共产品。当今世界人类面临的安全形势愈发动荡复杂，安全的内涵与外延也在不断发生新的变化。习近平总书记提出全球安全倡议，倡导坚持共同、综合、合作、可持续的安全观，坚持尊重各国主权、领土完整，坚持遵守联合国宪章宗旨和原则，坚持通过对话协商以和平方式解决国家间的分歧与争端，坚持统筹维护传统领域和非传统领域安全，共同构建人类安全共同体，这为加强全球安全治理，维护世界和平稳定指明了前进方向和行动路径。

当今时代，难以预料和控制的各类风险威胁在全球范围内不断发生，尤其是各类生物安全问题不断出现，做好生物安全风险防范已成为人类面临的共同问题。病毒传播具有速度快、跨境性强、不确定性大、防扩散难度高等属性，生物安全问题具有复杂性、多样性、突发性，经济全球化时代各国间的经贸往来、人口流动更加紧密频繁，面对生物安全威胁，没有哪个国家能够独善其身。因此，维护生物安全，必须加强全球生物安全治理，坚持多边主义，加强生物安全风险国际化管理和联防联控。

一、提升我国在生物安全领域的国际话语权

目前西方发达国家在生物安全领域掌握着话语主导权，并借此对中国进行各种污蔑和攻击，指责中国的生物活动具有潜在双重用途，宣扬中国援非抗疫是一种出于“政治宣传”，中非生物安全合作破坏了非洲的生态平衡，实质上是一种新的殖民战略等。

西方发达国家凭借话语主导权对中国进行的选择性、抹黑性宣传，给中国的国际生物安全合作带来很大负面影响。目前世界大多数国家在生物技术、医药产品的准入和使用方面大都沿袭欧洲标准，在生物安全领域的资金投入、产品开发、对外宣传等方面仍对西方发达国家存在严重依赖，一些国家在西方发达国家的政治性、歧视性、污名化话语宣传的影响下，对我国的生物技术应用、生物管理模式、生物医疗产品缺乏必要的认可，甚至对中国的国际生物安全合作产生排斥和抵触心理。

中国应该大力宣传“维护公平正义”①“坚持多边主义”②的生物安全国际合作理念，倡导“公道正义、共建共享的安全格局”③，反对单边霸凌、退群毁约；应该广泛团结广大发展中国家，共同全面深入参与国际生物安全标准、规范、指南的制定，提升发展中国家在全球卫生治理体系中的影响力和话语权，共同推动《禁止生物武器公约》的重新启动，共同呼吁构建全球生物安全的核查应对机制和生物武器的核查监督机制，共同揭穿西方发达国家散布中国“阴谋论”的阴谋，共同维护国际生物安全治理的公平正义。

---

① 《习近平谈治国理政》第四卷，外文出版社 2022 年版，第 446 页。

② 《习近平向“一带一路”国际合作高级别视频会议发表书面致辞》，《人民日报》2020 年 6 月 19 日，第 1 版。

③ 《十八大以来重要文献选编》中，中央文献出版社 2016 年版，第 696 页。

二、发挥我国在全球生物安全治理中的重要作用

推进生物安全领域的国际合作，不仅要有中国智慧、中国声音，更要有中国方案和中国贡献。积极参加全球生物安全治理是习近平总书记人类命运共同体思想的重要组成部分，他多次提出，国际社会应同心协力加强生物安全领域的合作，应对各种难以预测的风险挑战，共同应对地区争端和恐怖主义、气候变化、网络安全、生物安全等全球性问题，共同创造人类更加美好的未来，强调中国应当积极参与全球生物安全治理，为创新生物安全国际合作的理念、方式与路径贡献中国智慧和中国方案。

面对日益严峻的生物安全挑战，国际社会必须携手应对，共同推动全球生物安全治理体系和治理能力提升，在信息共享、政策制定、技术支持和应急处置等方面加强合作交流，协力提升应对的整体能力。我国应该推动“中国之治”与“全球之治”良性互动，为加强生物安全国际合作树立典范。

（一）拓宽生物安全国际合作渠道

我国要在多边组织、伙伴国家以及国际非政府组织等框架下开展各类生物安全治理行动，既要加强与国际主要发达国家在生物安全领域的战略对话，也要支持欠发达国家的生物安全能力建设和风险防控；要积极利用联合国、世界卫生组织、国际原子能机构、联合国环境规划署以及国家间交流合作等双多边平台，以及各类与生物安全相关的国际组织，共同签订生物防御和卫生安全能力建设的合作协议，在防治传染病、生物科技研发、公共卫生信息分享、防范生物恐怖袭击、生态环境保护等领域开展密切交流与务实合作；要积极利用双多边合作平台，如上海合作组织、金砖国家合作机制、亚太经合组织、二十国集团等，促进生物安全领域的对话与合作，为成员国提供交流与合作机会；要在世界卫生组织、联合国教科文组织、世界银行等国际组织的领导协调下，组织生物安全领域专家，做好全球生物安全治理体系的顶层设计，共同研究绘制维护人类生物安全的蓝图。

（二）搭建生物安全国际合作平台

探索组建生物安全国际研究合作机构，遴选重点领域、关键技术，搭建国际

化研究平台，联合国际科技人才共同应对生物安全问题，实现全球问题全球研究，合作成果全球共享；加强信息共享与交流，主动、积极推动建立全球性的生物安全信息平台，收集、存储、分享与交流生物安全信息，包括各国生物安全情报、疫情数据、病原体信息、实验室安全报告等，促进生物安全信息的共建、共享，完善生物安全信息标准，采用标准化的数据格式和协议，确保不同国家和机构提交的信息能够互相兼容、快速有效地得到分享，同时保证信息共享的安全性和隐私保护，以防止敏感信息被滥用或泄露；探索应对重大公共卫生事件包括医疗互助、技术共享、人员交流等方面的国际合作新机制，建立生物安全快速响应机制，确保在紧急情况下及时分享生物安全事件关键信息，快速应对疫情爆发或生物恐怖事件；积极参与生物安全事件国际救援，协助有关国家做好生物安全突发事件的应急处理和善后处置；鼓励国际科研机构和科学家之间的合作，共同研究生物安全领域的重大问题，开展国际性的生物安全培训和知识分享活动，培养专业人才；推动建立国际生物安全咨询机构，为各国政府和组织提供专业化建议和指导，促进国际合作的深化；鼓励国内科研机构和企业参与国际生物安全研究和产业合作，促进技术创新和经验分享，更好应对生物安全挑战。

（三）加强与“一带一路”共建国家的生物安全合作

“一带一路”是构建人类命运共同体理念的重要载体，我国要大力加强与“一带一路”共建国家之间的生物安全合作，共同应对生物安全风险挑战。要创建覆盖“一带一路”共建国家的生物安全信息共享平台，及时分享生物安全信息，增强各国的生物安全风险防范意识，提升各国的生物安全治理能力；要搭建“一带一路”共建国家的生物安全合作机制，共同应对传染病风险，共享公共卫生资源，开展疫苗联合研发、共享疫情监测数据、共同应对传染病爆发蔓延；要积极开展包括实验室管理、生物安全操作等方面的生物安全技术培训和科研交流活动，共同攻克生物安全领域的关键技术难题，促进“一带一路”共建国家在生物安全领域的科技研发和应用能力提升；要强化“一带一路”共建国家之间的边境生物安全合作，加强边境监管、检验检疫和协作，防止生物材料和病原体的非法跨境传输；要推动“一带一路”共建国家制定和落实国际生物安全法律框架，明确生物安全的法律责任和义务；要推动“一带一路”共建国家的跨国界生物多样性保护项目，保护共享的生物资源和生态系统，减少生物入侵和生态环境破坏的风险；要推进"一带一路"共建国家的绿色生物技术和可持续农业发展，将生物安全与可持续发展目标结合，共同维护生物安全，共同促进可持续发展；要构建"一带一路"共建国家的生物安全合作网络，促进"一带一路"共建国家在生物安全领域的共同发展，共同提高生物安全治理能力和水平，为国际生物安全治理合作提供典范样本。

三、推进《禁止生物武器公约》的履约合作

生物武器是指以细菌、病毒、生物毒素等使人类和动植物致病或死亡的物质、材料和器具，这种武器的使用有可能不加区别地危害战斗人员与平民，是一种无法控制的盲目性武器。① 生物武器的制造相对较为简易，在实验室里就能完成，目前还没有能防止生物实验室非法进行生物武器研发的有效监督手段。生物武器的使用可能会导致严重传染病、瘟疫大流行，对人类的生存和发展、和平与安全构成巨大威胁。生物武器相比其他类型的武器难防难治，具有传染性强、杀伤力大，隐蔽性强、危害时间长，制造成本低、毁伤效果严重，影响因素多、定向控制性差等特点。与传统生物战争相比，未来生物战争具有隐蔽性更强、溯源性更难、危害影响面更广等特点。② 除了在军事战场削弱战斗力外，还将扩大到社会战场、经济战场和政治战场，严重危害民众生命健康、经济贸易以及社会秩序、政权稳定。

基于生物武器对人类安全的巨大威胁，反对生物武器研发、销毁生物武器、控制生物武器技术扩散的呼声非常强烈，国际社会制定了针对研究和开发、使用生物武器及其相关技术的公约。1925 年 6 月 17 日，国际联盟在瑞士日内瓦通过了《禁止在战争中使用窒息性、毒性或其他气体和细菌作战方法的议定书》（简称《日内瓦议定书》）。这是人类社会禁止使用化学和生物武器的首个重要国际性条约。1971 年 12 月 16 日，联合国大会通过了由美国、英国和苏联等 12 个国家提出的《禁止生物武器公约》，禁止以战争为目的的生物武器的发展、生产和储存。

① 郑涛：《生物安全学》，科学出版社 2014 年版，第 67 页。
② 顾华、翁景清：《生物安全知识》，浙江文艺出版社 2021 年版，第 190 页。

《禁止生物武器公约》较好地弥补了《日内瓦议定书》存在的缺陷，即禁止生物战剂和毒素的发展、生产和储存，禁止为战争目的而设计生物战剂或毒素，认识到因生物技术的发展增加了生物武器的潜在危险性。《禁止生物武器公约》对于严格禁止生物武器的发展及其在战争中的使用、禁止某些国家获得研制生物武器所需的设备和材料、消除全球的生物武器威胁、防止生物武器及其技术扩散、促进国际生物技术和平利用等方面发挥了极其重要的作用，是国际生物军控的基石，也是国际生物安全的一个里程碑，对国际安全做出了巨大贡献。① 但是《禁止生物武器公约》存在一定的局限性和完善空间，该《公约》没有针对生物武器的研制和扩散、相关设备的研发和相关人员的训练进行明确的规定，未确定生物武器的清单范围和阈值，也不反对以防御为目的的生物武器研究。② 更重要的是，《公约》没有设立专门的常设履约执行机构或组织，也没有对缔约国的设施进行核查的授权书。

近年来，全球范围内区域安全局势有恶化趋势，军事冲突频发，冲击原有正常治理秩序和地区的整体稳定。国际政治与军事环境的复杂性使得个别国家对《禁止生物武器公约》履约的谈判兴趣降低。因此，在新的历史时期，各国要把握国际安全局势，以预防和应对生物安全风险威胁为目标，努力通过多边磋商，加强《禁止生物武器公约》的权威性、普遍性和有效性，推进国际生物武器军控进程。

维护人类生物安全必须推动构建并完善《禁止生物武器公约》的履约立法体系，健全履约监督与执行机制，健全完善《禁止生物武器公约》履约、生物安全防御监测、生物武器与技术出口等方面的国际法；根据生物科技领域进步和部分生物技术不当开发应用的后果，完善更新《禁止生物武器公约》相关条款内容。随着生物技术的快速发展，原先《公约》中规定的生物武器的类型、范围和阈值以及研发、保存等规定存在过时现象，要建立相关内容的评估与监督机制，就相关内容开展新的审议谈判，保持《公约》的适用性和与时俱进；在履行《禁止生物

---

① 郑涛：《生物安全学》，科学出版社 2014 年版，第 76 页。

② 肖晞、郭锐：《生物安全治理体系与治理能力现代化研究》，世界知识出版社 2022 年版，第 270 页。

武器公约》的过程中，应充分考虑发达国家与发展中国家在生物武器、安防与技术领域的不同发展需求，合理公正地处理各国处于和平目的的科研与技术交流等需求。① 此外，还要反对霸权主义和强权政治，推动多边主义机制在履约中的作用，构建与完善互信机制，敦促大国在履约中发挥带头作用。

中国一向重视和支持缔约国共同落实《禁止生物武器公约》第九次审议大会成果，推动《禁止生物武器公约》工作组取得实质成果，呼吁世界各国尊重联合国宪章宗旨和原则，建立完善《禁止生物武器公约》的履约执行与监督机制，确保缔约国推进履约工作，完善全球生物安全治理。

四、加强反生物恐怖活动的国际合作

生物恐怖是指利用生物制剂对特定目标实施袭击，造成人员致病致死性伤害的恐怖活动。生物恐怖有袭击目标广泛、损失惨重、心理影响巨大、影响效应范围广、消耗资源多、后续效应持续时间长等特点，而且随着现代战争形式与手段的变化，生物恐怖与生物战之间的界限愈发模糊，两者都具有影响效应大、危害时间长、具有传染性和渗透性、难以防护、生产容易和成本低廉等共同特点。② 生物恐怖活动一旦预防处置不力，将会危害民众生命健康安全，严重影响社会经济秩序稳定。由于国际政治经济发展不平衡，部分地区民族宗教矛盾突出，加上以美国为首的西方国家推行霸权主义、强权政治，使得跨国恐怖组织行动日渐活跃，给国际安全带来严重威胁。恐怖主义是全球性挑战，反生物恐怖主义关系到国家和地区安全稳定，因此必须加强反生物恐怖的国际合作，这也是推进生物安全治理国际合作的应有之义。

鉴于近年来生物恐怖袭击频发及其造成的严重后果，国际社会开始重视针对生物恐怖的安全防御工作，全面构建反生物恐怖安全体系。世界各国和国际组织在反生物恐怖方面作了许多行之有效的努力。首先，在缔结国际公约层面，《禁止生物武器公约》是各国反对生物武器、打击生物恐怖活动的重要国际法；其次，在制定和通过联合国安理会决议层面，第 1373 号、第 1540 号和第 1977 号决议

---

① 肖晞、郭锐：《生物安全治理体系与治理能力现代化研究》，世界知识出版社 2022 年版，第 272 页。

② 郑涛：《生物安全学》，科学出版社 2014 年版，第 123 页。

分别对成员国合作打击全球生物恐怖袭击活动，以及核武器、生物武器和化学武器的扩散进行了详细的规定；最后，在以国际组织为平台开展合作层面，世界卫生组织积极参与国际生物军控履约谈判和防止生物武器扩散工作，国际刑警组织、国际红十字会等也参与到打击生物恐怖活动的合作进程中。① 打击生物恐怖主义、防范应对生物恐怖袭击是一场长期持续的艰巨行动，国际社会应一道努力，携手合作，共同应对。

（一）充分发挥多边主义合作机制作用

中国要同世界各国一起，继续依托联合国、世界卫生组织等国际组织，开展反生物恐怖防御和打击方面的工作；呼吁世界各国，共同执行《禁止生物武器公约》和联合国安理会有关反生物恐怖的决议，并启动制定日内瓦裁军谈判会议上《防止化学和生物恐怖主义公约》的谈判进程；呼吁国际社会沿着多边主义合作路径前行，推动防御和打击生物恐怖的国际公约的谈判与制定进程。

（二）协同制定病原微生物生物防御清单

生物恐怖活动主要利用活体细菌、病毒等致病致死性微生物及其产生的毒素，或者是携带致病致死性微生物的载体生物等开展袭击。因此各国有必要在共同应对生物恐怖的国际合作中，根据国内外病原微生物形势，讨论病原微生物生物防御的形势背景、分类标准、对应的生物实验室安全级别和运输保存条件等方面内容，并达成相应共识，联合制定完善国际统一的病原微生物生物防御清单。

（三）完善防御和打击生物恐怖活动合作机制

鉴于当前国际社会面临较为严峻的反恐形势，各国要针对打击恐怖主义、开展安全事项合作进行多层次的广泛对话交流，形成建设联合执法安全合作机制的共识。邻国可以通过签署安全合作备忘录，定期开展联合防反恐军演，提高打击恐怖活动防御能力。同时各国政府要持续加强医疗和卫生领域合作，开展重特大

---

①　肖晞、郭锐：《生物安全治理体系与治理能力现代化研究》，世界知识出版社 2022 年版，第 274 页。

突发公共卫生事件联合应急合作，探讨建立传染病防控快速合作机制。①

（四）建立反生物恐怖活动情报收集与共享机制

情报收集与共享是国际间开展反恐合作的重要环节。各国要重视和加强反恐怖活动情报收集监测，建立反生物恐怖情报共享网络，及时向有关国家通报生物恐怖预警信息。同时各国情报部门和科研机构要加强对生物恐怖的活动规律、特点的研究，强化反生物恐怖的理论、措施、计划的相关研究，为反生物恐怖行动提供理论支持。

五、完善传染病防治国际合作体系

传染病是指由细菌、病毒、寄生虫等病原体引起的能在人与人、动物与动物或人与动物之间相互传播的疾病。人类与传染病的斗争伴随着人类发展历史的全过程，例如天花、鼠疫、霍乱等烈性传染病对人类文明进程产生了深远影响。相较其他生物安全威胁，传染病具有突发性强、扩散速度快、影响范围广、监测难度大等特点，可在短时间内严重冲击国家公共卫生基础设施，造成巨大的经济危害，带来巨大经济损失，甚至引发社会动荡，严重危害国家安全稳定。② 近年来，新型流感、埃博拉、中东呼吸综合征等疾病的爆发与流行对许多国家和地区的民众生命健康和安全造成了巨大伤害，对社会经济乃至国家安全稳定带来深远影响。当今世界，各国人口经贸往来越来越频繁紧密，传染病的流行与防治早就突破了国家和地区的地域限制，成为各国共同面临的全球性问题。

鉴于传染病的危害特点和对公共安全的威胁，防控传染病是国际社会共同的责任与目标。共同防控流行性传染病、保障各国民众生命健康安全，对全球公共卫生安全具有重要意义。

（一）完善落实传染病疫情防控国际合作机制

我们应该充分运用世界卫生组织多边主义平台，切实践行《国际卫生条例》。

---

① 肖晞、郭锐：《生物安全治理体系与治理能力现代化研究》，世界知识出版社 2022 年版，第 277 页。

② 郑涛：《生物安全学》，科学出版社 2014 年版，第 146 页。

1951年世界卫生组织制定通过了《国际公共卫生条例》，后经多次修订充实并改称为《国际卫生条例》。① 目前的《国际卫生条例》是2005年世界卫生组织大会最新修改通过的，是各成员国应对国际性传染病疫情和其他卫生健康威胁的国际公约，涵盖隔离留验、疾病监测、卫生监督、旅行者卫生保健等多个方面，对集体应对多样化公共卫生风险、完善传染病爆发应急响应机制以及公共卫生事件监控和通报体系具有重要里程碑意义。我国应深入参与世界卫生组织《大流行病条约》的谈判进程，加大向世界卫生组织等国际组织中国籍官员的推荐和选派，继续支持世界卫生组织在跨国传染病防治中发挥核心领导作用，推动应对传染病疫情的国际合作机制进一步完善。

（二）加强生物医药科研团队交流

我国应重视面向流行性传染病的疫苗与特效药物的合作研发。疫苗和特效药物是传染病防控治疗的核心环节，我国应积极推动各国卫生部门、科研机构和生物医药公司扩大合作范围，进一步加强疫苗和药物研发的国际合作，在依法依规保障知识产权的前提下，尽可能共享相关科研成果，整合人才、技术、生物安全实验室等资源，加快疫苗和特效药物研发与投入临床应用的步伐。

（三）联合构建传染病疫情监测预警系统

传染病监测与预警是持续系统地收集、分析和研究传染病发生发展的相关数据，能发现疫情爆发的早期征兆和感知疫情整体发展态势，并应用于指导疫情应急决策及防控效果评价，对有效防控传染病具有重大意义。目前各国都有本国的传染病报告制度和病例监测系统。我国应积极推动构建互联网和大数据技术监测预警网络，统一检测方法，实现相关数据交流共享，构建更为完善的传染病监测预警体系；部分发达国家已经建立了较为完善的传染病监测预警系统，鉴于部分发展中国家由于资金、技术、人才等方面投入不足，我们应呼吁发达国家和国际组织帮助发展中国家建立完善传染病监测预警系统，共同做好传染病防控工作；我国应在“一带一路”沿线、重点边境地区试点建设卫生应急示范哨点，开展疾

---

① 郑涛：《生物安全学》，科学出版社2014年版，第159页。

病和流行病原体的监测，逐步建立海外监测网络，实现生物安全关口前移。①

六、发挥生物安全领域对外援助机制作用

在70余年的对外援助过程中，我国不附带任何政治条件的对外援助实践，给广大受援国带来了实惠，建立了紧密的中外关系，形成了较为完备的中国特色对外援助体系与机制，为人类社会的共同进步与发展做出了卓越贡献。中国对外援助立足国家自身实力，顺应国际援助格局演变，以国家总体战略理念为统领，以受援国实际需求为导向，不断调整对外援助规模、结构、布局和领域，取得了巨大的成就，受到了国际社会的高度赞誉。②

由于生物安全风险具有跨境性强、传播性广、破坏性大的特点，防范生物安全风险仅凭一国的努力是不够的，还必须加强与其他国家和地区的有效合作，人才、资金、技术等方面较为发达的国家应向相对落后国家提供必要的对外援助，共同完善全球生物安全风险防范体系。中国作为负责任的大国，同时也是世界上最重要的对外援助国，在做好本国生物安全治理的同时，也一直坚持给予广大发展中国家提供力所能及的援助，携手帮助公共卫生体系薄弱的发展中国家提高应对能力。

（一）明确生物安全领域对外援助目标

中国对外援助要立足于维护国家安全和全球安全的长远目标、现实需求和自身条件，以国际发展合作署为主导机构，联合国家卫生健康委员会、中国疾病预防控制中心等部门，制定切实可行的生物安全领域对外援助目标。具体目标是帮助受援国完善生物安全立法，建立生物安全科技研发应用机构，培养生物安全人才，加强生物安全领域科普宣传，构筑生物安全尤其是传染病防治体系等，全方位提升受援国生物安全治理能力。

---

① 刘培培、江佳富、路浩：《加快推进生物安全能力建设，全力保障国家生物安全》，《中国科学院院刊》2023年第3期，第414~423页。

② 肖晞、郭锐：《生物安全治理体系与治理能力现代化研究》，世界知识出版社2022年版，第164页。

（二）推动构建生物安全领域国际援助协调机制

由于越来越多的国家参与对外援助，国际援助分配碎片化现象日益凸显，受援国和援助国管理成本不断增加。① 同时单一国家的对外援助资源难以满足众多发展中国家的生物安全受援需求。因此必须发挥生物安全领域对外援助的国际合作机制作用。我国应积极参与世界卫生组织、国际粮农组织、国际生物安全协会联合会等专业机构开展的各项援助行动，同时加强与联合国开发计划署等全球性援助协调常设机构展开合作；深化与地区组织如非洲联盟、东南亚联盟、阿拉伯国家联盟、拉美和加勒比地区国家共同体等地区组织的有效合作；增加与发达国家在对外援助事项上的交流合作；加快推进援建发展中国家疾控中心、联合实验室等重点项目建设，建立健全外派公共卫生专家的体制机制；充分利用现有国际协调平台，全面促进中国对外援助管理体系的改革与完善，提高对外援助力度与效果。②

（三）做好生物安全突发事件应急援助

部分国家和地区在发生重大传染病疫情、遭受生物恐怖袭击、发生严重的人员伤亡和经济社会损失、面临应急救援物资短缺和民众恐慌等困难时，仅仅依靠自身力量往往难以渡过难关，其他国家应及时向受灾国家和地区提供必要的生物安全应急援助。首先要提供紧急物资援助和人员支持，帮助受援国救治受灾人员，防范生物安全事件伤害扩大，尽可能缩小灾害影响范围。同时要创新对外援助方式，提供相应的情感援助和知识援助，开展心理辅导疏解、健康卫生知识宣传等，实现物资人力“硬援助”和情感知识“软援助”相结合。

---

① 肖晞、郭锐：《生物安全治理体系与治理能力现代化研究》，世界知识出版社 2022 年版，第 177 页。

② 胡建梅、黄梅波：《国际发展援助协调机制的构建：中国参与的可能渠道》，《国际经济合作》2018 年第 8 期，第 29~30 页。

第七章　结　　语

《中华人民共和国生物安全法》将“生物安全”定义为：国家有效防范和应对危险生物因子及相关因素威胁，生物技术能够稳定健康发展，人民生命健康和生态系统相对处于没有危险和不受威胁的状态，生物领域具备维护国家安全和持续发展的能力。生物安全有三大风险来源：一是外来物种的侵害，专家将生物入侵形象地比喻为生物界的“非法移民”，一旦外来入侵物种形成优势种群，将不断挤压当地物种并导致其最终灭绝，破坏生物多样性，使物种趋于单一化。我国面临着需进一步整治生物入侵的局面。二是新发突发传染病，这次蔓延全球的新冠疫情凸显了人类面临的生物安全挑战。三是生物技术迅速发展带来的负面影响。生物技术的迅猛发展，尽管为人类带来了许多福祉，但同时也增加了误用、谬用和滥用生物技术等风险，导致安全隐患不断上升。

我国生物安全治理体系仍存在着诸多短板弱项。第一，针对重大突发公共卫生事件，我们的医疗应急救治机制仍需完善。第二，生物安全信息情报工作有待加强。第三，生物安全相关立法不够完善。第四，生物安全核心技术欠缺。与发达国家相比，我国在生物安全威胁察觉、危害处置和危害防护等方面的整体技术能力较为薄弱，核心技术和关键设备面临发达国家的封锁。

面对新时代的新挑战，以习近平同志为核心的党中央高度重视生物安全治理工作。制定生物安全法是习近平总书记亲自部署的重大立法任务。习近平总书记多次对生物安全立法做出指示，深刻阐述生物安全的若干重大问题，为制定实施我国生物安全法提供了根本遵循。2021 年，我国正式实施《生物安全法》，“国家安全”从传统的政治安全、国防安全，推进到生物安全、生物防控，生物安全正式跨进国家安全领域，明确了生物安全在总体国家安全观中的重要地位，形成了新时代生物安全治理观。

生物安全研究在我国尚属新兴领域，目前国内相关研究成果主要可分为生物安全研究和新时代生物安全治理观研究两类。关于生物安全研究，主要集中于对生物安全的范围界定、强调生物安全的必要性、分析我国生物安全防范的局限和探究我国生物安全防范的方法等四个方面。研究者普遍建议：从大战略视角推动国家生物安全的顶层设计、从全主体参与和全流程管理的角度完善国家生物安全治理的体制机制建设、强化城市生物安全韧性能力、加强生物安全教育、促进生物安全领域的国际合作。关于新时代生物安全治理观研究，主要阐释了新时代生物安全治理观的发展历程、基本内涵和实践路径。

一、新时代生物安全治理观的发展脉络

党的十八大以前是新时代生物安全治理观的萌芽期。自 1969 年习近平同志在陕西省延川县文安驿公社梁家河大队带领群众修建沼气池、建设沼气村，到“生态兴则文明兴”“绿水青山就是金山银山”等科学论断的提出，新时代生物安全治理观的理论基础一步步得到夯实。习近平同志在河北正定县工作期间提出“半城半郊”发展举措，这一举措蕴含着生态文明理念，反映了习近平同志对农村经济发展与资源环境保护的综合考虑。习近平同志在福建工作期间提出“森林即水库、财库、食库”“注重生态效益、经济效益、社会效益的统一”“城市生态建设”“绿水青山是无价之宝”等关于生态文明建设的重要论述，推进了率先建设生态文明省、发展生态效益型经济、深化林业体制改革、以人民为核心深入推进生态环境治理等生态文明建设实践，充分体现了他对生态环境治理的高度重视。在浙江工作时期是习近平生态文明建设重要论述形成的重要时期，他以打造“生态文明浙江”为目标，开展了一系列关于生态文明建设的实践探索活动，形成了“人与自然和谐共生”的生态理念及“生态兴则文明兴，生态衰则文明衰”“绿水青山就是金山银山”的发展理念，探索出了“美丽乡村”建设的可行之路。习近平的生态文明观论证了生态与文明之间的辩证统一关系，指明了以高质量发展推进中国式现代化的发展方向，打下了生态优先、绿色发展、生态与经济和谐统一的坚实基础。

从党的十八大到十九大是新时代生物安全治理观的形成期。党的十八大以来，习近平总书记对全面深化生态文明建设做出了一系列重要论述，我国的生态文明制度体系不断完善，生态文明建设蓬勃开展，美丽中国建设更上一层楼，生

态环境保护发生了历史性转变，为新时代生物安全治理观的形成奠定了重要基础。从生态文明建设被纳入“五位一体”总体布局和协调推进“四个全面”战略布局，到党的十九大报告提出的“建设生态文明是中华民族永续发展的千年大计。必须树立和践行绿水青山就是金山银山的理念……为人民创造良好生产生活环境，为全球生态安全作出贡献”①，新时代中国共产党人始终通过推动生态文明建设，来改善生态环境质量，合理利用资源，加强环境保护和灾害风险管理，从而实现生态系统的稳定和安全。

党的十九大以后是新时代生物安全治理观的成熟完善期。2020 年 10 月 17 日，第十三届全国人民代表大会常务委员会第二十二次会议通过了《中华人民共和国生物安全法》，标志着我国生物安全治理进入了一个新的历史阶段。

新时代生物安全治理观的形成不是偶然的，而是有着深刻的时代背景。21 世纪以来，世界政治格局发生深刻变革，呈现出复杂、多样的态势，不仅存在着传统的大国竞争，而且存在着新兴经济体和发展中国家的暗战，气候变化、难民危机、恐怖主义、生物安全等不确定性因素不断增加，世界政治、经济格局变革的内生动力日益增强，科技的快速发展加速了这一变革，生物科技日益成为影响人类社会发展的重要因素，在为人类带来诸多便利的同时也带来了许多潜在威胁。从国际层面来看，生物武器不断发展，全球传染病风险加大，物种生物安全受到威胁，生物恐怖主义活动日益猖獗，网络生物安全成为新的变量，给全球人民带来更多的不确定因素，各国及国际组织纷纷提出生物安全战略。从国内层面来看，面对复杂的国际生物安全环境，我国实施和开展了一系列政策和实践，在生态环境保护、生物科技发展、生物安全防控机制等方面取得了长足的进步，但也存在很多治理短板，比如生态系统面临威胁、生物科技不发达、生物安全防控机制不完善等。因此，新时代生物安全治理观可谓应时而生。

新时代生物安全治理观是一个体系严整、逻辑严密的理论体系。党的十八大以来，习近平总书记围绕国家生物安全“是什么”“为什么”“怎么办”等问题，对我国生物安全进行了高屋建瓴的战略谋划，形成了涵盖多层次多领域的指导理念和治理方案，涉及对国际国内生物安全环境的认识、生物安全治理的理念和原

① 《习近平著作选读》第 2 卷，人民出版社 2023 年版，第 20 页。

则，以及在党的领导与责任、治理能力及经济、科技、国防和外交方面应对生物安全的具体措施，为新时代国家生物安全治理体系和治理能力的现代化提供了根本遵循。一是党的领导与生物安全。鉴于生物安全涉及多个领域，关系到国家的稳定和发展，必须加强国家生物安全治理的引领能力。在经济全球化的时代背景下，各国之间的联系日益紧密，正日益成为一个你中有我、我中有你的命运共同体，面对日益严峻的生物安全风险，任何一个国家都难以独善其身。作为负责任大国的执政党，中国共产党积极履行大国大党的生物安全治理责任，对内始终把维护人民生命健康安全放在首位，对外积极推进生物安全国际合作，推动构建公正合理的生物安全治理秩序，模范履行生物安全国际义务。二是统筹经济发展和生物安全。习近平生态文明思想无论是在人与自然的关系、绿水青山与金山银山的相互作用和转化关系中，还是在全局视角下提出加强生态文明建设任务以及全球生态合作要求，均彰显出鲜明的整体性和系统性。三是科技创新发展与生物安全。面对未来复杂严峻的生物安全形势，我国需要充分发挥科技在生物安全中的支撑作用，通过顶层设计不断促进生物技术的自主创新发展。四是提高生物安全治理能力。将生物安全治理纳入国家战略体系是对国家整体安全体系的重要补充，这需要强化各级工作协调机制，建立健全生物安全治理机制，完善国家生物安全法律法规体系和制度保障体系，同时加强相关知识的宣传教育，提升公众对生物安全风险防范的意识；生物安全涉及多种主体，传播迅速且隐匿，靠某个部门单打独斗难以有所建树，必须加强系统治理，需要各相关部门协同配合，实施全过程、全链条防控，如此才能有效维护生物安全。

二、新时代生物安全治理观的理论创新

新时代生物安全治理观坚持把马克思主义生态文明思想同中华传统生态智慧相结合，借鉴吸收了古今中外生物安全治理观的优秀成果，观照新时代生物安全治理的迫切需求，是党的创新理论的重要组成部分。

（一）拓宽了国家安全观的理论视阈

1. 凸显了生物安全在国家安全领域中的重要战略地位

生物安全是国家安全的重要组成部分，关系到人民生命健康、经济社会发

展、生态环境保护等方方面面。新时代生物安全治理观凸显了生物安全在国家安全领域中的重要战略地位，突出了加强生物安全治理对维护国家安全的重要性和紧迫性，体现了对国家安全形势的深刻洞察和科学判断、对国家安全目标的坚定追求和战略把握、对国家安全理念的创新发展和时代升华，奠定了生物安全在国家安全体系中的基础地位。

2. 丰富了中国化马克思主义国家安全理论体系

新时代生物安全治理观从根本上明确了生物安全的战略定位，从本质上揭示了生物安全的内涵特征，从规律上阐明了生物安全的治理原则，从目标上指明了生物安全的治理方向，从方法上探明了生物安全与经济社会发展的关系，从保障上突出了党的领导在生物安全治理中的核心地位。

3. 扩展了总体国家安全观的内涵与外延

新时代生物安全治理观从内涵上拓展了总体国家安全观的内容和要素，构建了集政治安全、国土安全、军事安全、经济安全、文化安全、社会安全、科技安全、信息安全、生态安全、资源安全、核安全等于一体的国家安全体系；从外延上拓展了总体国家安全观的领域和范围，构建了以合作共赢为核心的国际生物安全治理准则。

4. 彰显了国家安全的人民性、整体性、全面性

生物安全工作坚持以人民为中心、人民利益至上。保障人民的生命安全和身体健康是国家安全的首要任务，也是新时代生物安全治理观的核心要义。生物安全是国家安全的重要组成部分，与政治安全、经济安全、军事安全等其他领域的安全密切相关。生物安全问题既涉及人民群众的健康权益和福祉，又涉及党和国家的领导地位和制度优势；既涉及经济社会的发展水平和质量效益，又涉及军事文化的实力水平和影响力；既涉及社会稳定的秩序环境和矛盾化解，又涉及国际合作的规则机制和责任担当。因此，要坚持整体推进各领域各方面的生物安全工作，构建集各领域安全于一体的国家安全体系，形成生物安全的大协调，实现生物安全的大发展。

5. 将生物安全纳入国家整体安全范畴，为应对新时代的新风险新挑战提供新思路

新时代生物安全治理观将生物安全纳入国家总体安全范畴，有利于增强人们

的生物安全风险防范意识，提高国家的生物安全治理能力；将生物安全纳入国家整体安全范畴，有利于构建生物安全防控体系和机制；将生物安全纳入国家整体安全范畴，有利于推动生物安全治理的创新发展和国际合作。

（二）提供了生态文明建设的科学引领

1. 提供了加强生态文明建设的方针理论

生物安全与生态文明建设相辅相成、相互促进，生物安全是生态文明建设的前提、基础和重要保障，新时代生物安全治理观将生物安全纳入到生态文明建设的整体框架中，主张通过保护生物多样性、预防生物灾害和风险，实现人与自然的和谐共生，丰富了生态文明建设的理论体系。

新时代生物安全治理观高度重视生物安全对于生态环境保护的重要性，着力提升对生物安全风险的防范意识和能力，高度重视保护生物多样性，着力促进生物技术的创新发展，高度重视人与自然的和谐共生，为加强生态文明建设提供了理论依据。习近平总书记强调生物安全是生态文明建设的重要组成部分，充分体现了以人为本、天人合一的生态文明理念。生物安全事关人民群众的生命财产安全和身体健康，也关系到经济社会可持续发展。只有做好生物安全工作，坚决防范和遏制重大传染病流行蔓延，才能有效推进生态文明建设、为人民创造良好生产生活环境。

2. 增强了生态文明建设的内生动力

第一，生物安全是实现绿色、循环、低碳发展的重要动力。只有建立健全生物安全体系，遵循生物多样性保护原则，才能有效利用生物资源，安全处置废弃物，降低对生态环境的污染和破坏，充分发挥生物多样性在绿色发展中的重要作用，实现经济社会发展全面绿色化。第二，生物安全是预防生态风险的重要动力。只有建立健全生物安全体系，加强监测预警和应急处置，才能有效管控生物安全风险，减少和避免生态环境遭受破坏，保护生物多样性。因此，要加强生物安全风险防控和应急处置，筑牢国家生物安全防线。第三，生物安全是维护生态平衡的重要动力。只有重视生物安全，遵循生态优先、绿色发展理念，采取有效措施保护生物多样性，防控外来物种入侵，才能维护生态系统的平衡。第四，生物安全是实现人与自然和谐共生的重要动力。健全生物安全体系，可以最大限度防范和减轻生物安全事件对人民生命财产安全的威胁，是实现人与自然和谐共生、建设美丽中国的重要动力。

3. 完善了生态文明建设的制度保障

健全的生物安全法治体系，可以规范人类活动，避免生物安全事件发生及蔓延；完善的标准规范体系，可以指导各类生物安全活动科学开展；强大的科技创新体系，可以持续为生物安全提供技术支撑。这些制度保障统筹兼顾发展与安全，为构建完善的法律法规体系提供了方向，保障了生态文明发展的可持续性，使生态文明建设更加制度化、法治化。

（三）提升了国家治理体系和治理能力的现代化水平

1. 增强了生物安全治理的系统性

新时代生物安全治理观高度重视生物安全治理的重要性和紧迫性，要求各级政府高度重视生物安全问题，把生物安全作为国家安全的重要组成部分，统筹推进传统安全和非传统安全领域工作；高度重视政府在生物安全治理中的主导作用，要求各级政府加强沟通协调，形成合力，打造生物安全治理的共同体；高度重视完善生物安全监管体系，主张构建全链条、全过程、全方位的齐抓共管的治理模式，实现信息共享、资源共享，形成治理合力，提升治理效能。

2. 增强了生物安全法治体系建设力度

生物安全法治体系建设，是国家治理体系和治理能力现代化的重要内容，也是保障生物安全的重要手段。新时代生物安全治理观坚持法治思维，确保生物安全法律体系的完备性和严密性。生物安全是一个系统工程，涉及国家安全、经济安全、社会安全、生态安全等诸多方面，需要运用法治思维和法治方式进行系统治理。要建立健全生物安全法律法规体系，明确生物安全的法律边界，规范生物安全活动，提高依法防范和应对生物安全风险的能力。

新时代生物安全治理观强化法律法规的执行力，确保生物安全法治体系的有效运行。要加强生物安全司法工作，提高司法机关对生物安全案件的审理能力和公正性，确保法律的公正实施；要加强宣传教育，提高公众对生物安全法律法规的认知和遵守意识，形成全社会共同维护生物安全的法治氛围。

新时代生物安全治理观强化生物安全法治体系建设的顶层设计，确保法律制度的科学性和协调性。习近平总书记强调，法律制度要科学、严密、协调、完备。在生物安全领域，要注重强化顶层设计，构建系统完备、相互协调的法律制度体系，确保法律法规之间不仅在目标和内容上相互一致，还要能够适应不同生物安全问题的特点和需求，形成有机的法律网络，确保生物安全法治体系的科学性和协调性。

新时代生物安全治理观全面提升生物安全风险防范能力。新时代生物安全治理观主张加强生物安全法治宣传教育，提高全民生物安全意识，增强全社会生物安全法治观念；加强生物安全执法，严厉打击生物安全违法犯罪行为，维护生物安全法律秩序；加强生物安全司法，依法惩治生物安全犯罪；加强与其他国家和国际组织的合作，共同制定国际生物安全标准和规则，推动全球生物安全治理水平的提升。

3. 增强了生物安全科技支撑能力

生物安全的基础研究是生物安全科技支撑的基础，是提升生物安全应急处置与预防控制能力的关键。新时代生物安全治理观主张加强生物安全科技创新体系建设，提高生物安全科技创新能力，加强生物安全基础研究，加快推进生物安全科研和创新，为提升生物安全应急处置与预防控制能力提供科技支撑。

新时代生物安全治理观主张加强生物安全科技人才队伍建设。生物安全人才是生物安全科技支撑的重要力量，是提升生物安全应急处置与预防控制能力的保障。要加强生物安全人才培养，为提升生物安全应急处置与预防控制能力提供人才支撑。

新时代生物安全治理观主张加强生物安全科技监测预警体系建设，提高生物安全科技监测预警能力。科技支撑下的风险评估和预警体系对于及时发现、迅速应对生物安全事件非常重要。通过科学的风险评估和预警机制，可以提前识别潜在风险，采取有效措施进行预防和控制，从而降低生物安全事件对国家安全和社会稳定的危害。科技支撑在疫情监测、防控和应急处置方面具有非常重要作用。通过加强技术研发和创新，提高传染病的监测和预警能力，加强公共卫生体系的建设，可以更加及时、有效地应对突发传染病的爆发和传播，保障人民群众的生命安全和身体健康。

新时代生物安全治理观主张加强生物安全科技应急救援体系建设，提高生物安全科技应急救援能力；促进了应急管理体系的建设和完善，确保在生物安全突发事件中能够快速、有效地做出应对；通过将科技成果应用于实际工作中，我国提升了生物安全应急处置与预防控制能力，为国家治理体系中的生物安全治理能力现代化做出了贡献。

新时代生物安全治理观应加强生物安全科技国际合作体系建设，提高生物安全科技国际合作水平。国际合作与信息共享在提升生物安全应急处置与预防控制能力方面不可或缺。生物安全问题具有全球性，需要各国共同努力，分享信息、经验和技术，构建更加紧密的国际合作网络。

（四）贡献了生物安全治理的中国智慧

新时代生物安全治理观不仅为我国生物安全治理提供了科学指导，也为推进全球生物安全治理贡献了中国智慧。

1. 倡导构建人类卫生健康共同体，弘扬人类命运共同体理念

人类命运休戚与共，新时代生物安全治理观倡导各国共同参与、共同建设、共同享有全球生物安全治理成果。中国对人类卫生健康事业的高度重视和对全球抗疫合作的积极参与，彰显了中国作为人类命运共同体的建设者、贡献者、引领者的责任担当。

2. 倡导加强国际合作，推动建立全球生物安全防范体系

中国积极参与国际组织活动，如联合国环境规划署、世界卫生组织等，为全球生物安全治理提供了中国方案和中国智慧。习近平总书记还对此提出了四点建议：加强联防联控，阻断病毒传播；加强科技攻关，提高诊疗水平；加强国际宏观经济政策协调，稳定世界经济；加强国际社会合作，维护地区和全球安全。

3. 倡导尊重科学、遵循规律、保护自然，推动实现人与自然和谐共生

传统的狭隘的生态文明观缺乏对修复与保护生物安全系统的应有重视，致使生物安全治理存在制度不全、监管不严等问题，导致人与野生动物之间关系的不和谐，给生态文明建设带来很大隐患。新时代生物安全治理观把生物安全纳入生态文明建设整体视域，把生物安全治理视为生态文明建设的重要内容和重要一环，注重补齐生物安全治理的短板弱项，主张做好生物安全知识普及教育，加强野生动植物保护，倡导健康友好的生活方式，以健全完善生物安全治理体系来促

进生态文明建设。

4. 倡导坚持多边主义，维护国际公平正义，推动构建新型国际关系

新时代生物安全治理观认为，面对生物安全的风险和挑战，世界各国是一个紧密相连、命运与共的共同体，应该秉持平等、和平、互利理念，凝聚生物安全国际共识，推进生物安全国际合作，完善生物安全国际监管机制，构建一个平等、公正、合理、有序的生物安全治理国际新秩序。

三、践行新时代生物安全治理观，推进我国生物安全治理体系和治理能力现代化

新时代生物安全治理观从保护人民生命健康安全、维护国家长治久安的高度，把生物安全纳入国家安全体系，对生物安全风险防控和治理体系建设进行了战略规划，提高了国家生物安全治理能力，为维护我国生物安全奠定了坚实基础。

1. 完善党的集中统一领导制度体系

生物安全作为国家安全的重要组成部分，事关人民群众的健康和安全，涉及的范围、领域和类型非常广泛。中国共产党具有强大的集中决策能力和资源动员能力，能够总揽全局、协调各方。只有坚持党的全面集中统一领导，发挥党的领导核心作用，才能调动一切积极因素和各方力量，汇聚成强大合力，提升应对各种生物安全危机事件的效能。

完善党对生物安全的集中统一领导制度体系，必须加强党的自身建设，打造一支思想过关、本领过硬的生物安全工作领导干部队伍；必须加强党对生物安全工作的全面领导，发挥社会主义的制度优势，维护党中央权威，各级党组织和政府部门要把思想和行动统一到党中央决策部署上来，实施协同治理，构建生物安全工作的协调联动机制；必须加强党对生物安全治理的顶层设计，全面研究国内国际的生物安全形势与挑战，深入分析我国生物安全治理的基本条件与现状，明确我国生物安全治理体系与治理能力的建设目标与行动纲领，走中国特色社会主义的生物安全治理道路。

2. 完善生物安全风险防控体系

生物安全的复杂性、严峻性源于病毒传播的持久性、快速性、跨国界等特

征，生物安全治理必须坚持系统观念、运用系统思维，强化统筹谋划和全链条治理。

生物安全治理必须完善风险预防体系。一要织牢织密生物安全监测预警网络，建好生物安全监测站点，做好生物安全信息收集、整理、分析工作，提升生物安全风险预测、感知、发现能力；二要认识到病毒传播非常迅速，认识到生物安全问题一旦爆发，就会迅速严重起来，因此必须对新发突发传染病、重大动植物疫情、微生物耐药性、生物技术环境安全等风险因素，做到早发现、早预警、早应对；三要认识到生物安全问题一旦爆发，就会引发社会动荡，如果不提前应对、仓促应战，就会手足无措，因此必须做好应急预案，完善快速应急响应机制，加强物资和能力储备。

生物安全治理必须完善风险控制体系。一要认识到病毒传播具有潜隐性，生物安全风险防不胜防，消极被动应对会付出惨重代价，因此必须积极主动应对，坚持关口前移，从源头上阻断病毒传播的路径，最大限度地降低生物安全风险；二要认识到生物安全风险复杂多样，生物安全治理千头万绪，必须坚持精准防控，理顺基层防控体制机制，明确相关机构定位，按照“一种一策”，精准治理、有效灭除已有的生物安全危害。

生物安全治理必须完善监管体系。一要强化资源安全监管，制定完善生物资源和人类遗传资源目录，加强生物资源保护利用，强化生物物种资源对外输出的管理和监督，促进生物资源管理得到高质量发展；二要加强入境检疫，强化潜在风险分析和违规违法行为处罚，完善有关检疫传染病和监测传染病目录的规定，强化海关履行国境卫生检疫职责，加强口岸公共卫生能力，加强对境外传染病疫情的监测，坚决守牢国门关口；三要加强实验室生物安全管理，严格执行有关标准规范，严格管理实验样本、实验动物、实验活动废弃物，加强对抗微生物药物使用和残留的管理。

3. 完善生物安全治理法治体系

《中华人民共和国生物安全法》的颁布实施，对推进生物安全治理体系和治理能力建设有重大意义。一是有利于保障人民生命安全和身体健康。《中华人民共和国生物安全法》将保障人民生命健康作为立法宗旨，在防范和应对各类生物安全风险时，始终坚持人民至上、生命至上，把维护人民生命安全和身体健康作为出发点和落脚点。二是有利于维护国家安全。《中华人民共和国生物安全法》坚持总体国家安全观，明确生物安全是国家安全的重要组成部分，把生物安全纳入国家安全体系进行谋划和布局，明确生物安全管理体制机制，完善风险防控体系，有效防范和应对各类生物安全风险，维护国家安全。三是有利于提升国家生物安全治理能力。《中华人民共和国生物安全法》针对生物安全领域暴露出来的问题，着力固根本、强弱项、补短板，设专章规定生物安全能力建设，要求政府支持生物安全事业发展，鼓励生物科技创新和生物产业发展，加强生物安全人才培养和物资储备，统筹布局生物安全基础设施建设，提升国家生物安全治理能力。四是有利于完善生物安全法律体系。生物安全涉及领域广、发展变化快，现有的相关法律法规比较零散和碎片化，有的效力层级较低，有的已经不能完全适应实践需要，有些领域还缺乏法律规范，《中华人民共和国生物安全法》是我国第一部生物安全领域的基础性法律，有效弥补了我国生物安全法律体系的不足。

完善生物安全治理法治体系必须科学立法。目前生物安全领域法律体系系统性欠佳，相关法律之间衔接度不高，刑事立法欠缺。《中华人民共和国生物安全法》的出台只是构筑了生物安全法律体系的基础，筑牢生物安全法律之网，仍需做好以下四个方面的工作：一是在立法理念上，坚持以总体国家安全观为指导思想，秉持以人为本理念，按照生物安全的层次性、关联性和整体性，充分考虑生物安全与资源安全、环境安全、生态安全、核安全等相关安全的内在关联，形成全领域、全过程、全方位的生物安全法律规定。二是确保生物安全法律体系的内部协调一致。以《中华人民共和国生物安全法》为核心和基本依据，确立其在生物安全领域的权威地位，全面梳理审查现有与生物安全相关的法律法规，及时修订现行法律中与其相违背的内容，统筹推进立法修法工作，实现生物安全领域法律法规的一致性，形成维护生物安全的法律合力。三是做好生物安全法律法规体系的外部衔接。各级立法机构和职能部门要根据《中华人民共和国生物安全法》的原则要求，抓紧制定颁布更为细化、更具可执行性的相关规章制度，同时做好《中华人民共和国生物安全法》与其他国家安全立法的协调一致和有效衔接工作，梳理和分析现行法律、法规与现代生物风险的匹配度；查漏补缺，细化各类法律、法规和标准条例的要求，特别是转基因、食品安全、高等级病原微生物、合成生物、外来物种等在研发、生产、物流等方面的法律规定，补充明确的惩罚条例，为建成独立、综合的生物安全专项法律体系奠定基础。四是及时回应社会关注的生物安全热点领域与突发风险问题，围绕基因技术等生物技术的研发、市场化与产业应用、医学应用、军事应用等风险热点形成专门的法律、法规、标准，尽快建立《中华人民共和国生物安全法》与《刑法》之间有效衔接，加强预防和打击生物安全领域的违法犯罪问题。

完善生物安全治理法治体系必须严格执法。要牢固树立执法为民的理念，把握好执法的功能和目标，不断完善执法制度体系，规范执法程序，对群众深恶痛绝的事零容忍，对群众急需急盼的事零懈怠，确保执法在法治轨道上进行。一要明确各级职能部门和各类社会主体的生物安全法律责任与职权范围，尤其是直接涉及生物安全的各个部门和单位维护生物安全的法律责任和义务，要求各部门、各主体必须依法履行好法律赋予的职责，严格落实生物安全治理的主体责任、监督责任、领导责任，实行问责机制，谁管理、谁负责，对生物安全问题责任者实行终身追责。二要加强生物安全执法队伍建设，打造一支生物安全执法与管理的专精队伍。强化相关执法管理部门人员的生物安全专业知识技能培训，开展生物法律知识宣传讲座，提高执法人员法律意识。同时提升生物安全执法队伍的专业性，吸收更多生物安全行业的专业人士充实执法队伍。三要完善运行高效、权责明确、程序规范、执行有力的执法机制，加大生物安全领域案件的执法监督的力度。强化事中事后监管，坚决依法查处生物安全违法违规行为，一旦发现任何有关生物安全的违法违规违纪行为，必须严肃问责，从严从快从重处理，追究法律责任。同时延长执法链条，形成执法闭环，尽最大可能降低生物安全事件的发生概率与危害。四要健全监督检查机制，完善处罚制裁措施，建立健全的监督和检查机制，对涉及生物安全的领域进行定期检查和评估，确保相关单位和个人遵守法律法规。监督机构应当有权对实验室、生产场所、运输环节等进行随时检查，以发现和纠正违法行为。确保生物安全法律法规中设定严格的处罚和制裁措施，以惩治违法行为，包括罚款、吊销许可证、刑事处罚等，从而对违法者形成威慑作用，促使其遵守法律。五要推进跨部门合作与信息共享。生物安全涉及卫生、农业、环保等多个领域和部门，必须建立跨部门合作机制，促进信息共享、资源整合和协同行动，提高执法效能和效果。建立信息共享平台，使执法机构能够及时获取生物安全领域的信息和数据，追踪违法行为。六要形成公众参与和舆论监督的良好社会氛围，鼓励公众参与生物安全执法的过程，建立违法线索举报渠道，通过建立生物安全违法犯罪线索举报渠道、加强各类信息披露、引导社会舆论等手段，敦促有关部门履职尽责，使执法活动更加透明、公正、有效，防止滥用权力和不当行为，维护社会公共利益和生物安全。

完善生物安全治理法治体系必须公正司法。一是做好对涉及生物安全领域相关案件审理的指导工作，加强对生物安全领域所涉及的民事、刑事、行政、执行等各类案件法律适用与政策把握等问题的研究，通过发布明确的司法指导意见，对生物安全领域的司法实践进行规范。二是提高生物安全相关法律法规的明确性和透明度。生物安全法律法规应当通过明确的定义、具体的条文，确保在生物安全案件审理时能够准确适用。法律的明确性有助于消除模糊性和争议，为法官、律师和案件当事人提供明确的指引。同时，法律的透明度可以通过合理的立法过程、公开的解释和指导意见来实现，以确保各方对法律内容有清晰的认识。三是增强专业化培训与跨学科合作。生物安全领域的复杂性要求法官和律师具备相关的专业知识，需要为法官、检察官与律师等司法从业人员提供专业化培训，使其熟悉生物安全科学、技术和政策，掌握处理复杂案件所需的专业知识和技能，从而更准确客观地评估案件证据，保障司法公正。四是加强对司法机关的监督，确保对涉及生物安全案件的审理判决过程依法依规，确保生物安全类案件的判决结果公平公正，量刑适当，维护司法公平正义。设立严格的司法审查程序，确保判决基于准确、客观的科学依据。设立权益保护机制，确保当事人在司法过程中的权益受到充分保障。五是围绕生物风险热点问题展开生物安全司法工作。在人民检察机关工作职责中增加生物安全公益诉讼，加强对维护生物安全方面失职渎职行为的诉讼。在人民法院中设立生物安全法庭，加大对造成生物风险、破坏生物安全行为的审判力度。让具有生物安全知识背景和专门技能的法医深度、全面参与生物安全司法工作。

完善生物安全治理法治体系必须全民守法。普法工作要在针对性和实效性上下功夫，特别是要加强青少年法治教育，不断提升全体公民法治意识和法治素养。落实“谁执法谁普法”责任制，在立法、执法、司法和法律服务过程中开展实时普法，运用志愿服务力量强化社会普法，运用新技术新媒体推进智慧普法，提升普法的覆盖面和便捷性。

4. 完善生物安全科技创新体系

科技创新已经成为国家间竞争的关键要素，也是维护国家安全稳定的重要基石。加快科技创新是推动高质量发展的需要，是实现人民高品质生活的需要，是构建新发展格局的需要，是顺利开启全面建设社会主义现代化国家新征程的需要。第一，优化科技发展的战略总体规划。要进一步提高政治站位，从国家发展的总体战略的全局思考生物安全领域科技创新的地位与作用，加强顶层设计，制定完善我国生物安全科技发展的总体战略规划，解决重大科研问题，打造国家生物安全战略科技力量。要坚持“四个面向”，明确围绕国家使命和战略利益的问题导向，加强教育、科技、人才重点工作与资源统筹。坚持统筹发展和安全，加快核心技术攻关和产品推广应用，提升创新链、产业链、供应链、资金链和人才链的韧性和安全水平，加强场景创新驱动，为新产品新技术迭代创新提供现实应用场景。坚持推进科技创新考核评估机制，完善优先领域选拔机制、重大项目产生机制、科学分类评价机制等，形成关键核心技术的体系化布局。要加强创新政策整体设计和协调配合，通过顶层战略和落地政策引导，充分调动各类生物安全领域的创新主体和全社会的创新积极性。通过健全新型举国体制完善生物安全科技创新全链条，着力提升国家创新体系效能。将新型举国体制与我国人力资本、市场需求和产业体系及产业链优势相结合，建立长周期的科教资源协同机制，推动创新链、产业链、资金链、人才链深度融合，依靠改革激发科技创新活力，通过深化科技体制改革把巨大创新潜能有效释放出来，形成国家生物安全战略科技力量发展的联动效应。第二，加快实现生物安全领域科技自立自强。党中央提出要健全新型举国体制，这对于把创新发展主动权牢牢掌握在自己手中，拓宽中国式现代化道路，加快构建新发展格局和全面建设社会主义现代化国家意义深远。健全新型举国体制需要重点关注以下几方面内容：其一，突出统筹布局，坚持国家战略目标导向，将新型举国体制与我国的经济社会发展紧密结合起来，瞄准事关我国生物安全的若干重点领域及重大任务，明确主攻方向和核心技术突破口，重点研发具有先发优势的关键技术和引领未来发展的基础前沿技术，突破国家重大技术短板，推进重大项目工程，实现核心关键技术顺利攻关。其二，完善科技创新体系组织机构，设立专门牵头负责生物安全领域科技创新的新型举国体制项目的相关机构。政府要在新型举国体制中扮演好规划者、组织者、协调者、供给者和维护者的角色，推进新型举国体制行稳致远。成立专门的机构，牵头负责进行新型举国体制项目的甄别、分类、资源调配、市场调度、项目推进等，凝聚协同攻关所必需的各种人力、财力、物力，调动和激发各参与主体的积极性和创造力，强化跨领域跨学科协同攻关，形成关键核心技术攻关强大合力。其三，明确新型举国体制的适用边界，正确处理新型举国体制中政府与市场的关系，将"集中力量办大事"与"激发全社会创新创造活力"有机结合。政府要做好战略领域重大创新活动和基础研究的组织工作，而市场要充分发挥市场在新型举国体制资源配置中的决定性作用，让"看得见的手"和"看不见的手"相互协调、相互促进。

5. 完善生物安全文化(宣传教育)体系

第一，构建维护生物安全的价值理念体系。对生物安全的基本概念和价值意义要有基本的认识。其一，坚持以人为本原则。"以人为本"是实现现代生物技术可持续发展的核心，关注生物安全既要保障人民群众生命健康安全的根本性利益，还要兼顾支持"有益于人民的"创造性生物技术所能带来的长远利益。其二，坚持维护国家安全原则。广大人民群众和生物安全领域的从业者、管理者必须深刻认识生物安全在国家安全中的重要地位，从维护国家安全的高度认识生物安全工作的重要性，知晓生物安全工作的法律底线和政策红线，要把一般性的生物安全工作上升到国家生物安全的高度，坚持安全与发展协调共进的理念。其三，坚持平衡可持续原则。要关注和关心人与生物资源、生态环境的关系，坚持人与自然界有机统一、和谐共生的价值观，在维护国家生物安全的前提下，实现人类与自然和谐互动、良性循环，满足人类生存和发展的各项需求，最终实现人类的可持续发展。其四，坚持共同合作原则。生物安全超越国界，是一个全球性问题，面对日益严峻的生物安全挑战，国际社会必须携手应对，共同推动全球生物安全治理。第二，加快实现全民参与的生物安全治理新局面。一是维护公众参与生物安全的基本权利。确立和完善公众的生物安全法律法规与政策制定的参与权，同时确立和完善公众对生物安全行政执法的监督权和法律诉讼权，维护自身的环境与健康权益。二是畅通生物安全信息发布渠道。有关部门应及时向公众提供生物安全相关的信息，使公众充分了解生物安全对环境、健康、社会、经济和生活的影响。同时帮助公众了解我国当前生物安全立法、决策的情况与进展以及相应措施，了解国际生物安全的动态热点。三是建立公众参与生物安全管理机制。将生物安全基本和专业知识纳入国防教育、公共卫生和医疗专业人员在校和继续教育内容，形成多部门组织、多媒体配合，科技专家、医疗卫生人员、民众等多层次的教育体系培训系统，集技术培训、演练评估和咨询帮助于一体。四是全民动员，打好生物安全治理的人民战争。积极开展爱国卫生运动，传承我国人民群众参与国家生物安全治理的有效形式和宝贵经验。坚持群众观点和群众路线，探索更加有效的生物安全治理的社会动员方式，打好国家生物安全治理的人民战争。第三，加强生物安全文化宣传。加强生物安全科普力度，提高从业人员的安全意识与职业操守，推进生物安全法治公共宣传，强化生物安全保密意识，做好卫生宣传和健康教育，提高公众防范生物入侵和生态安全意识。第四，完善生物安全学校教育体系。建议生物安全设为独立学科，学科方向涉及生命科学、医药卫生、农林牧渔、食品、生态、环境等多个领域。在高校设置生物安全相关课程，以专业必修课或通识选修课的形式在相关高校和科研院所普及推广。

6. 完善生物安全治理国际合作体系

第一，提升我国在生物安全国际治理中的话语权。要阐明、传播中国在生物安全治理国际合作中的核心理念。要将全球生态文明、生物安全命运共同体的发展理念作系统性阐释、大范围传播，介绍其在指导中国参与生物安全国际治理过程中的作用。第二，发挥我国在生物安全国际治理中的重要作用。拓宽生物安全治理国际合作双多边渠道。中国要在多边组织、伙伴国家以及国际非政府组织等框架下开展各类生物安全治理行动，不仅要加强与国际主要发达国家在生物安全领域的战略对话，也要支持欠发达国家的生物安全能力建设和风险防控。积极搭建生物安全治理国际合作平台。探索组建生物安全国际研究合作机构，遴选重点领域、关键技术，搭建国际化研究平台，组织全球最优秀的科技人才共同应对全球性的生物安全风险问题，实现全球问题全球研究，合作成果全球共享。第三，推进《禁止生物武器公约》履约问题合作。各国要把握国际安全局势，以预防和应对生物安全风险威胁为目标，努力通过多边磋商，推动构建并完善《禁止生物武器公约》的履约立法体系，健全履约监督与执行机制。第四，加强反生物恐怖活动国际合作机制。其一，充分发挥多边主义合作机制作用。国际社会要继续沿着多边主义合作路径前行，推动防御和打击生物恐怖的国际公约的谈判与制定进程。其二，协同制定病原微生物生物防御清单。各国有必要在共同应对生物恐怖的国际合作中，根据国内外病原微生物形势，讨论病原微生物生物防御的形势背景、分类标准、对应的生物实验室安全级别和运输保存条件等方面内容，并达成相应共识，联合制定完善国际统一的病原微生物生物防御清单。其三，完善防御和打击生物恐怖活动合作机制。各国要针对打击恐怖主义、开展安全事项合作进行多层次的广泛对话交流，形成建设联合执法安全合作机制的共识。同时各国政府要持续加强医疗和卫生领域合作，开展重特大突发公共卫生事件联合应急合作，探讨建立传染病防控快速合作机制。其四，建立反生物恐怖活动情报收集与共享机制。各国要重视和加强反恐怖活动情报收集监测，建立反生物恐怖情报共享网络，及时向有关国家通报生物恐怖预警信息。第五，完善传染病防治国际合作体系。加强生物医药科研团队交流，重视面向流行性传染病的疫苗与特效药物的合作研发。第六，发挥生物安全领域对外援助机制作用。针对生物安全风险跨境性强、传播性广、破坏性大的特点，仅凭一国做好本国生物安全风险管理工作远远不够，还需要加强与其他国家和地区的有效合作。

参考文献

一、学术著作

[1]马克思恩格斯选集(第1卷)[M]. 北京：人民出版社，1995.

[2]马克思恩格斯选集(第1卷)[M]. 北京：人民出版社，2009.

[3]马克思恩格斯选集(第1卷)[M]. 北京：人民出版社，2012.

[4]马克思恩格斯选集(第2卷)[M]. 北京：人民出版社，2012.

[5]马克思恩格斯选集(第3卷)[M]. 北京：人民出版社，1972.

[6]马克思恩格斯选集(第3卷)[M]. 北京：人民出版社，1995.

[7]马克思恩格斯选集(第3卷)[M]. 北京：人民出版社，2012.

[8]马克思恩格斯选集(第4卷)[M]. 北京：人民出版社，1995.

[9]马克思恩格斯文集(第5卷)[M]. 北京：人民出版社，2009.

[10]马克思恩格斯文集(第9卷)[M]. 北京：人民出版社，2009.

[11]马克思恩格斯选集(第20卷)[M]. 北京：人民出版社，1971.

[12]马克思恩格斯全集 (第40卷)[M]. 北京：人民出版社，1982.

[13]马克思恩格斯选集(第23卷)[M]. 北京：人民出版社，1972.

[14]马克思恩格斯选集(第25卷)[M]. 北京：人民出版社，2001.

[15]马克思恩格斯全集 (第31卷)[M]. 北京：人民出版社，1972.

[16]马克思恩格斯选集(第42卷)[M]. 北京：人民出版社，1979.

[17]马克思. 1844年经济学哲学手稿[M]. 北京：人民出版社，2000.

[18]马克思. 资本论 (第1卷)[M]. 北京：人民出版社，2004.

[19]列宁全集(第18卷)[M]. 北京：人民出版社，1988.

[20]毛泽东选集(第3卷)[M]. 北京：人民出版社，1991.

[21]毛泽东文集(第6卷)[M]. 北京：人民出版社，1999.

[22]毛泽东年谱（1949—1976）（第1卷）[M]. 北京：中央文献出版社，1993.

[23]邓小平文选（第3卷）[M]. 北京：人民出版社，1993.

[24]江泽民. 论科学技术[M]. 北京：中央文献出版社，2001.

[25]胡锦涛文选（第3卷）[M]. 北京：人民出版社，2016.

[26]习近平. 论坚持推动构建人类命运共同体[M]. 北京：中央文献出版社，2018.

[27]习近平谈治国理政[M]. 北京：外文出版社，2014.

[28]习近平谈治国理政(第二卷)[M]. 北京：外文出版社，2017.

[29]习近平谈治国理政(第三卷)[M]. 北京：外文出版社，2020.

[30]习近平. 论把握新发展阶段、贯彻新发展理念、构建新发展格局[M]. 北京：中央文献出版社，2021.

[31]习近平关于社会主义生态文明论述摘编[M]. 北京：中央文献出版社，2017.

[32]习近平. 决胜全面建成小康社会 夺取新时代中国特色社会主义伟大胜利———在中国共产党第十九次全国代表大会上的报告[M]. 北京：人民出版社，2017.

[33]习近平. 在省部级主要领导干部学习贯彻党的十八届五中全会精神专题研讨班上的讲话[M]. 北京：人民出版社，2016.

[34]中共中央宣传部. 习近平新时代中国特色社会主义思想学习纲要[M]. 北京：人民出版社，2019.

[35]《中共中央关于坚持和完善中国特色社会主义制度、推进国家治理体系和治理能力现代化若干重大问题的决定》辅导读本[M]. 北京：人民出版社，2019.

[36]中共中央宣传部. 习近平新时代中国特色社会主义思想学习纲要[M]. 北京：学习出版社，人民出版社，2019.

[37]党的十九大报告辅导读本[M]. 北京：人民出版社，2017.

[38]中华人民共和国生物安全法[M]. 北京：人民出版社，2020.

[39]中国现代国际关系研究院. 生物安全与国家安全[M]. 北京：时事出版社，2021.

[40][美]J. R. 瑞安. 生物安全与生物恐怖：生物威胁的遏制和预防[M]. 李晋涛，等，编译. 北京：科学出版社，2020.

[41][澳]帕特里克·沃尔什. 生物安全情报[M]. 王磊，译. 北京：金城出版社，2020.

[42]徐海根，王健民，强胜，王长永.《生物多样性公约》热点研究：外来物种入侵·生物安全·遗传资源[M]. 北京：科学出版社，2004.

[43]王磊，张宏，王华. 全球生物安全发展报告(2017—2018年度)[M]. 北京：科学出版社，2019.

[44]陈晓芬，徐儒宗. 论语·大学·中庸[M]. 北京：中华书局，2015.

[45]方勇. 孟子[M]. 北京：中华书局，2015.

[46]杨思贤. 孔子家语[M]. 郑州：中州古籍出版社，2016.

[47]陈鼓应. 老子今注今译[M]. 北京：商务印书馆，2016.

[48]张耿光. 庄子全译[M]. 贵阳：贵州人民出版社，1991.

[49]冯达甫. 老子译注[M]. 上海：上海古籍出版社，2006.

[50]董仲舒. 春秋繁露[M]. 北京：团结出版社，1997.

[51]王宏广. 中国生物安全：战略与对策[M]. 北京：中信出版社，2022.

[52]国家生物安全百问[M]，北京：人民出版社，2021.

[53]肖晞，郭锐. 生物安全治理体系与治理能力现代化研究[M]. 北京：世界知识出版社，2022.

[54]李萌. 中国生物安全治理体系建构：权责与协同[M]，北京：中国社会科学出版社，2022.

[55]顾华，翁景清. 生物安全知识[M]. 杭州：浙江文艺出版社，浙江科学技术出版社，2021.

[56]郑涛. 生物安全学[M]. 北京：科学出版社，2014.

[57]张耿光. 庄子全译[M]. 贵阳：贵州人民出版社，1991.

[58]南怀瑾. 定慧初修[M]. 上海：复旦大学出版社，2016.

[59]王守仁. 王阳明全集[M]. 上海：上海古籍出版社，2011.

二、文献汇编

[1]习近平. 习近平关于统筹疫情防控和经济社会发展重要论述选编[G]. 北京：中央文献出版社，2020.

[2]中共中央党史和文献研究院. 习近平关于总体国家安全观论述摘编[G]. 北京：中央文献出版社，2018.

[3]中共中央文献研究室. 建国以来重要文献选编：第九册[G]. 北京：中央文献出版社，2011.

[4]中共中央文献研究室. 建国以来重要文献选编：第十五册[G]. 北京：中央文献出版社，2011.

[5]中共中央文献研究室. 新时期农业和农村工作重要文献选编[G]. 北京：中央文献出版社，1992.

[6]中共中央党史和文献研究院. 习近平关于统筹疫情防控和经济社会发展重要论述选编[G]. 北京：中央文献出版社，2020.

[7]中共中央文献研究室. 三中全会以来重要文献选编(下)[G]. 北京：人民出版社，1982.

[8]中共中央文献研究室. 十二大以来重要文献选编(上)[G]. 北京：中央文献出版社，1986.

[9]中共中央文献研究室. 十三大以来重要文献选编(中)[G]. 北京：人民出版社，1991.

[10]中共中央文献研究室. 十四大以来重要文献选编(上)[G]. 北京：人民出版社，1996.

[11]中共中央文献研究室. 十五大以来重要文献选编(上)[G]. 北京：人民出版社，2000.

[12]中共中央文献研究室. 十五大以来重要文献选编(中)[G]. 北京：人民出版社，2001.

[13]中共中央文献研究室. 十六大以来重要文献选编(上)[G]. 北京：中央文献出版社，2005.

[14]中共中央文献研究室. 十七大以来重要文献选编(上)[G]. 北京：中央

文献出版社，2009.

[15]中共中央文献研究室. 十七大以来重要文献选编(中)[G]. 北京：中央文献出版社，2011.

三、学术期刊

[1]习近平. 在深圳经济特区建立40周年庆祝大会上的讲话[J]. 经济，2020(11).

[2]习近平. 构建起强大的公共卫生体系 为维护人民健康提供有力保障[J]. 求是，2020(18).

[3]习近平. 全面提高依法防控依法治理能力 健全国家公共卫生安全应急管理体系[J]. 求是，2020(5).

[4]习近平. 为打赢疫情防控阻击战提供强大科技支撑[J]. 求是. 2020(6).

[5]叶利军，吴承倩. 习近平关于生物安全重要论述的多维视角[J]. 湖南省社会主义学院学报，2022(3).

[6]黄寿峰. 中国式现代化视域中的新型举国体制：演进、内涵与优化[J]. 人民论坛·学术前沿，2023(1).

[7]江先锋. 习近平关于生物安全重要论述的生成理路、基本内涵及践行要求[J]. 岭南学刊，2022(3).

[8]张云飞. 全面提高国家生物安全治理能力的创新抉择[J]. 人民论坛，2021(22).

[9]贾晓娟. 我国生物安全文化建设的对策研究[J]. 中国科学院院刊，2016(4).

[10]赵天红. 生物安全刑事立法保护势在必行[J]. 人民论坛，2021(22).

[11]朱康有.21世纪以来我国学界生物安全战略研究综述[J]. 学术前沿，2020(10).

[12]刘跃进. 当代国家安全体系中的生物安全与生物威胁[J]. 学术前沿，2020(10).

[13]余潇枫. 论生物安全与国家治理现代化[J]. 学术前沿，2020(10).

[14]刘杰，等. 我国生物安全问题的现状分析及对策[J]. 中国科学院院刊，

2016(4).

[15]王小理. 生物安全时代：新生物科技变革与国家安全治理[J]. 国际安全研究，2020(4).

[16]刘万侠，曹先玉. 国家总体安全视角下的生物安全[J]. 世界知识，2020(10).

[17]李学勇. 准确理解习近平关于生物安全重要论述的四个维度[J]. 思想理论教育导刊，2020(7).

[18]王小理. 网络生物安全：大国博弈的另类疆域[J]. 科学中国人，2019(4).

[19]黄翔宇，孟宪生. 习近平关于生物安全重要论述的生成逻辑、基本内涵及实践要求[J]. 湖南社会科学，2021(3).

[20]杨琳琳. 习近平关于生物安全重要论述探析[J]. 江南社会学院学报，2021(3).

[21]赵磊. 把生物安全纳入国家安全体系[J]. 理论探索，2020(4).

[22]秦天宝.《生物安全法》的立法定位及其展开[J]. 社会科学辑刊，2020(3).

[23]莫纪宏. 关于加快构建国家生物安全法治体系的若干思考[J]. 新疆师范大学学报(哲学社会科学版)，2020(4).

[24]陈方. 国际生物安全战略态势分析及对我国的建议[J]. 中国科学院院刊，2020(2).

[25]刘黎明，张运. 国家安全视域下的生物安全及应对[J]. 辽宁警察学院学报，2021(3).

[26]杨继文. 国家生物安全风险防控和治理体系背景下的基因风险协同治理模式构建[J]. 中国政法大学学报，2020(3).

[27]司林波，裴索亚. 国家生物安全风险防控和治理的影响因素与政策启示——基于扎根理论的政策文本研究[J]. 中共天津市委党校学报，2021(3).

[28]晋继勇. 国家安全与霸权护持：美国军事部门的全球卫生参与[J]. 外交评论，2019(2).

[29]邱灵，韩祺，姜江. 面向 2035 的中国生物经济发展战略研究[J]. 宏观

经济研究，2021(11).

[30]叶利军. 从毛泽东到习近平：中国共产党人对中医药发展的历史性贡献[J]. 毛泽东研究，2021(4).

[31]张杰，康红普，黄维. 切实加强基础研究，夯实科技自立自强根基[J]. 红旗文稿，2023(6).

[32]高德胜. 危机之下更显生物安全建设之重[J]. 人民论坛，2020(5).

[33]姜伟超. 加快建设国家战略人才力量[J]. 瞭望，2023(17).

[34]王景云，齐枭博. 总体国家安全观视域下的生物安全法治体系构建[J]. 学习与探索，2021(2).

[35]孙佑海. 坚决贯彻党中央战略部署，进一步加强生物安全建设[J]. 保密工作，2022(2).

[36]刘培培，江佳富，路浩，等. 加快推进生物安全能力建设，全力保障国家生物安全[J]. 中国科学院院刊，2023(3).

[37]胡建梅，黄梅波. 国际发展援助协调机制的构建：中国参与的可能渠道[J]. 国际经济合作，2018(8).

[38]高明，唐丽霞，于乐荣. 全球卫生治理的变化和挑战及对中国的启示[J]. 国际展望，2017(5).

[39]Cong Cao. China's Evolving Biosafety/Biosecurity Legislations[J]. Journal of Law and theBiosciences，2022(1).

[40]Jing-Bao Nie. In the Shadow of Biological Warfare：Conspiracy Theories on the Origins of COVID-19 and Enhancing Global Governance of Biosafety as a Matter of Urgency[J]. BioethicalInquiry，2020(8).

[41] Yu Hongyuan，Zhu Yunjie. Kunming Summit on the Convention on Biological Diversityand China's Environmental Diplomacy [J]. China Quarterly of International StrategicStudies，2020(4).

[42] Elsa Kania. China's Drive for Innovation within a World of Profound Changes[J]. AsiaPolicy，2021(2).

[43]Gregory Koblentz. Biosecurity Reconsidered：Calibrating Biological Threats and Responses[J]. International Security，2010(4).

[44] Philip Hulme. One Biosecurity: A Unified Concept to Integrate Human, Animal, Plant, and Environmental Health[J]. Emerging Topics in Life Sciences, 2020(4).

[45] Miloš Šumonja. Neoliberalism is not Dead-On Political Implications of Covid-19[J]. Capital & Class, 2021(2).

[46] Phillip Lipscy. COVID-19 and the Politics of Crisis[J]. International Organization, 2020(1).

[47] Henry Farrell, Abraham Newman. The Janus Face of the Liberal International Information Order: When Global Institutions Are Self-Undermining[J]. International Organization, 2021(2).

[48] Tanja Börzel, Michael Zürn. Contestations of the Liberal International Order: From Liberal Multilateralism to Postnational Liberalism[J]. International Organization, 2021(2).

四、学位论文

[1]张宇. 习近平关于国家生物安全的重要论述研究[D]. 兰州：兰州大学，2022.

[2]岳红玲. 习近平关于底线思维的重要论述研究[D]. 贵阳：贵州师范大学，2021.

[3]殷宇冰. 习近平关于人民健康重要论述研究[D]. 广州：中共广东省委党校，2021.

[4]崔瑛. 习近平关于卫生健康重要论述研究[D]. 青岛：青岛大学，2021.

[5]张彦达. 习近平关于人民健康重要论述研究[D]. 保定：河北大学，2021.

[6]任敬. 习近平总书记关于构建人类卫生健康共同体重要论述研究[D]. 太原：山西财经大学，2021.

五、报纸文献

[1]习近平对新型冠状病毒感染的肺炎疫情作出重要指示　强调要把人民群

众生命安全和身体健康放在第一位　坚决遏制疫情蔓延势头[N]. 人民日报，2020-01-21.

[2]习近平出席全球健康峰会并发表重要讲话[N]. 人民日报，2021-05-22(1).

[3]习近平. 共同构建人与自然生命共同体——在“领导人气候峰会”上的讲话[N]. 人民日报，2021-04-23.

[4]习近平. 共同构建地球生命共同体[N]. 人民日报，2021-10-13.

[5]习近平. 高举中国特色社会主义伟大旗帜　为全面建设社会主义现代化国家而团结奋斗——在中国共产党第二十次全国代表大会上的报告[N]. 人民日报，2022-10-26.

[6]习近平在中共中央政治局第三十三次集体学习时强调：加强国家生物安全风险防控和治理体系建设　提高国家生物安全治理能力[N]. 人民日报，2021-09-30.

[7]习近平主持召开中央全面深化改革委员会第十二次会议强调：完善重大疫情防控体制机制　健全国家公共卫生应急管理体系[N]. 人民日报，2020-02-15.

[8]习近平. 充分发挥我国应急管理体系特色和优势　积极推进我国应急管理体系和能力现代化[N]. 人民日报，2019-12-01.

[9]习近平. 在全国抗击新冠肺炎疫情表彰大会上的讲话[N]. 人民日报，2020-09-09.

[10]习近平. 在科学家座谈会上的讲话[N]. 人民日报，2020-09-12.

[11]习近平出席中华人民共和国恢复联合国合法席位50周年纪念会议并发表重要讲话[N]. 人民日报，2021-10-26.

[12]习近平. 坚定信心 共克时艰 共建更加美好的世界[N]. 人民日报，2021-09-22.

[13]习近平同联合国秘书长古特雷斯通电话[N]. 人民日报，2020-03-13.

[14]全国生态环境保护纲要[N]. 人民日报，2000-12-22.

[15]中华人民共和国生物安全法[N]. 人民日报，2020-11-27.

[16]吴瀚飞：习近平总书记论系统思维来源[N]，学习时报，2023-07-31.

［17］吴善超. 如何理解新型举国体制［N］. 学习时报，2023-03-27.

［18］丁明磊，黄琪轩. 健全新型举国体制 拓宽中国式现代化道路［N］. 光明日报，2023-02-06.

［19］徐海根，刘标. 关于生物安全，你了解多少［N］. 光明日报，2020-02-22.

［20］完善重大疫情防控体制机制 健全国家公共卫生应急管理体系［N］. 人民日报，2020-02-15.

［21］加强国家生物安全风险防控和治理体系建设 提高国家生物安全治理能力［N］. 人民日报，2021-09-30.

［22］分析新冠肺炎疫情形势 部署从严抓好疫情防控工作［N］. 人民日报，2022-03-18.

［23］传承精华守正创新 为建设健康中国贡献力量［N］. 人民日报，2019-10-26.

［24］全面提高依法防控依法治理能力 健全国家公共卫生应急管理体系［N］. 人民日报，2020-03-01.

［25］构建起强大的公共卫生体系 为维护人民健康提供有力保障［N］. 人民日报，2020-09-16.

［26］华凌，张宏民. 中医药展示区：冬奥村里的"打卡点"［N］. 科技日报，2022-02-14.

［27］中医药对治疗新冠肺炎有效［N］. 人民日报，2022-04-07.

［28］坚持党的领导传承红色基因扎根中国大地 走出一条建设中国特色世界一流大学新路［N］. 人民日报，2022-04-26.

［29］刘炤. 坚持全面推进科学立法、严格执法、公正司法、全民守法［N］. 人民日报，2021-03-18.

六、电子文献

［1］习近平. 构建全球发展命运共同体［EB/OL］.（2021-09-22）［2022-04-19］. http://www.gov.cn/xinwen/2021-09/22/content_5638609.htm.

［2］王毅. 高举人类命运共同体旗帜阔步前行［EB/OL］.（2022-01-01）［2022-04-19］. https://www.mfa.gov.cn/web/ziliao_674904/zyjh_674906/202201/

t20220101_10478337.shtml.

[3] FAO. Biosecurity Principles and Components [EB/OL]. (2022-02-14) [2023-04-19]. https://www.fao.org/3/a1140e/a1140e.pdf.

[4]陈传宏，秦怀金，徐建国，等. 国家科技重大专项传染病防治专项新闻发布会[EB/OL]. (2017-03-01) [2019-04-19]. http://www. nmp. gov. cn/gzdt/201703/120170323_5029.htm.

[5]楚乔.《中国人用疫苗产业图谱》发布[EB/OL]. [2019-04-10]. https://med.sina.com/article_detail_103 2 34105.html.

[6]东北农业大学. 国家乳业工程技术研究中心：励精图治再谱华章[EB/OL]. [2019-04-18]. http://www.neau.edu.cn/info/1194/22934.htm.

[7]杜园春，王涵 . 83. 3%受访者期待进一步加强抗生素使用监管[EB/OL]. (2018-03-22) [2019-04-02]. http://zqb. cyol. com/html/2018-03/22/nw. D110000zgqnb_20180322_1-07.htm.

[8]付义成. 2017 年全球十大抗病毒药物公司[EB/OL]. [2019-04-12]. http://yao.dxy.cn/article/532566.

[9]贡晓丽. 去年中国共批签发疫苗约 7. 12 亿人份[EB/OL]. (2018-06-04)[2019-04-10]. http://news. sciencenet. cn/htmlnews/2018/6/414000. shtm? id = 414000.

[10]国家发展和改革委员会. 全国农村经济发展“十三五”规划[EB/OL]. (2017-06-07) [2019-04-17]. http://www. ndrc. gov. cn/fzgggz/tzgh/ghwb/giigh/201706/20170607_850193.html.

[11]国家发展和改革委员会. “十三五”生物产业发展规划[EB/OL]. (2017-01-12) [2019-04-17]. http://www. ndre. gov. cn/zcfb/zcfbghwb/201701/W020170112411581437678.pdf.

[12]国家发展和改革委员会. 国家环境保护“十三五”科技发展规划纲要. [EB/OL]. (2017-07-20) [2019-04-17]. http://www. ndrc. gov. cn/fzgggz/fzgh/ghwb/giigh/201707/20170719_854973.html.

[13]国家发展和改革委员会. 全国生态保护“十三五”规划纲要[EB/OL]. (2017-07-04) [2019-04-17]. http://www. ndrc. gov. cn/fzgggz/fzgh/ghwb/giigh/

201707/420170719_854975.html.

[14]国家家禽工程技术研究中心. 中心现状[EB/OL].(2018-03-22)[2019-04-18]. http://www.saas.sh.cn/npc/gyzx/zxxz/content_23023.

[15]国家市场监管总局. 2016年全国进境口岸共计截获外来有害生物6305种[EB/OL].(2017-04-21)[2019-04-02]. http://www.cqn.com.cn/j/content/2017-04/21/content_4208738.htm.

[16]国家卫生计生委. 国家卫生计生委办公厅关于2013年全国食物中毒事件情况的通报[EB/OL].(2014-02-15)[2019-04-12]. http://www.nhc.gov.cn/xjb/s3585/201402/154f16a4156a460790caa3e991c0abd5.shtml.

[17]国家卫生计生委. 国家卫生计生委办公厅关于2014年全国食物中毒事件情况的通报[EB/OL].(2015-02-09)[2019-04-12]. http://www.nhc.gov.cn/yjb/s3585/201502/91fa4b047e984d3a89c16194722ee912.shtml.

[18]国家卫生计生委. 国家卫生计生委办公厅关于2015年全国食物中毒事件情况的通报[EB/OL].(2016-04-08)[2019-04-12]. http://www.nhc.gov.cn/yjb/s2909/201604/8d34e4c442c54d33909319954c43311c.shtml.

[19]国家杂交水稻工程技术研究中心. 国家杂交水稻工程技术研究中心暨湖南杂交水稻研究中心简介[EB/OL].(2015-03-22)[2019-04-18]. http://www.hhrrc.ac.cn/Page'View.asp? MenulD=1.

[20]国务院. 国家中长期科学和技术发展规划纲要(2006—2020年)[EB/OL].(2006-03-22)[2019-04-17]. http://www.gov.cn/gongbao/content/2006/content_240244.htm.

[21]国务院. 关于深化中央财政科技计划(专项、基金等)管理改革的方案[EB/OL].(2015-01-12)[2019-04-12]. http://www.gov.cn/zhengce/content/2015-01/12/content_9383.htm.

[22]国务院. "十三五"国家战略性新兴产业发展规划[EB/OL].(2016-12-29)[2019-04-17]. http://www.gov.cn/zhengce/content/2016-12/19/content_5150090.htm.

[23]国务院. "十三五"国家科技创新规划[EB/OL].(2016-08-08)[2019-04-17]. http://wwwgov.cn/zhengce/content/2016-08/08/content_5098072.htm.

[24]国务院. “十三五”推进基本公共服务均等化规划[EB/OL]. (2017-03-01) [2019-04-17]. http://www. gov. cn/zhengce/content/2017-03/01/content_5172013.htm.

[25]国务院. 国家突发事件应急体系建设“十三五”规划[EB/OL]. (2017-07-19) [2019-04-17]. http://www. gov. cn/zhengce/content/2017-07/19/content_5211752.htm.

[26]国务院. “十三五”卫生与健康规划[EB/OL]. (2017-01-10) [2019-04-17]. http://www.gov.cn/zhengce/content/2017-01/10/content_5158488.htm.

[27]国务院. 中国遏制与防治艾滋病“十三五”行动计划[EB/OL]. (2017-02-05) [2019-04-17]. http://www. gov. cn/zhengce/content/2017-02/05/content_5165514.htm.

[28]国务院. “十三五”全国结核病防治规划[EB/OL]. (2017-02-16) [2019-04-17]. http://www.gov.cn/zhengce/content/2017-02/16/content_5168491.htm.

[29]国务院. “十三五”深化医药卫生体制改革规划[EB/OL]. (2017-01-09) [2019-04-17]. http://www. gov. cn/zhengce/content/2017-01/09/content_5158053.htm.

[30]国务院. “十三五”国家药品安全规划[EB/OL]. (2017-02-21) [2019-04-17]. http://www.gov.cn/zhengce/content/2017-02/21/content_5169755.htm.

[31]黑龙江八一农垦大学. 国家杂粮工程技术研究中心建设成效显著[EB/OL]. (2016-01-13) [2019-04-18]. http://www. byau. edu. cn/2016/0113/c906a6011/page.htm.

[32]湖北省农业科学院. 国家生物农药工程技术研究中心[EB/OL]. (2018-12-29) [2019-04-18]. http://www. hbaas. com/idba7bdle762b40ddf0162cc5e55d60250/news.shtml.

[33]吉林省农业科学院. 国家玉米工程技术研究中心(吉林) [EB/OL]. (2013-12-29) [2019-04-18]. http://wwwjaas.com.cn/index/descript_kjpt.php? sid=5.

[34]疾病预防控制局. 2018 年全国法定传染病疫情概况[EB/OL]. (2019-04-05) [2019-12-18]. http://www. nhc. gov. cn/jkj/s3578/201904/050427f132704a

5db64 f4ae1f6d57c6c.shtml? from=groupmessage.

[35]教育部. 教育部办公厅关于公布 2017 年教育部“创新团队发展计划”滚动支持名单的通知[EB/OL].(2017-06-12)[2019-04-18]. http://www.moe.gov.cn/sresite/A16/s3340/201706/120170622_307727.html.

[36]科学技术部. “国家马铃薯工程技术研究中心”通过验收[EB/OL].(2011-11-01)[2019-04-18]. http://www.most.gov.cn/kjbgz/201111/t20111101_90563.htm.

[37]科学技术部. 科技部关于 2013 年度国家工程技术研究中心验收结果的通知[EB/OL].(2014-02-12)[2019-04-18]. http://www.most.gov.cn/fggw/zfwj/zfwj2014/201402/120140213_111825.htm.

[38]科学技术部. “十三五”生物技术创新专项规划[EB/OL].(2017-05-10)[2019-04-17]. http://www.most.gov.cntztg/201705/W020170510451953592712.pdf.

[39]科学技术部. “十三五”卫生与健康科技创新专项规划[EB/OL].(2017-06-13)[2019-04-17]. http://www.most.gov.cn/ztg/201706/t20170613_133484.htm.

[40]科学技术部. 国家海洋食品工程技术研究中心顺利通过专家组现场验收[EB/OL].(2017-07-13)[2019-12-19]. http://www.most.gov.cn/kjbgz/201707/20170713_134066.htm.

[41]科学技术部. 国家种子加工装备工程技术研究中心顺利通过专家组现场验收[EB/OL].(2017-09-07)[2019-04-18]. http://www.most.gov.cn/kjbgz/201709/120170907_134789.htm.

[42]科学技术部. 农业部办公厅关于组织转基因生物新品种培育重大专项 2018 年度课题申报的通知[EB/OL].(2017-08-30)[2019-04-18]. http://www.nmp.gov.cn/tztg/201708/120170830_5348.htm.

[43]科学技术部. 关于组织艾滋病和病毒性肝炎等重大传染病防治科技重大专项 2018 年度课题申报的通知[EB/OL].(2017-08-01)[2019-04-18]. http://www.nmp.gov.cn/ztg/201708/120170801_5303.htm.

[44]科学技术部. 关于组织重大新药创制科技重大专项 2018 年度课题申报的通知[EB/OL].(2017-08-01)[2019-04-12]. http://www.nmp.gov.cn/tztg/

201708/20170801_5304.htm.

[45]科学技术部. 科技部组织专家组赴上海开展国家抗艾滋病病毒药物工程技术研究中心验收工作[EB/OL].(2018-08-01)[2019-04-18]. http://www.most.gov.cn/kjbgz/201808/t20180801_140989.htm.

[46]科学技术部基础研究司. 国家工程技术研究中心 2016 年度报告[EB/OL].(2018-05-21)[2019-04-17]. http://www.most.gov.cn/mostinfo/xinxifenlei/zfwzndbb/201805/P020180521579923434724.pdf.

[47]林小春. "稳定"半合成有机体制造成功[EB/OL].(2017-02-03)[2019-05-09]. http://health.people.com.cn/n1/2017/0203/c14739-29055672.html.

[48]刘鑫荣. 抗病毒药市场 374 亿美元，抗肝炎病毒药市场最大[EB/OL].(2016-12-29)[2019-04-12]. https://med.sina.com/article_detail_ 103 1 14851.html.

[49]马卓敏. "无知"导致抗生素在我国滥用[EB/OL].(2016-11-31)[2019-04-12]. http://news.sciencenet.cn/sbhtmlnews/2016/11/317902.shtm.

[50]美亚光电. 美亚光电"国家农产品智能分选装备工程技术研究中心"顺利通过验收[EB/OL].(2016-12-29)[2019-04-18]. http://www.chinameyer.com/news/article/nid/41.

[51]农业部新闻办公室. 以科技创新引领马铃薯主粮化发展[EB/OL].(2015-01-06)[2019-04-16]. http://www.moa.gov.cn/xw/pxw/201501/t20150106_4323476.htm.

[52]前瞻产业研究院. 2024 年全球疫苗行业市场规模有望达 446.27 亿美元四大"巨头"成垄断之势[EB/OL].(2018-07-13)[2019-04-10]. https://www.qianzhan.com/analyst/detail/220/180713-c8568793.html.

[53]前瞻产业研究院. 2019 年中国疫苗产业全景图谱[EB/OL].(2019-05-07)[2019-05-08]. https://www.qianzhan.com/analyst/detail/220/190507-e058bcc2.html.

[54]任世平. 欧盟第七研发框架计划的总体内容和参与条件[EB/OL].[2019-05-08]. https://www.fmprc.gov.cn/ce/cebe/chn/omdv1288331.htm.

[55]日本总务省. 2019 年(令和元年)科学技术研究调查结果概要[EB/OL].[2019-12-27]. http://www.stat.go.jp/data/kagakuw/kekka/kekkagaifpdf/

2019kegai.pdf.

[56]同济大学新农村发展研究院. 国家设施农业工程技术研究中心[EB/OL]. [2019-04-18]. https://agri.tongji.edu.cn/c3/23/c5734a49955/page.htm.

[57]卫生部. 抗菌药物临床应用管理办法[EB/OL]. [2019-04-10]. http://www.nhc.gov.cn/fzs/s3576/201808/f5d983fb5b6e4flebdf0b7c32c37a368.shtml.

[58]西北农林科技大学. 国家杨凌农业生物技术育种中心[EB/OL]. [2019-04-18]. https://kyy.nwafu.edu.cn/kyjd/gikyjd/54349.htm.

[59]西北农林科技大学园艺学院. 国家杨凌农业综合试验工程技术研究中心[EB/OL]. [2019-04-18]. https://yyxy.nwsuafiedu.cn/xkjs/yjpt/261652.htm.

[60]新华社. 2010 年中国的国防[EB/OL]. (2011-03-03)[2019-04-02]. http://www.gov.cn/jrzg/2011-03/31/content_ 1835289.htm.

[61]新华社. 日本政府答辩书称宪法未禁止使用生化武器[EB/OL]. (2016-04-26)[2019-04-02]. http://news.cctv.com/2016/04/26/ARTIRYQnBkcm95Xnodnegnkj160426.shtml.

[62]新华社. 李克强说，以创新引领实体经济转型升级[EB/OL]. (2017-03-05)[2019-04-10]. http://www.xinhuanet.com//politics/2017-03/05/c_1120570 632.htm.

[63]徐婷. 中国乙肝病毒携带者约 9000 万　专家称早期预防最关键[EB/OL]. (2015-07-27)[2019-04-02]. http://www.chinacdc.cn/mtbd_8067/201507/120150727_117625.html.

[64]有机地球化学国家重点实验室. 广州地化所在全国抗生素排放清单研究上取得重要进展[EB/OL]. (2018-09-08)[2019-04-02]. http://www.gig.cas.cn/xwdt/kydt/201809/t20180908_5067204.html.

[65]袁俪芸，王星. 中国内地报告了 18 例输入性寨卡病毒感染病例[EB/OL]. (2016-05-29)[2019-04-02]. http://sz.people.com.cn/n2/2016/0529/c202846-28417790.html.

[66]张章. 巴斯德研究所承认非法进口病毒样本[EB/OL]. (2016-10-29)[2019-04-02]. http://news.sciencenet.cn/htmlnews/2016/10/359337.shtm.

[67]中国报告大厅. 抗生素行业前景[EB/OL]. [2020-01-02]. http://www.

chinabgao.com/freereport/79569.html.

[68]中国科学院微生物研究所. 全球模式微生物基因组和微生物组测序合作计划正式启动[EB/OL]. (2017-102-22)[2019-04-22]. http://www.im.cas.cn/xwzx/jqyw/201710/120171012_4872678.html.

[69]中国医药企业发展促进会. 2018 年度疫苗批签发数据汇总分析[EB/OL]. [2019-12-17]. http://www.sohu.com/a/288907448_100207671.

[70]朱英. 今年全国主要林业生物灾害仍属偏重发生[EB/OL]. (2019-02-25)[2019-04-17]. http://www.gov.cn/xinwen/2019-02/25/content_5368234.htm.

[71]BBSRC. The Age of Bioscience Strategic Plan[EB/OL]. [2019-04-30]. https://docplayer.net/21087950-The-age-of-bioscience.html.

[72]Callaway E. Alien'DNA Makes Proteins in Living Cells for the First Time[EB/OL]. [2019-04-22]. https://www.nature.com/news/alien-dna-makes-proteins-in-living-cells-for-the-first-time-1.23040.

[73]European Union. Shared Vision, Common Action: A Stronger Europe—A Global Strategy for the European Union's Foreign and Security Policy[EB/OL]. [2019-05-08]. https://eeas.europa.eu/sites/eeas/files/eugs_review_web_0.pdf.

[74]Evaluate Pharma. World Preview 2018, Outlook to 2024[EB/OL]. [2019-12-17]. https://www.pharmastar.it/binary_files/allegati/Report_Evaluate_Pharma_81701.pdf.

[75]Evaluate Pharma. World Preview 2019, Outlook to 2024[EB/OL]. [2019-12-17]. https://info.evaluate.com/rs/607-YGS-364/images/EvaluatePharma_World_Preview_2019.pdf.

[76]IMI. IMI Launches E371 Million Call with Focus on Alzheimer's, Arthritis, Cancer, and More[EB/OL]. [2019-04-08]. https://www.imi.europa.eu/news-events/press-releases/imi-launches-eu371-million-call-focus-alzheimers-arthritis-cancer-and.

[77]ISAAA. Global Status of Commercialized Biotech/GM Crops in 2017[EB/OL]. [2019-12-25]. https://www.isaaa.org/resources/publications/briefs/53/download/isaaa-brief-53-2017.pdf.

[78] ISAAA. Global Status of Commercialized Biotech/GM Crops in 2018 [EB/OL]. (2017-10-22) [2019-12-25]. https://www.isaaa.org/resources publications/briefs/54/executivesummary/pdf/B54-ExecSum-English.pdf.

[79] ISSG. 100 of the World's Worst Invasive Alien Species [EB/OL]. [2019-04-17]. http://www.iucngisd.org/gisd/100_worst.php.

[80] University of Maryland. Global Terrorism Database Browse by Biological Weapons [EB/OL]. [2019-04-19]. https://www.start.umd.edu/gtd/search/Results.aspx? page=1&casualties_type=&casualties max=&weapon=1&charttype=line&chart=overtime&ob=GTDID&od=desc&expanded=yes #results-table.

[81] WHO. Ebola Virus Disease—Democratic Republic of the Congo [EB/OL]. [2019-04-29]. https://www.who.int/csr/don/25-april-2019-cbola-drc/en/.

后　记

2022年初，与一朋友聊天，当聊到科研方向时，他建议说：新时代生物安全治理观研究日益重要，具有敏感性和特殊性，你们温州医科大学进行此方面研究具有相对优势。我接受了他的建议，积极搜集、整理、研读相关资料，并于2022年8月成功获得浙江省习近平新时代中国特色社会主义思想研究中心常规课题立项，立项课题名称为："习近平总书记关于生物安全的重要论述研究（22CCG29）。"

课题立项后，我立即搭建了由中青年骨干组成的课题组，经过集体讨论后，将书稿题名定为《新时代生物安全治理观研究》。2022年9月，课题组成员对书稿写作进行了如下分工：第一章，绪论（崔华前、高荣鑫）；第二章，新时代生物安全治理观的生成逻辑（崔华前）；第三章，新时代生物安全治理观的发展脉络（谢平正）；第四章，新时代生物安全治理观的主要内容（马寄、崔华前）；第五章，新时代生物安全治理观的理论创新（崔华前、林敏建）；第六章，新时代生物安全治理观的实践路径（刘玉山、崔华前）；第七章，结语（武小平）。

书稿由崔华前拟定提纲、统稿、修改，于2023年12月完成初稿。初稿完成后，我感觉压力很大，需要修改的内容很多。一是生物安全治理观研究非常重要，但相关前期研究成果较为薄弱，可借鉴资料较少；二是课题组成员对生物安全治理观的理解有一定差异，往往把生物安全治理观与公共卫生治理观、生态文明建设观、粮食安全观等问题混同；三是由于各章为不同的人完成，因此在语言风格、参考文献格式等方面缺乏统一性。

为了克服上述不足，收到初稿后，我坚持从头至尾、逐字逐句乃至标点符号，认真研读、修改。遇到观点存疑时，我就和写作者反复沟通、求同存异，按达成一致后的意见再进行修改。

历时两年，经过修改后的书稿在内容上体系严整、层次分明，在语言上前后连贯、风格一致，在格式上标准统一、规范严谨。但由于新时代生物安全治理观研究是一个崭新、独特而又极其重要的领域，加之本课题组研究能力水平有限，书稿中一定存在诸多不足之处，但为了引起学界对新时代生物安全治理观研究的重视和深入开展，故而抛出此“砖”，以期引出更多的“玉”，敬请各位师友批评指正。

崔华前

2024 年 9 月 15 日